Gottfried Münzenberg
Matthias Schädel

Moderne Alchemie

Gottfried Münzenberg
Matthias Schädel

Moderne Alchemie

Die Jagd nach den schwersten Elementen

FACETTEN

vieweg

Die Deutsche Bibliothek – CIP-Einheitsaufnahme

Münzenberg, Gottfried:
Moderne Alchemie: die Jagd nach den schwersten Elementen /
Gottfried Münzenberg; Matthias Schädel. – Braunschweig;
Wiesbaden: Vieweg, 1996
(Facetten)
ISBN 3-528-06474-9

NE: Schädel, Matthias:

Umschlagbild: Berechnete Schalenenergien für die schwereren Kerne, beginnend bei Blei (vgl. Bild 21.4, freundlicherweise von P. Möller zur Verfügung gestellt)

Der Verlag Vieweg ist ein Unternehmen der Bertelsmann Fachinformation GmbH.

Umschlaggestaltung: Schrimpf und Partner, Wiesbaden
Druck und buchbinderische Verarbeitung: Lengericher Handelsdruckerei, Lengerich
Gedruckt auf säurefreiem Papier
Printed in Germany

ISBN 3-528-06474-9

Inhaltsverzeichnis

Verzeichnis der Kästen

Vorwort

Dieses Buch behandelt die Synthese der schwersten chemischen Elemente durch Menschenhand – eine spannende Suche nach den Grenzen der Stabilität der Atomkerne und damit auch nach den Grenzen der Materie unseres Universums. Die Faszination dieser Forschung liegt gerade darin, herauszufinden, was den Atomkern, und damit unsere Welt, letztendlich zusammenhält.

In der Einleitung nehmen wir den Leser mit auf eine kurze Reise von den Anfängen der Chemie im Altertum, über die Alchemie des Mittelalters, bis hin zum Beginn der modernen naturwissenschaftlichen Forschung. Dabei werfen wir auch einen schnellen Blick in die Kochtöpfe des Universums – den Elementsynthesen vom Urknall bis zu den Supernovae. Die Entdeckung der Radioaktivität vor 100 Jahren markiert als Meilenstein den Eintritt in das Atomzeitalter. Die Geschichte der Entdeckung der Kernspaltung, die eng verknüpft ist mit dem Beginn der Suche nach Elementen jenseits des Urans, stellt die Brücke her zu unserem Hauptthema – der Synthese und Untersuchung von derzeit 19 chemischen Elementen, die als Transurane an der Spitze des Periodensystems stehen. Da wir von einem lebendigen, sich stetig fortentwickelnden Forschungsgebiet berichten, ist es gut möglich, daß sich die Zahl dieser Transurane bald weiter vergrößern wird.

Wir möchten den Leser in die Thematik der schwersten Elemente einführen und ihm dabei unsere eigene Sicht dieser Forschung aus 20-jähriger Erfahrung kernchemischer und kernphysikalischer Arbeit auf diesem Gebiet übermitteln. Die Bekanntschaften und Freundschaften mit einer großen Anzahl der Kollegen, die in dem letzten halben Jahrhundert aufregend neue Ergebnisse auf diesem Feld erzielt haben, sollen unsere Berichte etwas auflockern und ihnen eine persönliche Note verleihen.

Mit diesem Buch wollen wir möglichst viele Leser ansprechen. Da wir keine speziellen Fachkenntnisse voraussetzen, sollte auch der interessierte Laie die Faszination der Entdeckung und Erforschung künstlicher Elemente nachvollziehen können. Wir skizzieren aber auch die wichtigsten wissenschaftlichen Aspekte aus diesem Forschungsgebiet in einem Umfang, daß Studenten und Lehrer naturwissenschaftlicher Fächer, Wissenschaftler verwandter Fachgebiete und Kollegen der eigenen Fächer hiervon profitieren können. Das eine oder andere Kapitel will auch Anregung geben, interessante Aspekte weiter zu verfolgen. Hier soll eine auf einzelnen Kapitel bezogene Literaturzusammenstellung weiterhelfen, die eine Auswahl von populärwissenschaftlichen Artikeln, Lehrbüchern und Orginalarbeiten darstellt.

Für Anregungungen, sachliche und kritische Bemerkungen sowie der Durchsicht des Textes bedanken wir uns bei unseren Kollegen Willy Brüchle, Fritz Heßberger, Sigurd Hofmann, Frank Nickel und besonders bei Professor Peter Armbruster. Herr Pfarrer Eberhard Ruhl hat uns auf eine Reihe interessanter Aspekte in dem historischen Teil der Einleitung aufmerksam gemacht, und Professor Karl-Ludwig Kratz hat uns mit den neuesten Theorien zur Elementsynthese in Supernovae vertraut gemacht. Ein ganz besonderer Dank gebührt Herrn Professor Günter Herrmann, der sich dem Text mit großer Akribie angenommen hat und dem wir eine Vielzahl von Vorschlägen und Hinweisen verdanken. Wir bedanken uns bei Brigitta Schausten und Enrique Pfeng für die Erstellung einer Reihe von Abbildungen.

Ohne das Verständnis und die Nachsicht unserer Familien, die auf viele gemeinsame Abende und Wochenenden verzichtet haben, wäre dieses Buch nie entstanden.

Darmstadt und Wiesbaden, im September 1995

Gottfried Münzenberg und Matthias Schädel

Kapitel 1
Einleitung

Viele Träume der Alchemisten sind längst von der Wirklichkeit übertroffen worden. Nicht nur Gold – sondern auch jedes andere uns bekannte chemische Element – kann heute in den Werkstätten und Labors der modernen Wissenschaft durch Umwandlung eines Elements in ein anderes hergestellt werden. Auch auf der Erde nicht existierende chemische Elemente können dort erzeugt und untersucht werden. Hierzu gehört insbesondere eine Reihe von derzeit 19 Elementen, die Transurane, die schwerer sind als das schwerste natürliche Element Uran (chemisches Symbol: U). Diese künstlichen, von Menschenhand erzeugten Elemente, mit denen wir uns in diesem Buch beschäftigen wollen, deren Synthese und Eigenschaften wir besprechen werden, zeichnen sich durch eine Reihe von Besonderheiten aus.

Die ersten sieben Transurane, welche die Namen Neptunium (Np), Plutonium (Pu), Americium (Am), Curium (Cm), Berkelium (Bk), Californium (Cf) und Einsteinum (Es) tragen, werden durch Brutreaktionen mit Neutronen in Kernreaktoren erzeugt. Von einzelnen Ausnahmen abgesehen, nimmt dabei die verfügbare Menge von Element zu Element immer weiter ab. Während Plutonium in Mengen von vielen Tonnen erzeugt wird, erhält man Berkelium und Californium nur in Bruchteilen eines Gramms. Plutonium, Americium und Californium haben wichtige, aber auch extrem stark umstrittene, technologische Bedeutungen erlangt.

Wir wollen hier nur kurz einige der wichtigsten Anwendungsbeispiele von Transuranen erwähnen. Sowohl von der Breite und Bedeutung der Verwendungsmöglichkeiten, als auch von den damit verbundenen Gefahren, nimmt das Plutonium eine ganz besondere Stellung ein. Die weltweit etwa 1000 Tonnen Plutonium, gezielt erzeugt, um Kernwaffen herzustellen, oder gewonnen als Neben- oder Abfallprodukt der zivilen

Nutzung der Kernenergie in Kernreaktoren zur Stromerzeugung, stellen ein sowohl ökologisches als auch gesellschaftliches und politisches Problem dar, dessen Lösung uns sicher noch lange Zeit beschäftigen wird. So interessant und wichtig alle damit zusammenhängenden Fragen auch sind, ist es doch nicht das Ziel des vorliegenden Buches, sich mit dieser Thematik zu beschäftigen.

Plutonium der Massenzahl 238 wird in verschiedenen thermoelektrischen Zellen eingesetzt, die Wärme des radioaktiven Zerfalls in elektrische Leistung umwandeln. Während beispielsweise kleine Mengen Plutonium als Energiequelle in Herzschrittmachern eingesetzt wurden, bezogen die wissenschaftlichen Geräte zur Monduntersuchung während des Apollo-Unternehmens ihre elektrische Leistung von 73 Watt aus 2,6 kg Plutonium-238. Americium und Californium haben eine begrenzte technische Bedeutung als Strahlenquellen bekommen. Sie werden zur Dickenmessungen von dünnen Folien in der industriellen Produktion, in der Gasanalyse bei Rauchmeldern oder zu analytischen Untersuchungen von Oberflächen eingesetzt. In jüngerer Zeit werden auch Verfahren der Aktivierungsanalyse mit Strahlungsquellen zur Suche und Erkennung von Sprengstoffen getestet.

Die Möglichkeit, künstliche Elemente in Kernreaktoren zu erzeugen, endet bei dem achten Transuranelement, dem Fermium (Fm). Die noch schwereren Elemente können nur an Beschleunigern gebildet werden. Eine praktische Anwendung dieser Elemente kann man sich heute kaum vorstellen, da von den schwersten bekannten Elementen nur einzelne kurzlebige Atomkerne produziert werden können. Die wissenschaftliche Herausforderung ist, daß mit diesen Elementen der Grenzbereich der Stabilität der Materie, in der und mit der wir leben, erforscht werden kann. Die Faszination für den Physiker und Chemiker liegt gerade darin, herauszufinden, was den Atomkern, und damit unsere Welt, letztendlich zusammenhält und welches der schwerstmögliche Kern ist, der noch existieren kann. Damit ist für den Chemiker auch das Ende des Periodensystems der Elemente, das Ordnungsschema aller chemischen Elemente, definiert. Eine der wichtigen Fragen ist dabei auch, ob sich die neuen Elemente zwanglos in das bisher bekannte Periodensystem einordnen lassen, oder ob es Anzeichen gibt, daß das für die natürlichen

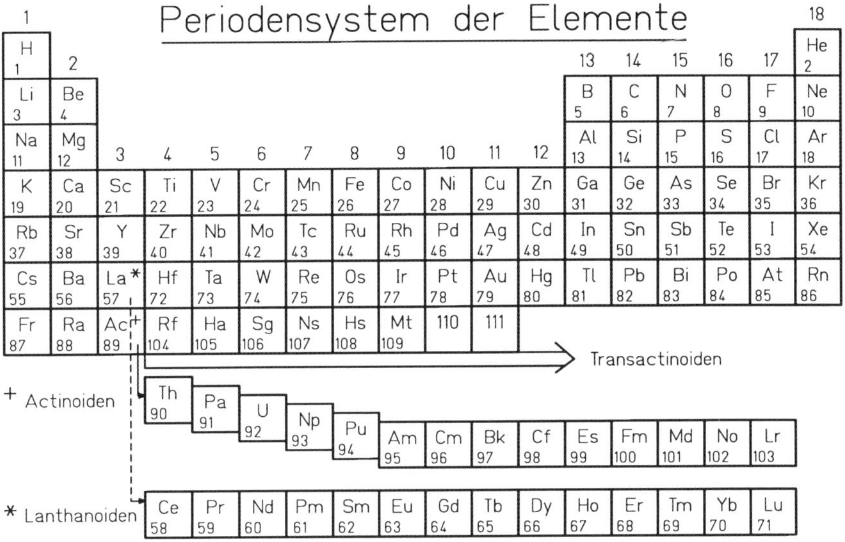

Bild 1.1 Periodensystem der Elemente

Elemente gültige Ordnungsprinzip in diesem Schema schon vor dem Erreichen der Grenze der Kernstabilität zusammenbricht. Bild 1.1 (vgl. auch die hintere Einbandseite des Buches) zeigt ein Periodensystem mit allen uns heute bekannten Elementen.

Mit den eben angesprochenen Themen nach den Grenzen der Kernstabilität und der Gültigkeit des Periodensystems haben wir die zentralen Fragen skizziert, die wir in diesem Buch diskutieren wollen. Wir werden die Entdeckung der Transurane als Ergebnis kernchemischer und kernphysikalischer Forschung schildern, wobei wir uns im Schwerpunkt nicht so sehr mit den leichteren Elementen dieser Gruppe, sondern mehr mit den Arbeiten zu den schwersten Elementen beschäftigen werden. Wir wollen dabei zeigen, wie die Entwicklungen von neuen Apparaten, Methoden und Techniken und ein zunehmend besseres Verständnis der Atomkerne und ihrer Synthesereaktionen immer wieder zur Neuentdeckung von weiteren Elementen geführt hat. Viele dieser Neuentdeckungen haben dann einen neuen Beitrag zum besseren Verständnis der Physik und der Chemie der Transurane geliefert. Daher sind die Kapitel in diesem Buch in der Reihenfolge der Elemente angeordnet. Die für die Entdeckung jeweils entscheidenden Entwicklungen sind dort ebenso besprochen wie die wichtigsten Aspekte der Kernsynthese und der Zerfallseigenschaften der neuen, instabilen Elemente. Am Anfang dieses Buches werden wir kurz auf ein paar wenige Grundbegriffe zur Charakterisierung eines Elements eingehen. Nach einem kurzen Abriß der Entstehung der Elemente unserer Erde soll eine historische Einleitung stehen, die sich mit der Entwicklung des Element- und Atombegriffs über mehr als zwei Jahrtausende hinweg bis hin zu den Grundlagen der modernen nuklearen Wissenschaften beschäftigt. Da der Weg zu den Transuranen eng verknüpft ist mit einem Umweg, der zuerst einmal zur Entdeckung der Kernspaltung geführt hat, wird auch dies in einem eigenen Kapitel angesprochen werden. Danach wenden wir uns in einzelnen Kapiteln den zunehmend schwerer werdenden Transuranen zu, die, soweit sinnvoll, zu mehreren zusammengefaßt sind.

Wir möchten dabei auch versuchen, etwas vom Zauber und der Spannung dieser Forschung an den Grenzen der experimentellen Möglichkeiten zu vermitteln, die auf einem Gebiet stattfindet, auf dem sich Kernchemie und Kernphysik kaum trennbar überschneiden. Während es in diesem Forschungsgebiet in aller Regel um die reine wissenschaftliche Neugier, dem Gewinn an neuer Erkenntnis über die Welt, in der wir leben, und dem Stolz auf experimentelle Weltbestleistungen geht, hat es doch gerade in den Zeiten des Kalten Krieges einige Wettbewerbe und Auseinandersetzungen gegeben, die deutlich durch die Konfrontation der beiden Hemisphären, mit ihren dort jeweils dominierenden Labors und Arbeitsgruppen, geprägt waren. Hier sind sicher nicht alle Diskussionen völlig unvoreingenommen rein wissenschaftlich geführt worden. Dies wird in den Diskussionen um die Priorität bei der Erstentdeckung einiger Elemente und dem jeweils damit verbundenen Vorschlagsrecht für ihre Namen besonders deutlich. Wir werden dies in der zweiten Hälfte des Buches mehrfach diskutieren müssen.

Elemente, Isotope, Nuklide – Aufbau, Umwandlung und Nomenklatur

Nach unserer heutigen Vorstellung ist die uns umgebende Materie, sei sie nun belebt oder unbelebt, aus chemischen Elementen als Grundbausteinen aufgebaut. Diese sind für Chemiker mit den ihnen gebotenen Mitteln nicht mehr veränderbar. Chemiker können die Elemente nur in den verschiedensten Kombinationen zusammenfügen, um daraus Verbindungen zu erzeugen, diese auch dann wieder bis zu ihren Grundstoffen, den Elementen, auftrennen, aber nicht weiter umwandeln.

Aus physikalischer Sicht ist der Grundbaustein eines jeden Elements das Atom. Im Atomkern befinden sich die positiv geladenen Protonen und die etwa gleich schweren Neutronen, die äußerlich keine elektrische Ladung tragen. Um den Kern befinden sich die elektrisch negativ geladenen Elektronen, welche die Atomhülle bilden. Atome eines bestimmten Elements sind immer aus der gleichen Anzahl von Protonen im Kern und, um deren elektrische Ladung zu neutralisieren, einer entsprechend gleich großen Anzahl von Elektronen in der Hülle aufgebaut. Das charakteristische chemische Verhalten eines jeden Elements ist bestimmt durch die Anzahl und Bindung der Elektronen in der Hülle. Damit bestimmt die Anzahl der Protonen (Z) im Atomkern das jeweilige chemische Element.

Bisher haben wir immer, dem allgemeinen Sprachgebrauch folgend, salopp von leichten und schweren Elementen gesprochen. Wir werden dies sicher auch weiterhin hier tun, obwohl es nicht ganz korrekt ist. Wie wir gerade gesehen haben, ist das Gewicht, oder genauer die Masse, eines Atoms nahezu vollständig durch die Summe der Massen von Protonen und Neutronen bestimmt. Die Elektronen sind 1835mal leichter als ein Kernbaustein und daher tragen sie nicht merklich zum Atomgewicht bei. Wenn wir hier aber gelegentlich von leichteren oder schweren Elementen sprechen, dann ist damit nicht die Masse, sondern eine kleinere oder größere Anzahl von Protonen gemeint.

Im späteren Text wird es dann auch gelegentlich eine Rolle spielen, welche Masse nun ein bestimmter Kern eines Elements hat. Schon bei den stabilen, nicht radioaktiv zerfallenden Kernen fällt auf, daß zum

Beispiel alle Elemente mit einer geraden Anzahl von Protonen – mit der Ausnahme des vier Protonen enthaltenden Berylliums (Be) – mindestens zwei, häufig aber mehr stabile Kerne mit unterschiedlicher Neutronenzahl (N) und damit auch unterschiedlicher Masse besitzen. Nehmen wir die instabilen Kerne eines Elements hinzu, so kann die Zahl der bekannten Kerne eines Elements, die sich nur durch ihre Neutronenzahl unterscheiden, auf über 20 steigern. Diese Erscheinung nennt man Isotopie. Isotope sind also Kerne eines Elements mit unterschiedlicher Anzahl von Neutronen bei gleicher Anzahl von Protonen. Mit dem Begriff Nuklid wird allgemein ein Atomkern mit einer bestimmten Anzahl von Protonen und Neutronen gekennzeichnet. Immer dann, wenn dies von Bedeutung sein wird, werden wir das auch korrekt ansprechen.

Derzeit sind 111 verschiedene Elemente und eine Gesamtzahl von mehr als 2500 Nukliden bekannt. Der Wasserstoff (H) als leichtestes Element hat nur ein Proton. In der Natur kommt er zu 99,985% in dieser Form und zu 0,015% in der Form des Deuteriums vor, das zum Proton noch ein Neutron im Kern trägt und damit die Masse zwei besitzt. Das schwerste, in deutlichen Mengen auf der Erde zu findende natürliche Element ist das Uran mit 92 Protonen. Hier findet man in der Natur zu 99,2745% das Isotop mit der Massenzahl 238, zu 0,7200% das ^{235}U und zu 0,0055% das ^{234}U.

In der formelmäßigen Schreibweise eines Isotops, wie wir hier gerade gesehen haben, wird die Massenzahl links oben an das chemische Symbol des Elements geschrieben. Sollte es darüber hinaus erforderlich oder nützlich sein, wird die Anzahl der Protonen links unten dazu geschrieben. Der Platz rechts oben ist dann für die Ladung eines Ions reserviert. Dies ist ein Element, dem aus der Hülle Elektronen entfernt oder zugefügt wurden. Damit wird es elektrisch geladen.

Zur übersichtlichen Darstellung trägt man nun nicht alle Isotope eines Elements in das Periodensystem mit ein – was nur zu einer verwirrenden Vielfalt führen würde – sondern man faßt alle Nuklide auf einer anders strukturierten Karte zusammen, der Nuklidkarte (siehe Bild 1.2). Dabei wird die Protonenzahl, Z, senkrecht gegen die waagrecht dargestellte Neutronenzahl, N, aufgetragen. Auf der Nuklidkarte läßt sich jedes einzelne Nuklid mit seinen wichtigsten Eigenschaften, wie zum Beispiel

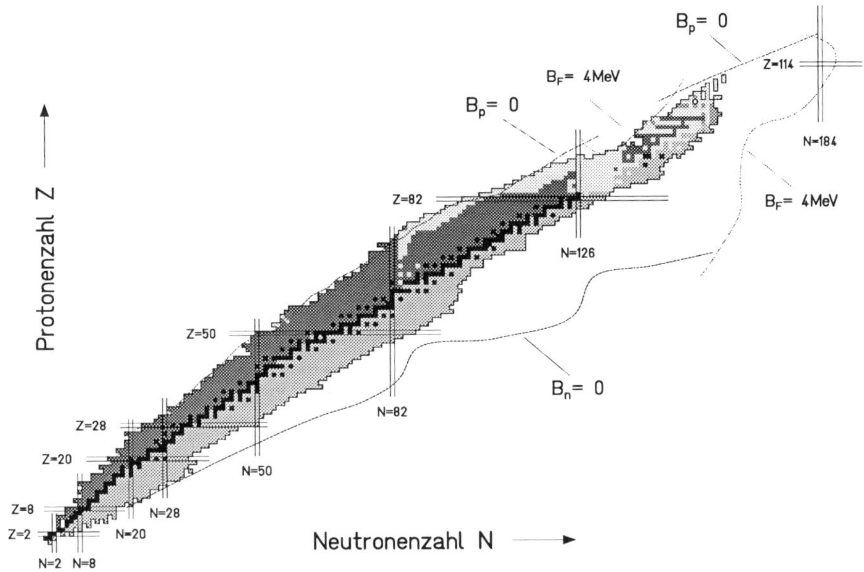

Bild 1.2 Nuklidkarte. Alle Kerne mit gegebener Kernladungszahl Z und Neutronenzahl N lassen sich in dieser Darstellung auftragen. Jede waagrechte Zeile enthält alle Isotope eines Elements. Die derzeit mehr als 2500 bekannten Kerne liegen innerhalb des durch die eckige, ausgezogene Linie begrenzten Bandes. Die 263 stabilen Kerne (schwarze Quadrate) bilden eine leicht gebogene Linie, die auch als Linie der β-Stabilität bezeichnet wird. Sie trennt die neutronen-reichen (rechts) von den neutronen-armen (links) Nukliden. Waagrechte und senkrechte Doppellinien markieren Protonen- und Neutronenschalen. Die in diesen Bereichen angesiedelten kugelförmigen Kerne sind durch ihre besonders hohe Stabilität ausgezeichnet. In den Gebieten dazwischen finden wir „eiförmig" und „diskusförmig" deformierte Kerne, deren Gestalt aber fast immer noch der einer Kugel nahekommt. Alle Atomkerne innerhalb der gestrichelten Linie – etwa 6000 – sollten nach unserer heutigen Vorstellung existieren können und eine Halbwertszeit von mindestens einer Mikrosekunde besitzen. Damit sollte man sie auch nachweisen können, falls man einen Weg zu ihrer Synthese findet. Die Grenzlinien sind dadurch gegeben, daß die Bindungsenergie der Protonen B_p beziehungsweise der Neutronen B_n Null wird oder die Spaltbarriere B_f auf 4 MeV absinkt.

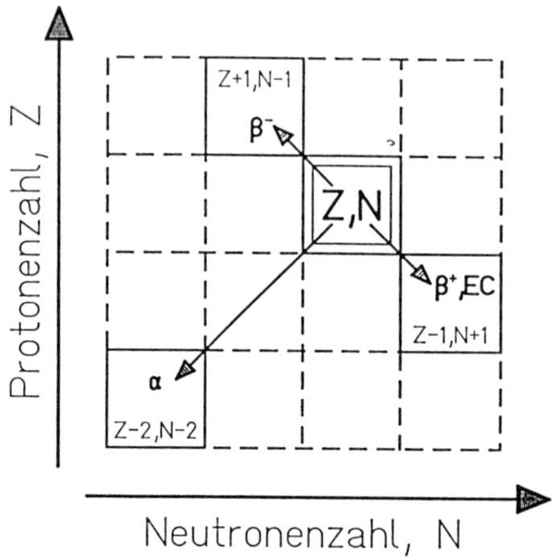

Bild 1.3
Schematische Darstellung der Kernumwandlungen durch den radioaktiven Zerfall im Schema der Nuklidkarte. Das zentrale Nuklid mit der Protonenzahl Z und Neutronenzahl N stellt für jeden Zerfall das Ausgangsnuklid dar.

der Art seines radioaktiven Zerfalls und der dazugehörigen Halbwertszeit, in einem sinnvollen Zusammenhang darstellen. Bild 1.3 zeigt einen Nuklidkartenausschnitt ganz schematisch zusammen mit den Kernumwandlungen, die bei einigen wichtigen radioaktiven Zerfällen auftreten.

Ein Atomkern wird sich immer dann durch einen radioaktiven Zerfall in einen anderen Kern umwandeln, wenn er dabei unter Energiegewinn einen stabileren Zustand erreichen kann. Er wird dies in der Regel um so schneller tun, d.h. eine kurze Halbwertszeit besitzen, je größer der Energiegewinn aus dem Zerfall ist. Die Halbwertszeit eines Nuklids ist die Zeit, nach der nur noch die Hälfte der ursprünglich vorhandenen Kerne, der sogenannten Mutterkerne, vorhanden ist; die andere Hälfte hat sich in den neuen Tochterkern umgewandelt. Nach zwei Halbwertszeiten sind nur noch 25% der Mutterkerne vorhanden, nach drei Halbwertszeiten noch 12,5% und nach zehn Halbwertszeiten nur noch 0,1%.

Im β^--Zerfall wandelt sich im Kern ein Neutron in ein Proton um, und der Kern emittiert ein Elektron und ein ungeladenes und masseloses Antineutrino. (Die Frage, ob das Neutrino und das Antineutrino in Ruhe nur eine ganz kleine oder gar keine Masse besitzt, ist auch heute noch nicht geklärt.) Der im β^--Zerfall entstehende Kern des nächsthöheren Elements hat noch die gleiche Masse wie der Ausgangskern, aber eine um Eins verringerte Neutronenzahl. β^--Zerfall zeigen Kerne, die gegenüber einer stabilen Zusammensetzung einen Überschuß an Neutronen aufweisen.

Im β^+-Zerfall wandelt sich ein Proton in ein Neutron um, und der Kern emittiert ein Positron (positiv geladenes Elektron) und ein Neutrino. Der dabei entstehende Kern des nächstniedrigeren Elements hat wieder die gleiche Masse wie der Ausgangskern, aber eine um Eins erhöhte Neutronenzahl. β^+-Zerfall tritt bei neutronenarmen Kernen auf.

Im α-Zerfall emittiert der Kern einen ^{4}He-Kern. Der dabei entstehende Kern hat damit zwei Protonen und zwei Neutronen weniger als der Ausgangskern. Dieser Zerfall tritt vorwiegend bei schweren Kernen auf.

Ein aus seinem Grundzustand angeregter Kern, wie er beispielsweise nach der Synthese aus einer Kernreaktion vorliegt, wird sich durch die Emission eines Neutrons oder Protons abregen. Einige extrem protonenreiche Kerne zeigen die Protonenemission auch als radioaktiven Zerfall.

Sehr schwere Kerne können auch spontan in zwei ähnlich große Bruchstücke zerfallen. Dies nennen wir Spontanspaltung (SF).

Wo wir schon bei Begriffsdefinitionen sind, möchten wir hier darauf hinweisen, daß in einigen Fällen eingeführte und häufig noch gebrauchte Namen von denen abweichen, die derzeit offiziell zur Verwendung im deutschsprachigen Raum empfohlen werden. Wir werden hier der neuen Nomenklatur folgen und beispielsweise Actinoiden oder Lanthanoiden und nicht mehr von Actiniden oder Lanthaniden sprechen. Dies gilt auch für die neueren Begriffe Bismut (Bi), Iod (I) und Zirkonium (Zr), die die alten Namen Wismut, Jod und Zirkon abgelöst haben.

Die Entstehung der Elemente in der Natur

Warum gerade das Uran das schwerste Element auf der Erde ist, wird im folgenden deutlich werden, wenn wir kurz über die Synthese der Elemente sprechen, die uns hier auf der Erde natürlich begegnen.

Dazu gehen wir in der Zeit etwa 15 bis 20 Milliarden Jahre zurück zum Zeitpunkt des Urknalls, dem Beginn des Universums. Ungeheuer viel Spannendes geschah in den allerersten Sekundenbruchteilen nach dem Urknall. Es ist die Zeit, zu der alle Dinge, die heute in den getrennten Disziplinen Elementarteilchenphysik, Kernphysik und Astrophysik erforscht werden, zusammenfallen. Unvorstellbare Energiedichten und Temperaturen beherrschen ein Universum aus einer „Ursuppe" von Elementarteilchen, das schnell expandiert und sich dabei abkühlt. Die Elementarteilchenphysiker versuchen heute mit den neuesten Beschleunigern bei den höchsten erreichbaren Energien, möglichst dicht an diese erste Entwicklungsphase des Universums heranzukommen. In der „Ursuppe" gab es eine beachtliche Menge Quarks, die Bausteine, aus denen die Nukleonen im Atomkern aufgebaut sind. Aus den Quarks in der „Ursuppe" haben sich sehr schnell nach dem Urknall Neutronen und Protonen gebildet, die aber schon weniger als eine Millisekunde später durch Reaktionen mit ihren Antiteilchen wieder verschwunden sind. Die Eigenschaften dieses frühen Universums sind dominant von den leichten Elementarteilchen wie Elektronen und Photonen bestimmt.

Etwa eine Sekunde nach dem Beginn der Expansion des Universums hat sich dieses so weit abgekühlt, daß die Temperatur auf etwa zehn Milliarden Kelvin gesunken ist. Protonen, die in der Zwischenzeit wieder aus dem Zerfall freier Neutronen entstanden sind, und Neutronen, die in einer riesigen Menge extrem leichter Teilchen, wie zum Beispiel Elektronen, Positronen, Neutrinos und Photonen, vorhanden sind, reagieren mit diesen Teilchen. Dabei wird weiter ein Teil der Neutronen zu Protonen umgewandelt. Die Bausteine der Elemente sind vorhanden. Hundert Sekunden später ist die Temperatur auf etwa eine Milliarde Kelvin abgefallen. Nun beginnt die Fusion jeweils eines Neutrons und eines Protons zu einem Kern des schweren Wasserstoffs, des Deuteriums. Diese verbinden sich mit weiteren Protonen und Neutronen zu Kernen des Heliums (He), die zwei Protonen und zwei Neutronen enthalten. In seltenen Fällen können auch schon Kerne mit drei oder vier Protonen gebildet werden. Leichte Elemente wie Lithium (Li) und Beryllium entstehen. Trotz der Energie, die bei diesen exothermen Kernfusionsprozessen im Gebiet der leichten Elemente frei wird, kühlt sich das Universum durch seine Expansion ständig weiter ab. Bald ist die Temperatur so weit gefallen, daß keine weiteren Fusionsreaktionen ablaufen. Die erste Entstehungsphase von Helium und einigen anderen leichten Elementen ist damit schon etwa eine Stunde nach dem Urknall abgeschlossen. Nun expandiert das

Universum über viele Millionen Jahre und kühlt dabei stetig ab. In dieser Zeit gibt es keine weitere Elementsynthese.

Nach etwa ein bis zwei Milliarden Jahren beginnen in einigen Gebieten die Gravitationskräfte die Expansion von etwas dichteren Materieanhäufungen lokal zu verlangsamen. Dort beginnt die Materie, sich wieder zusammenzuballen. Zuerst bilden sich Galaxien. In ihnen schreitet dann der Prozeß der Materiekonzentration weiter fort. Zusammenstürzende Regionen von Wasserstoff- und Heliumgas bilden sich. Durch den Zusammenstoß der Atome im Inneren der Gaswolke steigt die Temperatur so stark an, daß es wieder zu Kernfusionsreaktionen kommen kann. Dies war vor etwa 12 Milliarden Jahren erstmals der Fall. Die Temperaturen liegen bei diesen Fusionsreaktionen zwischen 10 Millionen und 20 Millionen Kelvin. Die Temperatur ist ausreichend, um zuerst einmal Wasserstoff zu Helium zu „verbrennen" (fusionieren). Eine Sonne der ersten Generation hat sich gebildet, die über hundert Millionen oder auch einige Milliarden Jahre brennen kann, je nachdem, wie groß sie ist. In Seitenreaktionen werden die leichten Elemente Lithium, Beryllium und Bor (B) durch Fusion in geringem Umfang erzeugt. In dieser Zeit herrscht in der Sonne ein Gleichgewichtszustand zwischen der Gravitation, die die Materie der Sonne dichter zusammenziehen möchte, und der erzeugten Wärme aus den Kernreaktionen, die die Masse auseinandertreibt.

Das Ende eines solchen Sterns naht, wenn der Wasserstoff als Brennstoff sich langsam verringert. Der Stern zieht sich nun durch die Gravitation etwas zusammen, wodurch die Temperatur im Innern weiter auf etwa 100 bis 200 Millionen Kelvin steigt. Die verstärkte Strahlung aus dem Inneren führt zu einem Hinausschleudern von Sternmaterie. Diese kühlt dabei ab und es bildet sich eine große und relativ kalte Hülle, die mit einem roten Licht leuchtet. Es ist ein Roter Riese entstanden. In dessen Zentrum ist ein neuer Kreislauf von Kernfusionen von Helium zu Beryllium und Kohlenstoff (C) die wichtigste Reaktion. Dies ist in Bild 1.4 durch den Kreis ganz links unten skizziert. Handelt es sich nun zu diesem Zeitpunkt um einen großen Stern der zweiten oder dritten Generation, der neben Wasserstoff und Helium schon einige Anteile etwas schwererer Elemente aus vorausgegangenen Sternzyklen enthält, so wer-

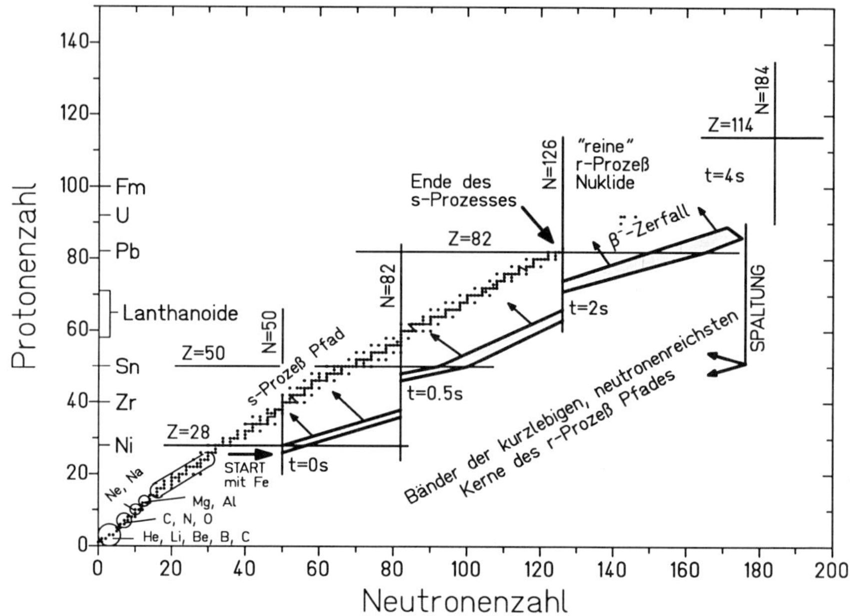

Bild 1.4 Schematische Darstellung der Synthese primordialer Elemente durch Kernreaktionen. In der skizzierten Nuklidkarte sind die Fusionsreaktionen mit geladenen Teilchen durch die Kreise gekennzeichnet. Oberhalb der Elemente Eisen (Fe, Z=26) und Nickel (Ni, Z=28) tragen zwei Prozesse zum Aufbau schwererer Elemente bei. Der „s-Prozeß" des langsamen Neutroneneinfangs (s für *slow*) folgt dem stufenförmigen Pfad entlang der β-Stabilität. Der „r-Prozeß" des schnellen Neutroneneinfangs (r für *rapid*) läuft entlang eines Pfades, der durch die Bänder neutronen-reicher Kerne gekennzeichnet ist. Die Zeiten für den Ablauf des schnellen Neutroneneinfangs bis hin zur Synthese der Actinoiden innerhalb von etwa zwei bis drei Sekunden sind angegeben. Die Unterbrechungen in den Bändern werden durch die verminderte Wahrscheinlichkeit für den Einfang eines weiteren Neutrons an einer Neutronenschale erzeugt.

den im Sternzentrum Fusionsprozesse möglich, die zuerst zu den etwas schwereren Elementen Kohlenstoff, Stickstoff (N) und Sauerstoff (O) führen (zweiter Kreis im Bild 1.4). Ist das Helium im Innern des Sterns weitgehend verbrannt, so kontrahiert die Gravitation das Zentrum weiter. Die damit verbundene Temperaturerhöhung auf etwa 500 Millionen Kelvin ermöglicht die weitere Elementsynthese durch Fusionsreaktionen über die Elemente Natrium (Na), Magnesium (Mg), Silicium (Si) bis zum Schwefel (S). Bei den höchsten Temperaturen von etwa einer Milliarde Kelvin kann die Elementsynthese schließlich bis zum Eisen (Fe) führen.

Bis zur Bildung von Atomkernen der Masse 56, der Elemente Eisen und Nickel (Ni), sind die Fusionsreaktionen Prozesse, die Wärme (Energie) nach außen abgeben, exotherme Reaktionen. Die auf diese Weise gebildeten, immer schwerer werdenden Kerne bedingen gleichzeitig einen Anstieg der Reaktionsbarriere, die ein geladenes Teilchen auf dem Weg zur Kernfusion zu überwinden hat. Dies ist die Coulombbarriere, die durch die gegenseitige Abstoßung der positiv geladenen Atomkerne entsteht. Sie nimmt zu den schweren Kernen hin ständig zu, weil die Kernladungen steigen. Immer weiter ansteigende Temperaturen liefern die Energie, die benötigt wird, um die anwachsenden Reaktionsbarrieren zu bewältigen.

Bei solchen Fusionen zweier Kerne wird Energie frei, weil die Kernbausteine im entstehenden Kern fester gebunden sind. Dieser Energiegewinn ist besonders groß, wenn aus Wasserstoff Helium erzeugt wird, nimmt aber mit zunehmender Masse immer mehr ab, je mehr sich die Kerne dem Eisen nähern. Dort gibt es die stabilsten Kerne aller Elemente mit den höchsten Bindungsenergien zwischen den einzelnen Nukleonen im Kern.

Auf dem Weg zu noch schwereren Elementen als Eisen sind alle Fusionsreaktionen endotherme Reaktionen, sie benötigen von außen zugeführte Energie zu ihrem Ablauf. Somit ist eine weitere, Energie abgebende Elementsynthese durch Fusionsreaktionen nicht mehr möglich. Eine starke externe Energiequelle ist notwendig, um noch schwerere Elemente zu synthetisieren. Ein Reaktionstyp mit zwei unterschiedlichen Abläufen läßt die schwereren Elemente jenseits des Eisens entstehen und führt zu den neutronenreichen Kernen dieser Elemente. Beide Reaktionen haben den Neutroneneinfang mit anschließendem β^--Zerfall gemeinsam. Wie wir schon vorher bei der Betrachtung der verschiedenen radioaktiven Zerfallsarten gesehen haben, entsteht bei jedem β^--Zerfall das nächstschwerere Element. Dies ist die Leiter, auf der die Natur jenseits des Eisens zu immer schwereren Elementen gelangt. Der wesentliche Unterschied in beiden Prozessen dieser Art ist die Geschwindigkeit ihres Ablaufes.

Der langsame Prozeß trägt die Bezeichnung s-Prozeß, wobei s für *slow* steht, und der schnelle die Bezeichnung r-Prozeß, wobei r für *rapid* steht. Das schnell und langsam bezieht sich nicht auf die Geschwindigkeit der Neutronen, sondern auf die Geschwindigkeit des Ablaufs der Reaktionskette. Die Verfügbarkeit oder Dichte der Neutronen bestimmt, ob schnell (*rapid*) viele Neutronen eingefangen werden oder langsam (*slow*) ein Neutron nach dem anderen. Neben der Neutronendichte ist die Halbwertszeit des β^--Zerfalls die dabei wichtige Bezugsgröße.

Zuerst wollen wir uns dem s-Prozeß zuwenden, der in den von uns bisher betrachteten Sternen ablaufen kann. Der erste Schritt ist ein Neutroneneinfang in einen der etwas schwereren Kerne, die durch Fusionsreaktionen mit geladenen Teilchen erzeugt wurden. Die Neutronen stammen aus den Fusionsreaktionen selbst; so wird zum Beispiel bei der Fusion von Helium mit Kohlenstoff oder Neon jeweils ein Neutron frei. Nach dem Einfang eines Neutrons, manchmal auch nach zweien oder dreien, ist ein instabiler, neutronenreicher Kern entstanden. Er zerfällt durch β^--Zerfall in ein neues Element. Dieses kann nun wieder ein Neutron einfangen und nach β^--Zerfall ein noch schwereres Element werden. Dieser Weg führt bis zum Bismut. Bei den darauffolgenden, noch schwereren Elementen gibt es keine stabilen, sondern nur radioaktive Kerne, die durch α-Zerfall wieder in leichtere Elemente zerfallen. Die Halbwertszeit dieser radioaktiven Nuklide ist nicht ausreichend lang, als daß aus ihnen in einem langsamen Neutroneneinfangprozeß schrittweise immer schwerere Elemente „erbrütet“ werden könnten. Dazu ist die Neutronendichte in den Sternen nicht hoch genug. Der radioaktive Zerfall begrenzt somit die Synthese durch den s-Prozeß um das Bismut.

Noch schwerere Elemente, wie das Thorium (Th) und Uran, müssen durch einen schnellen Prozeß entstanden sein, der extrem hohe Neutronendichten voraussetzt. Auch dieser r-Prozeß, der bis zur Synthese der schwersten Elemente führt, startet in der Gegend um das Eisen. Wir werden uns ihm gleich nach der Diskussion der weiteren Sternentwicklung wieder zuwenden. Diese soll zuerst aufzeigen, in welcher Umgebung eine ausreichende Neutronendichte verfügbar ist.

Ob ein Stern all die beschriebenen Stadien durchläuft, hängt von seiner Masse ab. Kleinere Sterne, die zum Beispiel nur die halbe Masse unserer Sonne haben, schaffen es nur bis zu einer Zentralregion aus Kohlenstoff oder Sauerstoff. Unter dem Einfluß ihrer Schwerkraft ziehen sie sich dann so stark zusammen, daß ein bis zu hundertmal kleinerer Weißer Zwerg entsteht. Die maximale Größe eines Weißen Zwerges kann 1,4 Sonnenmassen betragen. In einigen Fällen kann es passieren, daß zwei Weiße Zwerge so nahe beisammen sind, daß sie ineinanderstürzen. Wird dabei die Masse von 1,4 Sonnenmassen überschritten, so wird die dabei zu beobachtende heftige Explosion als Typ-I-Supernova bezeichnet. Solch eine Supernova konnte Johannes Kepler 1604 in unserer Galaxie beobachten. Kurz vor der Entdeckung des Fernrohrs konnte er allerdings nur die Helligkeit und Dauer der Erscheinung aufzeichnen. Kepler war damit, ohne es zu wissen, ferner Beobachter der Elementsynthese in einem der Kochtöpfe des Universums geworden.

Neben der Typ-I-Supernova gibt es einen zweiten Ablauf, der für die Elementsynthese von Bedeutung ist. Sterne der Größe von sehr vielen Sonnenmassen brennen so lange, bis sich in ihrem Innern ein Eisenkern gebildet hat. Das hier als Eisenkern angesprochene Gebilde kennzeichnet das innere Gebiet, *Core*, des Sterns und nicht einen einzelnen Atomkern. Die leichteren Elemente sind wie Zwiebelschalen um dieses Kerngebiet angeordnet, mit einer äußersten Hülle aus Helium. Wenn diesem Stern am Lebensende der Brennstoff langsam ausgeht, so ist der wieder durch die Gravitation hervorgerufene Zusammensturz der Zentralregion noch viel heftiger als bei weniger massiven Sternen. Die erreichte Dichte ist viel größer als die der Weißen Zwerge, und Massen von mehr als der unserer Sonne sind auf wenige Kilometer konzentriert. Dies ist die Geburtsstunde eines Neutronensterns oder, falls der Eisenkern des kollabierenden Sterns größer als etwa zwei Sonnenmassen war, eines Schwarzen Loches. Kurz nach dem Zusammensturz der Zentralregion kommt es zu einer unvorstellbaren Explosion. Durch die enorme Energie, freigesetzt in Form von Röntgen-, Gammastrahlung und Neutrinos, werden die äußeren Sternregionen in den Weltraum geschleudert. In den ersten zehn Sekunden wird viel mehr Energie frei als unsere Sonne während ihres gesamten Lebens von zehn Milliarden Jahren abstrahlen wird. Diesen explosionsartigen Ablauf bezeichnen wir als Typ-II-Supernova. Sie stellt den zweiten Kochtopf der Synthese schwerer Elemente im Universum dar.

Wie schon angedeutet, kommt für die Entstehung der schwersten Elemente den Prozessen in einer Typ-II-Supernova eine Schlüsselrolle zu. Hier herrschen jetzt die Bedingungen, um nicht nur Kerne jenseits des Eisens zu synthetisieren, sondern auch die schwersten Elemente bis deutlich jenseits des Bismuts und Urans. Es ist die sehr kurze, aber heftige Synthese der schwersten Elemente im r-Prozeß. Der Ort, in dem dies geschieht, ist die äußere Randzone des Neutronensterns. Dieses Gebiet wird etwa in dem Zeitraum von fünf bis zwanzig Sekunden nach dem Zusammensturz der Zentralregion durch die Strahlung aus dem Zentrum auf sehr hohe Temperaturen aufgeheizt. In dieser Zeit der Explosion der Supernova findet auch der r-Prozeß für die Kerne statt, die diese Zone hoher Neutronendichte durchfliegen. Ausgehend von einem mittelschweren Kern der Gegend um das Eisen wird innerhalb von zwei bis drei Sekunden eines der schwersten Elemente durch Neutroneneinfang mit nachfolgendem radioaktiven Zerfall gebildet. Dieser Weg ist in Bild 1.4 gekennzeichnet. Wie im s-Prozeß verwandeln sich die durch Neutroneneinfang entstandenen und damit zu neutronenreichen, instabilen Kerne im β^--Zerfall zu Elementen mit mehr Protonen als der Ausgangskern. Im Unterschied zum langsamen s-Prozeß werden nun schnell hintereinander zehn oder mehr Neutronen eingefangen, bevor der β^--Zerfall ein stark konkurrierender Prozeß wird. Am Ende einer β^--Zerfallskette wird so ein Element erreicht, das etwa zehn Protonen reicher ist als das Ausgangselement. Dies ist der Weg, auf dem die schwersten Elemente in einer Supernova gebildet und mit dem Gas der alten Sternhülle in die Galaxie hinausgeschleudert werden. Innerhalb von zwei bis drei Sekunden ist das ganze Periodensystem oberhalb des Eisens gebildet worden. Es dient nun als Rohstoff für die nächste Sterngeneration.

Am 23. Februar 1987 erschien plötzlich die Supernova 1987A in der Großen Magellanschen Wolke, der etwa 165 000 Lichtjahre entfernten Nachbargalaxie unserer Milchstraße. Das nur auf der Südhalbkugel unserer Erde sichtbare Leuchten konnte mit bloßem Auge gut wahrgenommen werden. Die SN 1987A, eine Supernova vom Typ II, wurde mit allen auf der Erde und im Weltraum zur Verfügung stehenden Meßgeräten verfolgt. Ihr Verlauf ist heute sehr gut dokumentiert und dient zum Vergleich mit den existierenden Modellen über die Entstehung eines Neutronensterns. Diese Modelle sind es auch, die uns sagen, daß die schwersten Elemente des Universums innerhalb kürzester Zeiten – in wenigen Sekunden oder gar nur Bruchteilen von Sekunden – in solchen Explosionen von Supernovae gebildet werden. Es war daher besonders spannend zu beobachten, welche Elemente ihre charakteristischen Signale zur Erde senden würden.

Innerhalb der ersten 120 Tage nach der Explosion waren mögliche Anzeichen der schweren Elemente noch überlagert durch andere Signale. Nur die Zunahme der Leuchtkraft im zweiten und dritten Monat stimmte mit der Annahme überein, daß Nuklide gebildet worden waren, deren radioaktiver Zerfall die nun vorherrschende Energiequelle darstellte. Der erste deutliche Hinweis auf die Synthese von Elementen um das Eisen war die Abnahme der Leuchtkraft mit einer Halbwertszeit von 77 Tagen, wie sie etwa ab der siebzehnten Woche nach der Explosion zu beobachten war. Diese Abnahme der Helligkeit entspricht der Halbwertszeit des radioaktiven Cobalt-56. In einer Menge von 0,08 Sonnenmassen gebildet, ist es in den darauffolgenden Monaten durch seinen radioaktiven Zerfall der wichtigste Energielieferant zur weiteren Leuchtkraft. Fast ein Jahr nach der Explosion der Supernova SN 1987A war es dann so weit – eine Reihe schwerer Elemente konnte direkt nachgewiesen werden. Eisen und Cobalt (Co) wurden durch die charakteristische Gammastrahlung des Eisen-56, das im Zerfall des Cobalt-56 gebildet wird, nachgewiesen. Zusammen mit einer Reihe anderer Elemente wurden Cobalt und Nickel auch als deutliche Peaks in den Spektren im infraroten Bereich identifiziert.

Damit war für Wissenschaftler der erste direkte Blick auf die Synthese schwerer Elemente in der Natur möglich geworden. Die neuesten theoretischen Modelle vom Ablauf der Explosion einer Supernova sagen uns, daß im Kollaps der Zentralregion alle größeren Atomkerne wieder in Protonen und Neutronen aufgebrochen werden. Daraus formen sich zuerst wieder Heliumkerne und danach auch schwerere Elemente bis zum Eisen und darüber hinaus. Diese bilden das Saatgut für den Aufbau aller in der Natur auffindbaren schweren Elemente im schnellen Neutroneneinfang. Diese Elementsynthese führt bis hin zum Uran und darüber hinaus auch noch zu schwereren Elementen. Wieviel von welchen Elementen oder den Isotopen eines bestimmten Elements auf welchem Weg dabei gebildet wird, ist durch die Struktur der Atomkerne festgelegt. Da somit die Kernstruktur die stoffliche Zusammensetzung des Universums wesentlich mitbestimmt, müssen wir die Kernstruktur erforschen, um das Universum zu verstehen. Dazu können kernphysikalische und kernchemische Experimente, wie sie zum Beispiel an Beschleunigern durchgeführt werden, entscheidende Beiträge liefern.

Daß es auch möglich ist, die Existenz und den Ablauf solch extremer Prozesse, wie sie in einer Supernova ablaufen, in gewissem Umfang auf der Erde experimentell nachzuvollziehen, werden wir im Kapitel zu den Elementen Einsteinium und Fermium sehen. Diese Elemente sind zuerst in einem schnellen Neutroneneinfangprozeß bei Kernwaffenexplosionen erzeugt und danach beobachtet worden. Um jedem Mißverständnis vorzubeugen, möchten wir deutlich zum Ausdruck bringen, daß wir nicht für den Einsatz von Kernexplosionen als Hilfsmittel zu wissenschaftlicher Arbeit plädieren. Einige Ergebnisse der Kernwaffenexplosionen sind aber auch ein Teil der Geschichte der schwersten Elemente.

Wir können heute nicht mit Sicherheit sagen, welches die schwersten Elemente sind, die in einer Supernova erzeugt werden, aber bestimmt geht die Synthese bis zum Element mit 100 Protonen, dem Fermium. Da man vermuten darf, daß die Elementsynthese noch weiter gegangen ist, gab es in den letzten beiden Jahrzehnten zahlreiche Versuche, solche superschweren Elemente auf der Erde oder in Meteoriten zu finden. Wir werden am Ende dieses Buches wieder darauf zurückkommen.

Aus dem Vorhandensein schwerer Elemente in unserem Sonnensystem und auf der Erde können wir heute schließen, daß unsere Sonne ein Stern der zweiten oder dritten Generation ist, der sich aus den Überresten einer früheren Supernova gebildet hat. Aus dieser „Asche“ ist nicht nur unsere Sonne, sondern unser ganzes Sonnensystem und damit auch die Erde mit ihrer belebten und unbelebten Materie aufgebaut. Man kann also getrost sagen, daß wir alle Kinder der Sterne sind.

Wir nehmen heute an, daß die Bildung unseres Sonnensystems vor

4,8 Milliarden Jahren, also etwa 10 Milliarden Jahre nach dem Urknall, begonnen hat. Unsere Sonne, die etwa 8 Milliarden Jahre lang brennen sollte, ist damit in der Mitte ihres Lebens. Unsicher sind gegenwärtig die Annahmen darüber, ob zur Zeit der Bildung unseres Sonnensystems vor 4,8 Milliarden Jahren die Synthese der schweren Elemente noch im Gange war oder vielleicht schon einige hundert Millionen Jahre zurücklag. Diese weiter zurückreichende Zeit der Elementsynthese kann wohl vor allem für die Elemente angenommen werden, die im r-Prozeß gebildet wurden.

Vor etwa 4,6 Milliarden Jahren haben sich dann die Planeten geformt und die Gesteine gebildet. Zu diesem Zeitpunkt war die Synthese der schwersten Elemente in unserem Sonnensystem schon lange vorbei. Daher können wir heute nur noch solche Elemente in unserem Sonnensystem finden, die entweder stabile Atomkerne besitzen, oder solche radioaktiven Elemente, deren Halbwertszeit lang genug ist, daß ein noch meßbarer Anteil überlebt hat.

Einige Elemente besitzen beides, sowohl stabile Kerne, als auch radioaktive Kerne langer Halbwertszeit. Das für unser alltägliches Leben wohl wichtigste Beispiel ist das Kalium (K). Wir finden es in großen Mengen in unseren Baumaterialien beim Hausbau und in unserem Körper. Das natürliche Kalium besitzt neben seinem stabilen Hauptisotop ^{39}K auch immer noch 0,0117% ^{40}K, das eine Halbwertszeit von 1,28 Milliarden Jahren besitzt. Damit dient es den Geologen und Astrophysikern als eine Uhr, die durch die Isotopenhäufigkeit das Alter anzeigt. In unserem Körper stellt ^{40}K eine beachtliche natürliche radioaktive Quelle mit etwa 5 000 Zerfällen pro Sekunde dar.

Bei zwei leichteren Elementen, dem Technetium (Tc) und dem Prometium (Pm), finden wir keine Überreste aus der ursprünglichen Elementsynthese, da es keine Atomkerne gibt, die stabil oder langlebig genug sind. Das gleiche trifft auch für die Elemente mit mehr als 83 Protonen zu. Es sind alle Elemente, die mehr Protonen als das Bismut besitzen.

Zwei bekannte und für unser Alltagsleben wichtige Ausnahmen durchbrechen diese Regel, es sind die Elemente Thorium und Uran mit den Ordnungszahlen 90 und 92, die in größeren Mengen auf der Erde vorkommen. Die langlebigsten Thorium- und Uranisotope sind das ^{232}Th

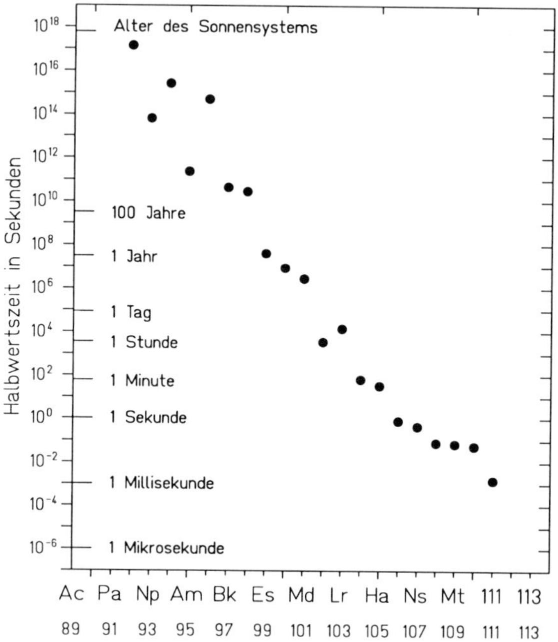

Bild 1.5 Halbwertszeiten der langlebigsten Isotope des Urans und der Transurane.

mit einer Halbwertszeit von 14,1 Milliarden Jahren und das ^{238}U mit 4,47 Milliarden Jahren. Wie Bild 1.5 zeigt, werden jenseits vom Uran die Halbwertszeiten immer geringer. Somit könnten nur in ganz wenigen Fällen die Kerne (oder Elemente) bis heute überlebt haben.

Unter den bekannten Transuranen hat das ^{244}Pu mit 83 Millionen Jahren die längste Halbwertszeit. Diese ist mindestens 57mal kürzer als die Zeit zurück bis zur letzten Elementsynthese. Dies bedeutet, daß heute nur noch ein unvorstellbar winziger Anteil von $(1/2)^{57} = 7 \cdot 10^{-18}$ der ursprünglichen Menge vorhanden sein könnte. Da zum Zeitpunkt der Bildung unseres Sonnensystems vor 4,8 Milliarden Jahren das Verhältnis der Atomzahlen ^{238}U/^{244}Pu vermutlich 0,1 war, sollte der ^{244}Pu Anteil heute höchstens $7 \cdot 10^{-19}$ der ^{238}U Menge betragen.

Nur ein einziger aus einer Reihe von Versuchen, ^{244}Pu in der Natur zu finden, hat 1971 ein positives Ergebnis geliefert. Darleane Hoffman und Mitarbeiter starteten ihre Suche mit 85 kg eines Cer-Erzes, das sie chemisch aufarbeiteten, eine Plutonium-Fraktion in einem sorfältigst ausgearbeiteten chemischen Trennungsgang isolierten und diese Fraktion in einem Massenspektrometer analysierten. Dabei konnten 268 Ionen an der Stelle der Masse 244 nachgewiesen werden. Dies entspricht einem Anteil von $1 \cdot 10^{-18}$ g ^{244}Pu pro Gramm dieses speziellen Cer-Erzes. Damit wissen wir heute, daß nicht das in beachtlichen Mengen vorhandene ^{238}U, sondern ^{244}Pu das schwerste in der Natur vorhanden Nuklid darstellt; Plutonium ist damit das schwerste primordiale Element auf der Erde. Die abgeschätzte Häufigkeit auf der Erde ist $7 \cdot 10^{-27}$ g pro Gramm.

Äußerst bedauerlich ist es allerdings, daß wir heute andere Isotope des Plutoniums auf der Erdoberfläche sehr viel leichter nachweisen können, da sie dort viel häufiger auftreten als die geringsten Spuren des natürlichen ^{244}Pu. Der Hauptteil dieses Plutoniums stammt dabei aus oberirdischen Kernwaffentests und Unfällen bei ziviler und militärischer Nutzung des Plutoniums.

Die natürliche Erzeugung neuer Elemente findet auch heute noch ständig in unserer unmittelbaren Umgebung auf der Erde statt. Wie wir schon vorher gesehen haben, ist die eine natürliche Quelle der Kern- oder Elementsynthese der radioaktive Zerfall. So werden zum Beispiel in Thorium und Uranmineralien kurzlebige Tochterelemente – wie Radium (Ra) oder Actinium (Ac) – in beachtlichen Mengen bis hinab zum Bismut gefunden. Eine wichtige Rolle in unserem Leben spielt ein weiteres kurzlebiges Tochterelement aus der Zerfallskette des Urans, das Edelgas Radon (Rn), das aus dem Boden austreten kann. Wir alle atmen es täglich ein, da es ein natürlicher Bestandteil unserer Atemluft ist. Dabei trägt Radon erheblich zur natürlichen Strahlenbelastung bei. Ein großer Teil der Lungenkrebsrate, die nicht durch künstliche Quellen, wie zum Beispiel das Rauchen, hervorgerufen ist, wird heute auf die Strahlenbelastung der Lunge durch Radon zurückgeführt.

Eine zweite Quelle der auch heute immer noch ablaufenden Elementsynthese sind die Kernreaktionen, die durch die hochenergetische kosmische Strahlung verursacht werden. Durch Kernreaktionen in den obersten Schichten der Erdatmosphäre werden beispielsweise Neutronen,

Protonen oder α-Teilchen frei, die schnell genug sind, in der niedrigeren Atmosphäre weitere Kernreaktionen auszulösen. Dabei werden die Radionuklide ^{3}H, ^{7}Be, ^{26}Al, ^{32}Si und ^{36}Ar gebildet, die in Verbindung mit ihrer bekannten Halbwertszeit zu Datierungen eingesetzt werden könnnen. Am bekanntesten ist die Alterbestimmung durch Messung des ^{14}C-Anteils in organischen Materialien (Radiokohlenstoffmethode, in falscher Eindeutschung auch Radiocarbonmethode). Das bei uns auf der Erde zu findende ^{14}C wird aus ^{14}N, einem Hauptbestandteil der Luft, gebildet. Die Reaktion ist dabei der Einfang eines Neutrons und nachfolgende Emission eines Protons, häufig $^{14}N(n,p)^{14}C$ geschrieben. Aus der Atmosphäre findet ^{14}C dann vorwiegend als CO_2 seinen Weg in die Ozeane und in jede belebte Materie. Seine Halbwertszeit von 5730 Jahren erlaubt viele Altersbestimmungen, die gerade im Rückblick auf vergangene Epochen der Menschheit von Bedeutung sind.

Von Leukippos bis Rutherford – Entwicklung des Elementbegriffs über zwei Jahrtausende

Das Thema Elemente und Atome in seinen verschiedensten Bedeutungen hat die Menschen, und ganz besonders die Philosophen und Naturwissenschaftler, über Jahrtausende hinweg immer wieder neu beschäftigt. Heute verbinden wir den Begriff des Elements mit dem des Atoms. Dies ist aber, geschichtlich gesehen, eine Verbindung, die noch gar nicht alt ist. Da beide Begriffe in diesem Buch eine zentrale Rolle spielen, wollen wir deren Entwicklung und ihre Bedeutung bis heute verfolgen.

Von Philosophie und Alchemie

Vermutlich war in prähistorischer Zeit eine große Reihe der nachfolgenden elf Elemente in ihrer elementaren Form bekannt: Kohlenstoff, Schwefel, Eisen, Kupfer (Cu), Zink (Zn), Silber (Ag), Zinn (Sn), Antimon (Sb), Gold (Au), Quecksilber (Hg) und Blei (Pb). Wir wissen heute nicht, ob sich vor über 5000 Jahren schon einzelne Menschen Gedanken über die stoffliche Struktur ihrer Materialien gemacht haben. Ihre Eigenschaften und damit ihre Nutzbarkeit für das tägliche Leben dürften im Vordergrund der Betrachtungen gestanden haben.

Aus der Zeit um 6500 v. Chr. hat man in Ostanatolien reines Kupfer gefunden, und um 5000 v. Chr. betrieben die Ägypter einen regen Kupferbergbau auf der Halbinsel Sinai. Gold wird in altindischen Werken aus dem 4. Jahrtausend v. Chr. erwähnt. Am Anfang des 2. Jahrtausends wurde in Ägypten Gold nicht nur aus dem Nil ausgewaschen, sondern auch schon bergmännisch abgebaut. Während Gold in der Natur im elementaren Zustand vorkommt, war Kupfer möglicherweise das erste Metall und Element, das in größeren Mengen durch einen chemischen Prozeß aus einer Verbindung gewonnen wurde. Kupfergegenstände aus Ägypten und Mesopotamien sind auf die Zeit von 3500 v. Chr. datiert worden. Etwa aus dieser Zeit stammen auch die frühesten Funde von Eisen und Bronze. Wie das Kupfer kann auch die Bronze, als Zinnbronze eine Legierung aus Kupfer und Zinn, nur in einem chemischen Prozeß hergestellt werden. Das Eisen der frühesten Funde stammt vermutlich von elementarem Eisen aus Meteoriten – erkennbar an den Nickelbeimischungen – und mußte daher nicht in einem chemischen Prozeß gewonnen werden. Aber schon in der Cheopspyramide (2900 v. Chr.) wurde Eisen ohne Nickelanteile gefunden, das aus einem Verhüttungsprozeß stammen muß, der schon erste chemische Verfahren einschloß. Zur gleichen Zeit wurde in Mesopotamien hochwertige Bronze hergestellt. Damals sind schon eine Reihe von chemischen Verfahren bekannt gewesen, welche dann in die Experimentiertechnik der Alchemisten des Mittelalters eingeflossen sind.

Während schon im 3. und 2. Jahrtausend v. Chr. anwendungsbezogene Verarbeitungstechniken bekannt sind, kennen wir die ersten theoretischen, mehr philosophischen als naturwissenschaftlichen Betrachtungen aus dem antiken Griechenland. Dabei standen die griechischen Naturphilosophen in der Mitte des 1. Jahrtausends v. Chr. einer experimentell ausgerichteten naturwissenschaftlichen Arbeit sicher nicht so nahe wie die frühen mesopotamischen oder ägyptischen „Chemiker“. Den Philosophen war das Gedankengebäude entscheidend und nicht die überprüfbare Wirklichkeit. Nicht naturwissenschaftliches Denken, sondern das Ergründen des Daseins, das Wesen der Welt, bestimmten die Vorstellungen. Es gab, bis auf vielleicht ganz wenige Plausibilitätsbetrachtungen, keine Ansätze, die Theorien durch Experimente zu überprüfen. Wir werden noch sehen, daß diese, aus naturwissenschaftlicher Sicht, meist haltlosen Vorstellungen einen starken Einfluß auf die naturwissenschaftliche Entwicklung bis in die Neuzeit genommen haben.

Die griechische Naturphilosophie hat sich zwar mit Dingen beschäftigt, die wir heute aus chemischer Sicht als Elemente bezeichnen, allerdings existierte diese Terminologie damals nicht. Der Begriff Chemie ist aus dem ägyptischen *Chemi* nach Europa gekommen. Er bedeutet in der direkten Übersetzung „das Schwarze", wobei wohl der Bezug zur schwarzen Erde des Nils vorhanden ist, und weshalb man gelegentlich Chemie als „die ägyptische Kunst" übersetzt. „Element" ist ein Lehnwort, das abgeleitet ist von einem lateinischen Kunstwort aus der Zeit Ciceros, ca. 100 v. Chr. Dieses war durch die Kombination der drei Buchstaben L-M-N gebildet worden. Es gab auch einen griechischen Begriff für den Grundstoff, unser heutiges Element, dies war das *Stoicheion.*

In der griechischen Naturphilosophie waren nun die „Elemente" die einfachsten Bestandteile, durch deren Zusammenfügen oder Trennung Werden und Vergehen der Körperwelt bedingt sein sollen. Thales von Milet, gut bekannt durch seinen Satz in der Geometrie, beschäftigte sich um 600 v. Chr. mit dem Problem von Einheit und Vielfalt. Er gelangte dabei zur Vorstellung eines Urstoffs, als den er das Wasser ansah. Damit wurde, auch wenn es im chemischen Sinne falsch war, das erste Element definiert. In den darauffolgenden hundert Jahren wurde zuerst durch Heraklit von Ephesos (ca. 536 bis 470 v. Chr.) das Feuer ins Spiel gebracht. Es hat die Kraft hat, Stoffe zu verwandeln und bietet die Möglichkeit zur Veränderung der Urstoffe. Etwas später führte Anaximedes die Luft als den Urstoff ein. Empedokles schließlich, der etwa zwischen 490 und 430 v. Chr. lebte, wandte sich von nur einem Urstoff ab und führte Feuer, Luft, Wasser und Erde als die vier Urstoffe ein. In seiner Naturphilosophie gab es kein Entstehen und Vergehen, sondern nur Mischung und Trennung der vier Elemente. Die starke nicht-naturwissenschaftliche Komponente der damaligen Vorstellung wird besonders darin deutlich, daß Empedokles alle Vorgänge auf zwei Urkräfte zurückführte: die Liebe und den Haß.

Nach der Naturphilosophie des Empedokles begründeten noch im 5. Jahrhundert Leukippos und besonders sein Schüler Demokrit von Abdera, der etwa von 460 bis 371 v. Chr. lebte, eine andere Lehre, die Atomistik, eine „materialistische" Naturphilosophie. Dieser ersten Atomtheorie lag auch die Prämisse des Thales von Milet zugrunde, daß sich die Vielfalt der Natur auf eine Einheit zurückführen läßt. Diese Einheit ist in der Lehre des Demokrit das *a-tomon*. Nach seiner Vorstellung sind die Atome winzige, unteilbare Teilchen. Sie sind unzählige und von unendlich mannigfacher Gestalt. Aus diesen Teilchen soll nun alle Art von Materie bestehen. Neben der Körperlichkeit dieser Teilchen soll es nur noch den leeren Raum geben, der unbegrenzt ist. Alles Geschehen ist seinem Wesen nach nach Selbst-Bewegung der Atome im leeren Raum. Auch wenn diese Naturphilosophie uns im Licht der modernen physikalischen Betrachtungsweisen recht vertraut erscheint, so hat sie doch wenig mit dem heutigen Verständnis des Atoms gemein.

Viel Spielraum eröffnet sich für reizvolle Spekulationen, falls die Atomistik als vorherrschende Theorie sich durchgesetzt hätte. Aber so ist die Geschichte nicht abgelaufen, denn Demokrit hat schon kurz nach seinem Wirken seinen Meister gefunden. Es war Aristoteles, ein Schüler Platons und der Lehrer Alexander des Großen, der von 384 bis 322 v. Chr. lebte. Er war sicher einer der bedeutendsten Philosophen und wird heute als Begründer der abendländischen Logik angesehen. Seine Philosophie war prägend für das Mittelalter und ist bis in unsere Zeit hinein wirksam.

Aristoteles, der die gesamte wissenschaftliche Forschung seiner Zeit beherrschte, hat die Atomistik des Demokrit verworfen, da sie ihm zu materialistisch und zu wenig philosophisch erschien. Er kehrte zurück zur Lehre des Empedokles und brachte diese in ein Ordnungssystem. Das entscheidende Kriterium war die Empfindung des Tastsinns. Jedes der vier Elemente, Feuer, Luft, Wasser und Erde, wird durch zwei der vier Eigenschaften warm oder kalt, trocken oder feucht charakterisiert. Es gibt aber einen entscheidenden Unterschied zwischen der Vorstellung des Empedokles und der neuen aristotelischen Philosophie. Für Empedokles waren die Elemente unveränderlich, Aristoteles hingegen sieht diese als ineinander umwandelbar an. In seiner Vorstellung sind die Elemente nur Erscheinungsformen eines Urstoffs. Der Urstoff kann nicht für sich allein existieren, sondern immer nur in der einen oder anderen Form, und dieses Urstoffs wegen können die Stoffe ineinander übergehen.

Schon vor Aristoteles hatte sich dessen Lehrer Platon in seinem Werk *Timaios* mit der Umwandlung von Feuer, Erde, Luft und Wasser beschäftigt. Platon charakterisierte diese vier Elemente durch geometrische Formen, die aus zwei grundlegenden Dreiecksformen aufgebaut sind. In unserer heutigen Sprache würden wir sie Elementarteilchen nennen. Durch das Aufbrechen einer Form in die grundlegenden Dreiecke und das erneute zusammenfügen, war für Platon die Umwandlung der Elemente möglich geworden. Dieser Gedanke der Transmutation war dann über lange Zeit die Grundlage der späteren alchemistischen Transmutationslehre. Sie beherrschte die Vorstellung der Alchemisten und ihrer Auftraggeber bei den Versuchen, Gold zu synthetisieren. Offensichtlich hat die einfachere Vorstellung des Aristoteles über zwei Jahrtausende besser zum religiösen und philosophischen Grundverständnis gepaßt als die Atomistik eines Demokrit.

Während es alchemistische Entwicklungen auch außerhalb Europas gab – in China beispielsweise schon vor Beginn unserer Zeitrechnung –, bildeten die philosophischen Thesen des Aristoteles die theoretische Grundlage der Alchemie im europäischen Raum. Dies galt auch noch viele Jahrhunderte, nachdem die griechische Kultur schon untergegangen war. Da die artistotelische Philosophie die katholische Philosophie stark geprägt hatte – und die Lebensgestaltung im Mittelalter hiervon beherrscht wurde –, hatten es die Alchemisten über Jahrhunderte hinweg leicht, einzelne Teile der Philosophie des Aristoteles als theoretische Grundlage ihres Treibens zu benutzen. Dabei entwickelten sich in einer Sekundärphilosophie völlig neue Lehren, wie die von den zwei Gegenpolen, den beiden feindlichen Elementen Schwefel und Quecksilber. Der Schwefel entspricht dabei etwa dem Feuer und das Quecksilber dem Wasser der alten griechischen Lehre. Tief im Innern der Erde sollten sich die beiden Elemente zu mehr oder weniger unedlen oder edlen Elementen verbinden. Unter den edlen Elementen waren es Silber und Gold, die es den Alchemisten besonders angetan hatten. Wieder abgeleitet aus der Philosophie des Aristoteles suchten die Alchemisten nach einer alles formenden, die Materie verwandelnden Kraft; sie nannten sie „den Stein der Weisen". Er sollte es ermöglichen, unedle Metalle in Gold und Silber zu verwandeln und die Wundermedizin herzustellen, die alle Krankheiten heilt.

Neben einer gewissen Anzahl ernsthaft forschender Geister war doch wohl die überwiegende Anzahl der Alchemisten eher den Scharlatanen zuzurechnen. Manchmal mag diese Grenzziehung nicht ganz einfach sein. Das treibende Motiv für das Handeln der Alchemisten dürfte zuerst einmal ein sehr weltliches gewesen sein, nämlich die reine Geldgier, der Ruhm und das ewige Leben. Dies trifft sicher nicht nur für die Alchemisten, sondern auch für ihre Herren, Auftraggeber und Geldgeber zu. Bei diesen Zielen ist es nicht verwunderlich, daß viel Geheimniskrämerei um die Experimente getrieben wurde. Bei all dem Hokuspokus der Alchemisten wurde aber auch die Experimentiertechnik weiter entwickelt, neue Gerätschaften für immer ausgefeiltere Versuche erfunden und neue Erkenntnisse über unsere Natur gewonnen. Der Umgang mit Antimon, Arsen, Bismut, Phosphor, Quecksilber, Schwefel und Zink in ihren Verbindungen und als reine Elemente war weit verbreitet.

Die Alchemisten haben ihr Ziel, ein unedles Metall in ein edleres zu verwandeln, nie erreichen können. Mit unseren heutigen Kenntnissen des atomaren Aufbaus wissen wir natürlich sehr gut, daß dies mit ihren Mitteln nicht möglich ist. Chemische Methoden sind prinzipiell nicht in der Lage, Elemente ineinander umzuwandeln. Der Grund liegt darin, daß für eine Elementumwandlung mindestens eine Million mal mehr Energie gebraucht wird, als dies ein chemischer Prozeß liefern kann. Erst die aufwendigen Instrumente der modernen Forschung, wie Beschleuniger und Kernreaktoren, lassen es zu, Elemente nahezu beliebig ineinander umzuwandeln. Die Herstellung des Goldes ist uns heute möglich geworden, aber es ist finanziell kein lohnender Produktionsprozeß, und niemand kann damit reich werden.

Vom Mittelalter zur Neuzeit

Von 1193 bis 1280 lebte Albertus Magnus, der auch Bischof von Regensburg war. Er war in seiner Zeit ein Gelehrter mit ungewöhnlich umfangreichen naturwissenschaftlichen Kenntnissen, der die Alchemie nicht als ein Betätigungsfeld für Naturwissenschaftler ansah. Er tat viel für die Verbreitung der Lehren des Aristoteles bis hin zu deren Durchbruch, der dann von seinem Schüler Thomas von Aquin, dem bedeutendsten Philosophen und Theologen des Mittelalters, erreicht wurde. In dieser Zeit wurden viele Grundlagen zu naturwissenschaftlichem Arbeiten gelegt. Die Einstellung zur Natur begann sich zu wandeln. Andererseits verfestigten sich dadurch auch wieder alte, den Fortschritt hemmende Theorien. Die Lehre des Aristoteles von den vier Elementen und ihrer Umwandelbarkeit wurde als die alleinige Wahrheit angesehen und durch die Autorität der Kirche gestützt. Aber in der Spätphase des Mittelalters, im „Nominalismus", veränderte sich die Denkstruktur nachhaltig. Die Vorstellung von der absoluten Freiheit, die vordem allein Gott zukam, wurde auf den Menschen hin abgebildet. Dem modernen Selbstverständnis des Menschen als „Subjekt" wurde damit der Boden bereitet. Verbunden mit diesem Selbstverständnis wurde begonnen selbst zu gestalten und zu experimentieren. Gerade die beginnende Renaissance mit ihrer Rückwendung auf die antiken Werke und ihre Vorstellungen, bei gleichzeitiger geistiger Erneuerung, hat diese Auseinanderentwicklung von zunehmendem Sachwissen und Verständnis der beobachteten Phänomene verstärkt.

Der große Wandel begann am Anfang des 16. Jahrhunderts – eines Jahrhunderts der ganz großen Entdeckungen und der gedanklichen Revolutionen. Meilensteine am Anfang dieses Weges sind die Entdeckung der mittelamerikanischen Inseln durch Kolumbus 1492 und des Seeweges nach Ostindien 1498 durch Vasco da Gama. Nikolaus Kopernikus veröffentlicht etwa 1514 den ersten Kurzbericht über seine revolutionäre Vorstellung eines heliozentrischen Weltsystems, in dem er die wahre Struktur unseres Sonnensystems erstmals beschreibt und die Erde als bewegten Körper erkennt. Das damals sicher nur sehr schwer Faßbare an den kopernikanischen Vorstellungen war nicht nur, daß die Erde nicht mehr im Mittelpunkt stand, sondern daß sie sich bewegte. Eine These, die sowohl der gesicherten Lehrmeinung als auch der jeweils eigenen Erfahrung der damaligen Mitmenschen widersprach.

Während die Vorstellungen der griechischen Philosophen weniger auf Beobachtungen basierten als auf philosophischen Gedanken, war das Weltbild des Kopernikus aus genauen Beobachtungen der Natur entstanden. Dieser Schritt von der exakten Beobachtung zu einem physikalischen Modell ist einer der wichtigen Wegbereiter des modernen, naturwissenschaftlichen Denkens, das durch die Erfindung der Druckkunst weitere Verbreitung erhielt. Interessant ist es, sich hier vor Augen zu halten, daß zeitgleich mit den umwerfenden Vorstellungen des Kopernikus, die damals nicht nur die Astronomie betrafen, sondern auch an wichtigen Grundfesten der Kirche rüttelten, Martin Luther in Wittenberg die Zeit der Reformation einleitet.

Die Einführung des Experiments in die Naturwissenschaften

Im Gegensatz zu dem bis dahin vorherrschenden deduktiven Vorgehen in der Naturbetrachtung, das heißt, der Ableitung der Erkenntnis aus den philosophischen Grundvorstellungen heraus, trat in Laufe des 16. Jahrhunderts der Wandel zu einer induktiven Betrachtungsweise ein. Jetzt werden aus der Beobachtung von Ereignissen und Abläufen, in der Natur und durch entsprechend sinnvoll geplante und durchgeführte Experimente, Naturgesetze abgeleitet, die dann die Grundlage einer naturwissenschaftlichen Theorie bilden. Die Güte solch einer Theorie ist durch die Richtigkeit ihrer Vorhersagen überprüfbar.

In der Chemie des 16. Jahrhunderts ist zum Beispiel Georg Bauer zu erwähnen, der unter dem Namen Agricola vielleicht das erste Werk der angewandten Chemie geschrieben hat. Unter dem Titel „De re metallica“ ist das 1556 erschienene Werk ein Lehrbuch des Bergbaus und der Metallurgie, das nichts mehr mit Alchemie zu tun hat.

Tycho Brahe hingegen, der die Himmelsbeobachtungen weiter verfeinerte und im Jahr 1572 das Glück hatte, einen neuen Stern, eine Nova, zu beobachten, betrachtete die Alchemie, die er auch betrieb, als die geheimste der Wissenschaften. Er weigerte sich, das mächtige Wissen der Alchemie öffentlich zu diskutieren. In dieser ambivalenten Zeit, des Übergangs von der Alchemie zur Chemie als Naturwissenschaft, lebten auch Paracelsus, der berühmteste Alchemist des 16. Jahrhunderts, und der Astronom Johannes Kepler, der die nach ihm benannten Gesetze der elliptischen Planetenbewegungen mit der Sonne in einem der Brennpunkte formulierte. In dieser Zeit wurden Fernrohr und Mikroskop erfunden, die neue Einsichten in den Makro- und Mikrokosmos erlaubten.

Die wohl berühmteste Person in der Auseinandersetzung zwischen aus der experimentellen Beobachtung heraus gewonnenen, neuen naturwissenschaftlichen Erkenntnissen und dem etablierten System, war der 1564 geborene Galileo Galilei. Seine Gesetze zur Fall- und Wurfbewegung begründeten die Kinematik. Er war der Vertreter einer neuen mathematischen Naturwissenschaft und führt das Experiment zur Kontrolle seiner theoretischen Vorhersagen ein. Durch seine neuen Betrachtungsweisen gerät er in einen Gegensatz zum Aristotelismus als der herrschenden kirchlichen Lehre. Diese Auseinandersetzung kulminiert an der Frage des kopernikanischen Weltbildes und führt 1615 zum ersten Inquisitionsprozeß gegen Galilei.

Etwa im Jahre 1642, zur Zeit des Todes von Galilei, wirkt in Paris der Philosoph und Naturforscher Petrus Gassendi (Pierre Gassend). Er vertritt in seinen Lehren eine Physik, die sich mechanistisch beschreiben läßt. Eine wichtige Vorraussetzung war die Annahme eines leeren Raums, was ihn in den Gegensatz zu Descartes brachte. Um diesen leeren Raum zu begründen, kehrte Gassendi zurück zu den Lehren der Atomistik. Nicht irgendwelche zwingenden experimentellen Beobachtungen, sondern seine Sicht der Natur, brachten Gassendi dazu, das Atom wieder aufleben zu lassen. Seit dieser Zeit wurde die Vorstellung des Atoms als Grundbaustein aller Stoffe nicht mehr ersthaft in Zweifel gezogen. Was ein Atom ist, war aber gänzlich unbekannt.

Nur kurze Zeit darauf, im Jahr 1661, vollzieht der englische Physiker und Chemiker Sir Robert Boyle einen entscheidenden Schritt zur weiteren Erforschung der Materie. Nicht so sehr die satirische Abrechnung mit den Alchemisten seiner Zeit, die immer noch auf der Suche waren, Gold zu machen und den Stein der Weisen zu finden, macht sein Buch

„Der skeptische Chemiker" 1661 zu einem Meilenstein. Vielmehr war es der Abschied von der bis dahin noch existierenden aristotelischen Lehre von den vier Elementen, die sich bis in die Mitte des 17. Jahrhunderts gehalten hatte.

Nach der Ansicht von Boyle war die Existenz dieser vier Elemente nie durch irgendein Experiment bewiesen worden, und nur die experimentelle Beobachtung zählte für ihn. Er forderte, die Stoffe bis zum einfachsten Stoff zu zerlegen, um sie dann wieder zusammenzusetzen – die damals noch in der Zukunft liegenden Wege der chemischen Analytik und Synthese. Unter diesem Gesichtspunkt entstand der Begriff des chemischen Elements, den Boyle formulierte. Für ihn gab es in der Natur eine Reihe von elementaren Stoffen, die man nicht künstlich erzeugen kann. Durch viele chemische Experimente in wässrigen Lösungen erkannte er auch, daß das Feuer nicht, wie bisher angenommen der allgemeine „Zerleger" war. Für Boyle gab es eine große Anzahl von Elementen, wie Phosphor (P), Schwefel, Eisen, Quecksilber, Blei und auch Gold. Daher sei auch all das Bestreben, Gold herzustellen, völlig sinnlos. Mit Boyle ist ein wichtiger Schritt zur wissenschaftlichen Ausrichtung der Chemie getan. Seine Definition des Elements ist allerdings losgelöst vom Begriff des Atoms. Boyle hat beides nicht in einen Zusammenhang gebracht, sondern hat seinen Elementbegriff nur aus den chemischen Experimenten abgeleitet. Diese Suche nach dem Elementaren, eben den Elementen, in der Natur hat die Chemie als Wissenschaft etabliert.

Kurz vor der französischen Revolution, die ihm dann auch 1794 den Tod auf der Guillotine bescheren sollte, führte 1774 Antoine Laurent Lavoisier die Waage in die Chemie ein. Dies war der Anfang der quantitativen Arbeit in der Chemie. Lavoisier definierte sehr klar, was eine chemische Reaktion ist, und er verfolgte deren gewichtsmäßigen Verlauf. Dies führte zur Formulierung des Gesetzes der konstanten Proportionen: Bei chemischen Reaktionen finden sich immer ganz bestimmte Gewichtsmengen von Elementen zusammen, um eine chemische Verbindung zu bilden. Es spielte, wie wir gleich sehen werden, eine wichtige Rolle bei der Neubesinnung auf das Atom.

Am Anfang des 19. Jahrhunderts brachte eine weitere physikalische Methode eine neue Qualität in die chemische Forschung. Nachdem es

Johann Wilhelm Ritter, zu dessen Bekannten und wissenschaftlichen Gesprächspartnern auch Johann Wolfgang Goethe gehörte, gelungen war, Wasser durch den elektrischen Strom in seine beiden Elemente zu spalten, war es Humphry Davy, der die elektrochemische Methode in großer Breite einführte. Er experimentierte mit elektrischen Lichtbögen in Gasen, erkannte dabei das Chlor (Cl) als Element, und gewann die reinen Elemente Natrium (Na), Kalium, Calcium (Ca), Strontium (Sr) und Barium (Ba) aus der Schmelzelektrolyse.

Das schwerste, in deutlichen Mengen auf der Erde vorkommende Element, das Uran, wurde 1789 bei der Analyse der Joachimsthaler Pechblende von Martin Heinrich Klaproth entdeckt und nach dem Planeten Uranus benannt, der kurz zuvor (1781) entdeckt worden war. In dieser Zeit wurden auch die Elemente Silicium (Si), Selen (Se), Zirconium (Zr), Cer (Ce) und das Thorium entdeckt. Wesentliche Anteile hatte Jöns Jakob Berzelius, dessen Lehrbuch der Chemie zum internationalen Standardwerk wurde. Von Berzelius hat die Chemie nicht nur die chemische Formelsprache übernommen, sondern seine genauen Messungen der Atomgewichte haben einen wichtigen Beitrag zum weiteren Verständnis der Materie geliefert.

Atome und Moleküle

Den großen Durchbruch zu einer „modernen“ Atomtheorie, in welcher der Begriff des Atoms mit dem Begriff des chemischen Elements in Verbindung gebracht wurde, erzielte John Dalton um 1808. Dalton greift dabei auf die Vorstellungen der griechischen Naturphilosophen wie Demokrit zurück und benutzt auch deren Namen für das kleinste Teilchen, aus dem die Materie aufgebaut ist. Von Dalton stammt die moderne Definition eines Elements. Er lehrte, daß jedes chemische Element aus Atomen einer bestimmten Art aufgebaut sei. Dabei nahm er an, daß sich die Atome der verschiedenen Elemente durch ihre Größe und ihr Gewicht unterscheiden und daß die Atome eines bestimmten chemischen Elements völlig gleich und ununterscheidbar sind. Mit dieser Vorstellung war es Dalton möglich, das Gesetz der konstanten Proportionen zu erklären. Zum Beispiel wußte man damals schon, daß Wasser eine Verbindung ist, bei deren Bildung sich ein Gramm des Elements Wasserstoff mit acht Gramm des Elements Sauerstoff verbinden. Dalton formulierte als einfachste Hypothese, daß ein Atom Sauerstoff achtmal so schwer ist wie ein Atom Wasserstoff. Er war sich aber darüber im klaren, daß man dies erst dann schlüssig behaupten kann, wenn man weiß, wieviele Atome des Wasserstoffs sich mit Atomen des Sauerstoffs verbinden.

Schon drei Jahre nach der Hypothese Daltons konnte die Lösung des Problems gefunden werden, als 1811 der Physiker Amadeo Avogadro das heute nach ihm benannte Gesetz als Hypothese formulierte: Unter gleichen Bedingungen befinden sich in gleich großen Volumina verschiedener Gase immer die gleiche Anzahl von Gasteilchen. Wie wir heute wissen, gilt dies nicht nur für Atome, sondern auch für gasförmige Moleküle. Mit dieser Hypothese war es möglich geworden, echte Verhältnisse von Atomgewichten zu bestimmen. Man fand heraus, daß ein Liter Sauerstoff sechzehnmal schwerer ist als ein Liter Wasserstoff. Somit muß ein Atom Sauerstoff sechzehnmal schwerer sein als ein Atom Wasserstoff, da sich ja im gleichen Volumen die gleiche Anzahl von Teilchen befinden sollte. Aus den gemessenen Gewichtsverhältnissen von 1:8, oder 2:16 bei der Verbindungsbildung des Wassers konnte man den Schluß ziehen, daß sich immer zwei Atome Wasserstoff mit einem Atom Sauerstoff verbinden. Avogadro führte auch den Begriff *molecula* ein. Das Molekül als eine „Verbindung" von Atomen ist heute weltweit geläufig. Durch diese neuen Vorstellungen war es möglich, innerhalb von nur zehn Jahren zehn neue Elemente zu entdecken und damit die Zahl der bekannten Elemente auf fünfzig zu erhöhen.

Zu dieser Zeit formulierte William Prout eine Hypothese, die richtungsweisend war. Ihm war aufgefallen, daß viele der damals bekannten Elemente ganzzahlige Atomgewichte hatten, wenn sie auf den Wasserstoff mit der Gewichtseinheit eins bezogen wurden. Daraus schloß er, daß der Wasserstoff eine Art Urmaterie darstellt. Auf dieser sollen sich dann andere Elemente aufbauen. Er bezeichnete den Wasserstoff als „Protyl", vom griechischen *Protos*, welches „das Erste" bedeutet.

Ein weiteres Beispiel dafür, daß die Einführung einer neuen Technik gleich auch zu neuer Erkenntnis führt, sind die im Jahre 1814 von Josef

Frauenhofer mit der Spektralanalyse entdeckten zahlreichen schwarzen Linien im Sonnenspektrum. Damit hatte er indirekt einen Blick in die Atomhülle geworfen, von der man allerdings zu Frauenhofers Zeit noch nichts wußte. Basierend auf dieser Beobachtung und Technik entwickelte das erfolgreiche interdisziplinäre Team Gustav Kirchhoff, einem eher theoretischen Physiker, und Robert Bunsen, einem mehr experimentell arbeitenden Chemiker, die „Chemische Analyse durch Spektralanalyse". In den Spektren leuchtender Dämpfe von Metallverbindungen fanden sie helle Linien, die für jedes Element ganz charakteristisch und unveränderlich waren. Mit dieser neuen physikalischen Methode entdeckten sie 1860 das Element Caesium (Cs). Ein Jahr später fand Bunsen dann das Rubidium (Rb). Damit waren, bis auf das Francium (Fr), das nur mit radioaktiven Isotopen in der Natur vorkommt, alle Elemente der Alkaligruppe entdeckt. Es wurde nun Zeit, ein Ordnungsschema in die vielen bis dahin bekannten Elemente zu bringen. Ihre Zahl war inzwischen auf 63 angewachsen.

Das Periodensystem der Elemente

Da die Chemiker schon erkannt hatten, daß einige der Elemente ähnliche Eigenschaften besitzen, begannen sie die Elemente in Gruppen zusammenzufassen. Dabei beobachteten einige Wissenschaftler, daß die Atomgewichte der Elemente einer Gruppe oftmals auffällige Periodizitäten zeigten. Nach ersten, nur teilweise befriedigenden Versuchen vieler Chemiker, wie zum Beispiel von Wolfgang Döbereiner oder von John Newlands, entwickelten dann 1869, zeitgleich und unabhängig voneinander, Lothar Meyer und Dimitrij Iwanowitsch Mendelejew ein Periodensystem der Elemente. Wie es so häufig in der Entwicklung der Wissenschaft ist, war die Zeit offensichtlich reif geworden, diese Systematik aufzustellen. Der Verdienst von Mendelejew, der gegenüber Meyer das sehr viel umfaßendere System entwarf, war es, alle damals bekannten Elemente in der Reihenfolge mit steigendem Atomgewicht anzuordnen. Begrenzt man nun die Reihe der Elemente nach einer bestimmten Anzahl und läßt danach wieder eine neue Reihe der nächst schwereren Elemente beginnen, so gelangt man zu einer periodischen

Anordnung der Elemente. Legte man nun diese Perioden neben- oder übereinander, so stehen senkrecht zu dieser Anordnung Gruppen von Elementen mit ähnlichen chemischen Eigenschaften.

Mendelejew hatte den Mut zur Lücke, als er dieses Schema entwarf. Dies war notwendig, da damals erst 63 Elemente bekannt waren. Für die unbekannten Elemente mit der Ordnungszahl 21, 31 und 32 – uns heute als Scandium (Sc), Gallium (Ga) und Germanium (Ge) bekannt – ließ Mendelejew nicht nur einen Platz frei, sondern er ging so weit, die Existenz dieser Elemente und ihre Eigenschaften vorherzusagen. Die Eigenschaften wurden dabei aus den bekannten Eigenschaften der Elemente, die in den Gruppen darüber und darunter stehen, abgeleitet. Mendelejew ging sogar noch einen Schritt weiter, als er vorschlug, das „periodische Gesetz" zur Korrektur ungenau oder falsch bestimmter Atomgewichte zu benutzen. Er korrigierte auch das Atomgewicht von Tellur (Te). Berzelius hatte es zu 128 bestimmt, und Mendelejew korrigierte es auf den Wert 125. Gerade an diesem Beispiel wurde er allerdings durch einen der wenigen unsystematischen Sprünge in den Atommassen fehlgeleitet. Der alte Wert von 128 war in guter Übereinstimmung mit dem richtigen Wert für Tellur.

Um keine neuen Namen für unbekannte Elemente einzuführen, hat Mendelejew dem bekannten Nachbarelement in einer Gruppe die aus dem Sanskrit entlehnten Zahlworte eka, dwi, tri oder tschatur für das erste, zweite, dritte oder vierte Element in der Folge vorangestellt. Die damals noch unbekannten Elemente, die wir heute Gallium und Germanium nennen, wurden zum Beispiel als Eka-Aluminium und Eka-Silicium angesprochen (anfangs noch ohne Bindestrich). Diese Namenswahl Mendelejews zeigt, wie empfindlich man schon damals bei der Namensgebung der Elemente war. Zu diesem Punkt werden wir bei der Diskussion der viel jüngeren Elemente am heutigen Ende des Periodensystems zurückkommen. Charakteristisch für das Verständnis der Zeit ist auch, daß Mendelejew seine Arbeit einleitet mit einer Begriffsdiskussion über „einfache Körper" und „Elemente". Er kennzeichnet die Elemente als „diejenigen materiellen Bestandteile der einfachen und zusammengesetzten Körper, die das physikalische und chemische Verhalten derselben bedingen. Dem Element entspricht der Begriff Atom."

Um nochmals zu zeigen, wie weitsichtig Mendelejew war, sollen aus einer seiner Veröffentlichung Visionen zitiert werden, die wir heute auch als Motivation für unsere moderne Forschung formulieren können. In „Die periodische Gesetzmäßigkeit der chemischen Elemente" (Liebigs Annal. d. Chem. u. Pharm. Suppl. 8 (1872) 133-229) schreibt Mendelejew: „Bei der Beurtheilung der Fragen, welche den Gegenstand dieser Abhandlung bilden, stößt man auf eine weitere Frage: ob die Anzahl der Elemente eine begrenzte oder unbegrenzte ist? In Erwägung dessen, daß das System der bis jetzt bekannten Elemente ein begrenztes und so zu sagen geschlossenes ist, daß in den Meteorsteinen, auf der Sonne und auf den Sternen dieselben uns bekannten Elemente vorkommen, daß bei hohem Atomgewicht die sauren Eigenschaften allmälig verwischt werden und die meisten Elemente mit hohem Atomgewicht schwer oxydirbare und schwere Metalle vorstellen, ist anzunehmen, daß die Zahl der für uns zugänglichen Elemente eine sehr begrenzte ist, und sollten im Inneren der Erdmasse noch einige neue Metalle vorkommen, so läßt sich denken, daß ihre Anzahl und Menge auch sehr begrenzt ist."

Mit dem Periodensystem der Elemente war nun ein großartiges System geschaffen worden, mit dem die Chemiker – in nur leicht modifizierter Form – bis heute arbeiten. Die erste große Bestätigung dieses Schemas und seiner Vorhersagekraft kam auch schon sehr bald. Noch zu Lebzeiten Mendelejews wurden die von ihm vorausgesagten Elemente Eka-Bor, Eka-Aluminium und Eka-Silicium mit den vorhergesagten Eigenschaften gefunden. Wir kennen sie heute als Scandium, Gallium und Germanium. In den Namen spiegelt sich ein wenig die nationale Verbundenheit, oder auch der Nationalstolz, der Entdecker Lars Fredric Nilson (1879), Lecoq de Boisbaudran (1874) und Clemens Winkler (1886) wider. Wie stark Reste derartiger Einstellungen bis heute die Diskussion um die Namensgebung der Elemente mitbestimmen, werden wir in späteren Kapiteln sehen.

Eine neue Zeit begann, als die Naturwissenschaften und die mit ihnen verbundenen Experimentiertechniken Einzug in die Technik des Alltags hielten, aus der heraus dann auch wieder Rückwirkungen auf den Fortschritt der Naturwissenschaften zu verzeichnen waren. Aus dieser Epoche möchten wir stichwortartig einige wichtige Erfindungen des 19.

Jahrhunderts erwähnen. Nach der Entdeckung der elektromagnetischen Induktion durch Michael Faraday (1831) konstruierte Werner Siemens 1866 die erste Dynamomaschine, die dann bald der Dampfkraft Konkurrenz machte. Das Nachrichtenwesen wurde im 19. Jahrhundert durch die Erfindungen vom Telegraphen bis zur drahtlosen Telegraphie völlig verändert. Den Weg dazu hatten James Clerk Maxwell (1862) mit einer Theorie der elektromagnetischen Erscheinungen, dann experimentell Heinrich Hertz mit dem Nachweis von elektrischen Wellen in der Luft (1887) und schließlich Ferdinand Braun mit der Erfindung der nach ihm benannten Elektronenstrahlröhre (1897) bereitet. Auf diese wichtige Entwicklung werden wir gleich wieder zurückkommen. Am Ende des Jahrhunderts hielt der elektrische Strom langsam Einzug in das Alltagsleben. Die Chemie begann sich als Industrie zu etablieren, die zum Beipiel den Teer aus der Kohleverarbeitung als wichtigen Rohstoff für viele Produkte entdeckte.

Die Entdeckung der Radioaktivität – Beginn des nuklearen Zeitalters

Nachdem zum Ende des 19. Jahrhunderts sich das Bild der chemischen Elemente und damit auch ein bestimmtes Bild der Atome als elementare Bausteine der Elemente verfestigt hat, mußte dieses bald wieder vollständig erneuert werden. Die Zeit der Jahrhundertwende und die ersten Jahrzehnte danach haben nicht nur einen enormen Zuwachs an Verständnis über den Aufbau der Materie gebracht, sondern unser gesamtes naturwissenschaftliches Denken vollständig revolutioniert im Sinne eines Übergangs von der Beschreibung der erfahrbaren natürlichen Umgebung des Menschen zur abstrakten Theorie der elementaren Kräfte und Teilchen in unserem Universum. Wir wollen den Beginn dieser Umwälzung kurz betrachten, da diese mit unserem Thema der Elementsynthese und dem Verständnis der atomaren und nuklearen Struktur eng verbunden ist.

In der zweiten Hälfte des 19. Jahrhunderts entwickelte sich die Elektrizität zum Lieblingsspielzeug der Physiker, und dies legte die Grundlage für die umwälzenden Entdeckungen der Jahrhundertwende. Nach vielen

Beiträgen von Michael Faraday zum Verständnis der Elektrizität und der Elektrochemie nahmen die Physiker und Chemiker an, daß elektrische Ladungen eine entscheidende Rolle beim Aufbau der Atome spielen müssen. Faraday hatte schon 1834 die nach ihm benannten Gesetze der Elektrolyse formuliert. Er führte dabei die noch heute übliche Terminologie von Anode für den Pluspol, Kathode für den Minuspol und Ionen für die wandernden, elektrisch geladenen Teilchen ein. Die in der darauffolgenden Zeit wichtigen Entdeckungen wurden aber nicht bei der gezielten Untersuchung der Atome und auch nicht, wie bisher, in wässrigen Lösungen gemacht, sondern bei Experimenten mit elektrischen Entladungen in mehr oder weniger gut evakuierten Glasrohren.

Ein wichtiger Schritt ist die Erfindung des Funkeninduktors durch Daniel Heinrich Rühmkorff. Eingesetzt wurde der Funkeninduktor durch Heinrich Geißler, der die Vakuumtechnik durch die Erfindung der Quecksilberluftpumpe verbesserte, und mit elektrischen Entladungen in verschiedenen Gasen bei unterschiedlichen Drücken experimentierte. Etwa zeitgleich untersucht auch William Crookes das Leuchten, das in den unterschiedlichsten Farben in den Gasentladungsröhren auftritt. Crookes beobachtet bei diesen Experimenten auch ein Leuchten, das an der Glaswand der Röhre auftritt und das offensichtlich von Strahlen ausgeht, die die Kathode geradlinig verlassen. All diese Leuchterscheinungen, besonders die sehr farbenprächtigen in den verschiedenen Gasen, haben wohl viele Zeitgenossen von Geißler und Crookes stark beeindruckt und auch zu weiteren Experimenten motiviert. Besonders intensiv wurden die Kathodenstrahlen und die von ihnen erzeugten Leuchterscheinungen untersucht. Dabei beflügelte auch die Meinungsverschiedenheit zwischen Johann Wilhelm Hittorf und Heinrich Hertz die weitere Forschung. Hittorf hatte gezeigt, daß sich die Kathodenstrahlen durch einen Magneten ablenken lassen, und er schloß daraus, daß es sich um elektrisch negativ geladene Teilchen handeln muß. Hertz neigte der Auffassung zu, es seien elektromagnetische Wellen. In unserem heutigen Verständnis des Dualismus von Teilchen und Welle hatten natürlich beide recht, aber von dieser Betrachtung war die Physik zu diesem Zeitpunkt (nur) noch etwa drei Jahrzehnte entfernt. Schon bald vermehrten sich die experimentellen Hinweise, daß die Vorstellung Hittdorfs richtig sein könnte. Johnston

Stoney gab diesen negativ geladenen Teilchen den Namen Elektronen. Damit war das wirklich erste Elementarteilchen, das wir auch heute noch als solches ansehen, in die Wissenschaft eingeführt. Die Träger der positiven Ladung waren noch unentdeckt geblieben.

Wie zwei schnell aufeinanderfolgende Paukenschläge gingen zum Ende des Jahres 1895 und zum Beginn des Jahres 1896 zwei aufsehenerregende Entdeckungen um die Welt: die Entdeckung der Röntgenstrahlung und, damit eng verknüpft, die Entdeckung der Radioaktivität. Sie sind markante Meilensteine, nicht nur in der Wissenschaftsgeschichte, sondern auch in ihren gesellschaftlichen Auswirkungen.

Es begann mit der Entdeckung einer neuen Strahlung. Am 8. November 1895 hatte Wilhelm Conrad Röntgen bei seinen Experimenten zu Fluoreszenzerscheinungen der Kathodenstrahlen in einem abgedunkelten Labor entdeckt, daß ein in der Nähe einer Gasentladungsröhre stehender Fluoreszenzschirm leuchtete. Dies war nun sehr verwunderlich, da Kathodenstrahlen die dicke Glaswand der Röhre nicht durchdringen können und ebenso Lichtstrahlen nicht durch den schwarzen Karton dringen konnten, der die Glasröhre umhüllte. Innerhalb kurzer Zeit konnte Röntgen eine Reihe von Eigenschaften dieser Strahlung herausfinden. Die wichtigsten, auch im Hinblick auf die darauffolgenden weiteren Entdeckungen, waren ihr Vermögen, photographische Platten zu schwärzen und dicke Materieschichten noch zu durchdringen. Eine Radiographie der Hand von Röntgens Ehefrau war ein eindrucksvolles Beispiel der Wirkung dieser Strahlen. Dieses Bild verbreitete sich schnell in der ganzen Welt. Röntgen hatte eine neue, durchdringende Strahlung entdeckt, die er X-Strahlen nannte. Im deutschen Sprachgebrauch nennen wir sie heute Röntgenstrahlen.

Da zu dieser Zeit die ganze Physikergemeinde mit Gasentladungsröhren experimentierte, wurden Röntgens Ergebnisse nicht nur sehr schnell bestätigt, sondern sie regten sofort weitere Überlegungen und Experimente an. So trug auf einer Sitzung der Akademie der Wissenschaften in Paris Henri Poincaré Ende Januar 1896 die jüngsten Ergebnisse Röntgens vor. Eines der wichtigen Diskussionsthemen war die Frage nach dem Ursprung der X-Strahlen und ob dieser Ursprung nicht in dem fluoreszierenden, oder wie man damals sagte, phosphoreszierenden Flecken liegen könnte. Die Idee dabei war, daß neben dem Fluoreszenzlicht auch noch X-Strahlen ausgesendet werden. Zu den Teilnehmern dieser Veranstaltung gehörte Henri Becquerel, der sich schon lange Zeit mit der Phosphoreszenz von Uransalzen beschäftigt hatte. Die Untersuchung der Phosphoreszenz vieler Materialien war eine Familientradition der Becquerels.

Henri Becquerel hatte schon früher beobachtet, daß Uransalze besonders intensive Fluoreszenz nach Bestrahlung mit ultraviolettem Licht zeigen. Jetzt suchte auch er nach der Verbindung der X-Strahlen mit der Fluoreszenz. Becquerel packte eine photographische Platte lichtdicht in schwarzes Papier ein, legte darauf die Uransalze und setzte dieses für einige Stunden der Sonne aus, um die Fluoreszenz in den Uransalzen anzuregen. Auf der danach entwickelten Platte konnte er die Silhouette der phosphoreszierenden Substanz erkennen. Am 24. Februar 1896 berichtete Becquerel über seine ersten Ergebnisse. Er hatte zeigen können, daß das phosphoreszierende Material eine Strahlung aussendet, die offensichtlich große Ähnlichkeit mit Röntgens X-Strahlen hat.

Für die nächste große Entdeckung kam Becquerel der Zufall zu Hilfe. Das Wetter war nämlich schlecht in der ersten Märzwoche, und so ließ Becquerel seine photographischen Platten und die Uransalze in der Schublade liegen. Vielleicht war es eine Kombination aus wissenschaftlicher Neugier, einem guten Gespür für interessante Dinge und gründlicher Arbeit, die ihn dazu trieb, auch diese Platten zu entwickeln, die da einige Zeit im Dunkeln neben Materialien gelegen hatten, die sonst nach Sonnenbestrahlung Phosphoreszenz zeigen. Auch diese Platte war geschwärzt, und mit gleicher Intensität wurden es weitere, die er danach im Dunkeln Uransalzen aussetzte. Aber schon Ende März 1896 war Becquerel wieder einen Schritt weitergekommen. Er hatte erkannt, daß die Strahlung, welche Uransalze aussenden, vermutlich nicht in Zusammenhang mit der Fluoreszenz dieser Salze stehen. Eine weitere große Überraschung erlebte Becquerel, als er feststellte, daß in einem Zeitraum von einem halben Jahr und länger die Intensität der Strahlung nicht nachläßt. Es war völlig unverständlich, wo die Energiequelle für diesen Prozeß lag. Deutlich war in der Zwischenzeit auch geworden, daß die Strahlung ähnlich durchdringend war wie die X-Strahlen. Ebenso wie die X-Strahlen konnten die Strahlen der Uranverbindungen die Luft ionisieren. Die Definition des von Becquerel gefundenen Prozesses als Radioaktivität lieferten erst zwei Jahre später Marie Sklodowska Curie und ihr Ehemann Pierre.

Das Ziel der Forschung war nun herauszufinden, woher die Strahlung der Uransalze kam. Marie Sklodowska, die aus Polen kommend seit 1891 an der Universität von Paris (Sorbonne) studiert hatte und seit 1895 mit dem bekannten Professor Pierre Curie verheiratet war, beschloß, ihre Doktorarbeit mit Becquerels Strahlen zu machen. Damit begann, unter denkbar schwierigen Umständen, eine der ersten großen Frauenkarrieren in den Wissenschaften, die bis dahin eine reine Männerdomäne waren und, in abgemilderter Form, bis heute geblieben sind.

Marie Curie untersuchte sehr systematisch und quantitativ die Ionisation der Luft durch die verschiedensten Uran- und Thoriumpräparate. Dazu benutzte sie ein von den Brüdern Jacques-Paul und Pierre Curie gemeinsam erfundenes Elektroskop, in dem die Luftionisation zwischen zwei Kondensatorplatten mithilfe eines piezoelektrischen Quarzes gemessen wurde. Sie fand heraus, daß Thoriumoxid aktiver ist als metallisches Uran und auch eine durchdringendere Strahlung aussendet. Das zunächst einmal aber wichtigste Ergebnis von Madame Curie war, daß die Radioaktivität, wie sie von ihr genannt wurde, ein atomarer Prozeß sein muß, der unabhängig von allen äußeren Einwirkungen abläuft.

Besonders beliebt war die Pechblende aus Joachimsthal (heute Jachymov, Tschechische Republik) als Quelle der Radioaktivität. Schon Becquerel hatte dieses Uranerz benutzt. Marie Curie fand nun heraus, daß es etwa viermal aktiver war als metallisches Uran. Dies war sehr überraschend, da man ja die Quelle der Radioaktivität im Uran vermutete und somit das Metall die höchste Radioaktivität zeigen sollte. Was war also die Quelle der Strahlung in der Pechblende? Bis dahin waren nur Uran und Thorium als radioaktive Elemente erkannt worden. Da in der Pechblende aber kein Thorium war, mußte sich dort noch ein anderes, bisher unbekanntes Element befinden.

Unter Mithilfe des erfahrenen Chemikers Gustave Bémont arbeitete das Ehepaar Curie eine Tonne der Pechblende auf. Diese hatten sie preisgünstig bekommen, da das Uran schon abgetrennt worden war. In dem chemischen Trennungsgang fanden sie tatsächlich in der Tellurfraktion ein neues Element, das sie zu Ehren von Marie Curies Heimat Polonium (Po) nannten.

Aber da gab es noch eine andere chemische Fraktion, die auch sehr aktiv war, die Bariumfraktion. Auch hier waren sich die Curies auf Grund der beobachteten chemischen Eigenschaften sicher ein neues Element entdeckt zu haben. Die Reindarstellung des neuen Elements aus der Bariumfraktion war sehr schwierig. Schließlich gelang es doch, auch noch durch eine unabhängige und bewährte Methode, der Spektralanalyse, das neue Element nachzuweisen, das Radium. Der spektralanalytische Nachweis war bei Polonium nicht durchführbar gewesen, da es nur in der noch viel kleineren Menge von etwa ein Zehntausendstel des Radiums vorlag.

Diese Arbeiten wurden gewürdigt mit einem Nobelpreis für Physik (1903), der gemeinsam an Henri Becquerel, Marie Curie und Pierre Curie ging, für die Entdeckung der Radioaktivität. Einen Nobelpreis für Chemie (1911) bekam Marie Curie für die Entdeckung der Elemente Polonium und Radium und für die Untersuchungen der Chemie des Elements Radium. Damit war Marie Curie die erste Frau, der ein Nobelpreis verliehen wurde. Sie war auch die erste Frau, die an einer europäischen Universität ein Forschungsinstitut leitete und die volle Stelle einer Universitätsprofessorin innehatte.

Kapitel 2
Erste Versuche der Elementsynthese – Entdeckung der Kernspaltung

Nach der Entdeckung der Radioaktivität durch Becquerel und nach den ersten großen gemeinsamen Erfolgen der Chemikerin Marie Curie und ihres Ehemanns, des Physikers Pierre Curie, war es wieder ein Team aus einem Physiker und einem Chemiker, das den nächsten Meilenstein setzte. Ernst Rutherford und Frederic Soddy postulierten 1902, daß im radioaktiven Zerfall ein chemisches Element sich in ein anderes Element umwandelt, ein neues Element entsteht. Damit war das Dogma von der Unverwandelbarkeit der chemischen Elemente erschüttert. Am überzeugendsten ließ sich dies an den α-Teilchen beweisen, die als Atomkerne des Heliums-4 erkannt waren. Im darauffolgenden Jahr konnten Soddy und Sir Ramsay tatsächlich zeigen, daß die Zunahme von Helium in einem α-aktiven Präparat genau der Zerfallsrate dieses Präparates entspricht. Die Arbeitsgebiete um die und mit der Radioaktivität begannen sich sehr schnell über viele Länder und Arbeitsgruppen auszudehnen.

Die kernchemischen Experimente zur Untersuchung der spontanen Umwandlung von Substanzen durch radioaktiven Zerfall gaben verhältnismäßig detaillierte Erkenntnisse über den radioaktiven Zerfall und führten zur Entdeckung einer Anzahl neuer Elemente in den Zerfallsketten, die vom Uran ausgehen. Die wichtigsten heute bekannten Arten des radioaktiven Zerfalls, die Emission von α-, β- und γ-Strahlen, wurden entdeckt.

Experimente mit natürlicher Radioaktivität

Frühe Detektorentwicklungen

Wichtig für die weiteren Erkenntnisse über den Ursprung der Strahlung sowie den Aufbau der Atome war die Erfindung und technische Weiterentwicklung von Kernstrahlungsdetektoren: wie 1903 die Wolfenbütteler Professoren Julius Elster und Hans Friedrich Geitel und der englische Physiker Sir William Crookes unabhängig voneinander entdeckten, erzeugen α-Teilchen beim Auftreffen auf einen Schirm aus Zinksulfid (ZnS) Lichtblitze, die man mit dem bloßen Auge beobachten kann. Damit waren nicht nur einzelne Zerfallsprozesse erstmals direkt beobachtbar, sondern man verfügte erstmals über einen Detektor, welcher es ermöglichte, **einzelne** energiereiche α-Teilchen zu lokalisieren, daß heißt, sie ortsempfindlich nachzuweisen. Durch die zusätzliche Anwendung von Mikroskopen bei der Beobachtung der Lichtblitze wurde eine sehr gute Ortsauflösung ermöglicht. Besonders durch die Arbeiten des jungen Doktoranden Hans Geiger bei dem damals schon sehr bekannten Ernest Rutherford, der 1907 an die Universität in Manchester berufen worden war, hatte sich 1908 die Strahlungsmessung mit ZnS-Schirmen als zuverlässige Methode etabliert.

Ein anderer Detektor, der es erlaubt, die Spuren energetischer Teilchen zu lokalisieren – die Nebelkammer – wurde witzigerweise von einem Schotten entdeckt, der immer wieder Gelegenheit gehabt hatte, auf dem höchsten Berg Schottlands, dem feuchten und nebeligen Ben Nevis, die Wolkenbildung zu beobachten. Ausgerüstet mit diesen Eindrücken erzeugte Charles Th. R. Wilson künstlichen Nebel, indem er gesättigten Wasserdampf in der Nebelkammer expandierte und damit schlagartig stark abkühlte. Jede Art von Kondensationskeimen führt zu diesem Zeitpunkt in dem übersättigten Wasserdampf zur Bildung von Nebeltröpfchen. Wie Wilson entdeckte, gehören dazu auch Ionen, die in einem Gas durch radioaktive Strahlung erzeugt werden. Durch Untersuchung des Einflusses von X-Strahlen auf die Nebelbildung konnte Wilson die Apparatur vervollkommnen, bis er im Jahre 1912 Spuren von einzelnen α- und β-Teilchen in der Nebelkammer sichtbar machen konnte. Im Jahre 1927 wurde er mit dem Nobelpreis für Physik ausgezeichnet.

Eine für die Erforschung des radioaktiven Zerfalls äußerst wichtige instrumentelle Weiterentwicklung der Ionisationskammern war im Jahre 1928 das Geiger-Müller-Zählrohr. Es markiert den Beginn einer neuen Epoche – weg von der Beobachtung des radioaktiven Zerfalls durch eine Erscheinung, die das Auge direkt wahrnahm, und hin zu einem automatisierten Zählen der Zerfallsereignisse. Bislang nutzte man die ionisierende Wirkung der radioaktiven Strahlung zum Nachweis radioaktiver Zerfälle, indem man einfach nachwies, daß die Luft zwischen zwei Elektroden leitend wurde. Zur Messung der Aktivität wurde eine solche Ionisationskammer mit einem Elektrometer, später mit einem Röhrenverstärker verbunden.

Nach ersten Vorarbeiten mit Rutherford in Manchester schaffte Hans Geiger 1913 bei seinen Arbeiten an der Physikalisch-Technischen Reichsanstalt in Berlin einen großen Schritt in der Entwicklung dadurch, daß er eine Nähnadel in eine Metallhülse einsetzte, Hochspannung anlegte und den kurzzeitigen Entladungsstrom durch das ionisierte Gas an der Nadelspitze detektierte. Mit diesem Spitzenzähler war es nun auch möglich geworden, nicht nur α-Teilchen, sondern auch β-Strahlung nachzuweisen. Seinen ersten Doktoranden an der Universtät Kiel, Walther Müller, beauftragte Geiger mit der Entwicklung eines koaxialen Zählrohres. Baut man eine solche Kammer als Rohr, in dessen Achse ein Draht gespannt ist, und legt eine Hochspannung an, so erzeugt jedes am Draht vorbeifliegende geladene Teilchen durch die dabei auftretende Ionisation des Zählgases einen Hochspannungsdurchschlag. Diese Erfindung von Geiger und Müller im Jahre 1928 erlaubte erstmals den automatisierten Nachweis einzelner Teilchen, das heißt das Zählen ionisierender Zerfallsprodukte mit einer elektronischen Meßmethode. Durch Nachschaltung von Röhrenverstärkern und automatischen Zählwerken, zunächst elektromechanischer Art, war erstmals eine automatische Datenerfassung von Zerfallsprozessen möglich.

Mit diesem Arsenal an Instrumenten war man jetzt imstande, je nach experimentellen Anforderungen, Spuren von Teilchen aus dem radioaktiven Zerfall sichtbar zu machen, Zerfallszeiten zu messen oder Zerfallsprozesse automatisch zu zählen.

Erste Kernreaktionen – Erste Elementsynthesen im Labor

Die fundamentale Frage der Verteilung der Materie im Atom konnte durch die Messung des radioaktiven Zerfalls indessen nicht beantwortet werden. Hierzu mußte, neben den wesentlich von den Kernchemikern betriebenen Studien des Zerfalls ein zweites wichtiges Werkzeug der Kernphysik eingeführt werden: die Untersuchung der Kernstruktur mithilfe von Kernreaktionen.

Eine ganz besonders fruchtbare Zeit begann 1907, als Hans Geiger bei Ernest Rutherford in Manchester begann, die Wechselwirkung energiereicher α-Teilchen mit Materie zu untersuchen. Rutherford hatte schon früher Anzeichen für die Streuung von α-Teilchen beim Durchgang durch dünne Glimmerblättchen beobachtet. Auch Lise Meitner widmete 1907 ihre erste Veröffentlichung über Radioaktivität diesem Thema. Rutherford und Geiger benutzten die energiereichen α-Teilchen aus dem Zerfall von Radium-Emanation, des Edelgases Radon, das als Tochter beim radioaktiven Zerfall des Radiums auftritt. Beim Durchgang eines kollimierten (durch Lochblenden erzeugten) dünnen, parallelen Teilchenstrahls dieser hochenergetischen α-Teilchen durch ein Vakuumrohr beobachteten Geiger und Rutherford auf einem Szintillationsschirm ein punktförmiges, scharfes Abbild der Kollimationsblende. Bei einem weniger guten Vakuum fanden sie vereinzelt Lichtblitze außerhalb dieses Flecks, welche offenbar von der (elastischen) Streuung der α-Teilchen an den Kernen der Luft im Vakuumrohr herrührten.

Nachdem der Physiker Ernest Rutherford 1908 den Nobelpreis für Chemie in Anerkennung seiner Zerfallsuntersuchungen der Elemente und der Chemie der radioaktiven Substanzen bekommen hatte, untersuchten unter seiner Anleitung Hans Geiger und Ernest Marsden im Jahr 1909 die Streuprozesse der α-Teilchen an dünnen Folien aus verschiedenen Materialien. Bild 2.1 zeigt den Experimentaufbau in einer schematischen Darstellung. Durch Auszählen der Lichtblitze auf den

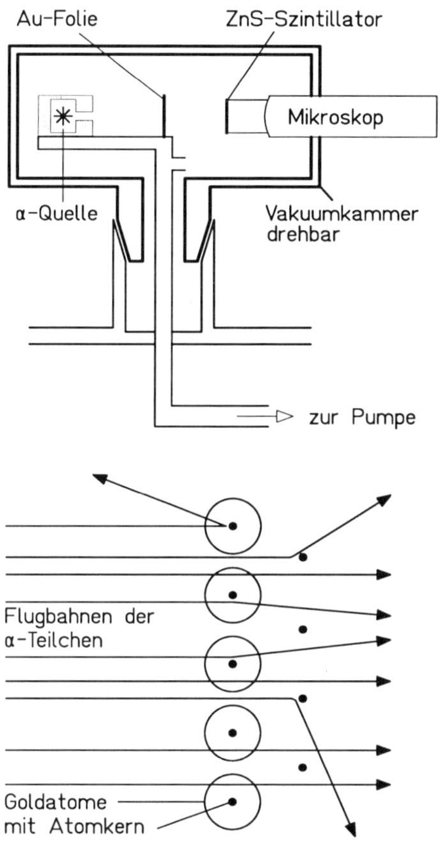

Bild 2.1 Schema des von Rutherford, Geiger und Marsden durchgeführten Streuexperiments mit α-Teilchen von Radium-Emanation. Im oberen Teil des Bildes ist der Versuchsaufbau schematisch dargestellt. Die evakuierbare Kammer, die das Beobachtungsmikroskop mit dem Szintillationsschirm trug, war bis zu 150 ° um die Streufolie aus Gold drehbar. Während beispielsweise bei 5° 132 000 Lichtblitze zu sehen waren, wurden bei 150° nur noch 33 beobachtet. Im unteren Teil des Bildes sind die Bahnen der α-Teilchen im Bereich der Atome der Goldfolie skizziert.

Zinksulfidschirmen vermaßen Geiger und Marsden mit ungeheurer Ausdauer und Akribie die Winkelverteilung der gestreuten α-Teilchen. Wie auch später in so vielen Experimenten beobachtet, waren es nur ganz selten auftretende Ereignisse, die die entscheidende Information in sich trugen. Von 100 000 α-Teilchen passierten nahezu alle die Goldfolie geradlinig; einige wurden unter deutlich meßbaren Winkeln zur Seite abgelenkt und ganz selten einmal wurde ein α-Teilchen – zur großen Überraschung Rutherfords – nach hinten gestreut. Rutherfords physikalische Interpretation dieser Steuverteilung gaben 1911 erstmals eine Vorstellung von der Verteilung der Materie im Atom: alle Materie, an welcher die α-Teilchen gestreut werden, ist auf ein winziges Volumen konzentriert, den Atomkern, der positiv geladen ist und dessen Durchmesser nur etwa eintausendstel des Atomdurchmessers beträgt. Diese Vorstellung bildete eine wesentliche Grundlage für das erste realistische Atommodell, das 1913 von Niels Bohr entwickelt wurde.

Bei seinen Experimenten machte Rutherford 1919 noch eine weitere wichtige, aber weit weniger bekannte Entdeckung, welche für die Synthese neuer Elemente von fundamentaler Bedeutung ist: Bei Streuexperimenten an Luft beobachtete er auf dem Zinksulfidschirm neben den großen Lichblitzen der α-Teilchen kleine Lichtblitze. Seine einfache Meßapparatur bestand aus einer α-Quelle, deren Abstand vom Szintillationschirm verschiebbar war. Mit zunehmendem Abstand der Quelle vom Bildschirm verschwanden die großen Lichtblitze, während die kleinen weiterhin beobachtet wurden. Rutherford schloß daraus, daß die kleinen Lichblitze von energiereichen Protonen herrühren, deren Reichweite in Luft gößer ist als die der α-Teilchen. Sie stammen aus einer Kernumwandlung, der ersten künstlichen Umwandlung eines Elements: beim Beschuß mit energiereichen α-Teilchen ($^{4}_{2}$He-Kerne) aus dem α-Zerfall des Polonium-214 wird in der Luft das darin enthaltene Element Stickstoff, dessen Kern aus sieben Protonen und Neutronen aufgebaut ist ($^{14}_{7}$N), in das neue Element Sauerstoff umgewandelt. Dabei werden gleichzeitig Protonen emittiert. Der Ablauf der Kernreaktion ist:

$$^{14}_{7}\mathrm{N} + ^{4}_{2}\mathrm{He} \longrightarrow ^{17}_{8}\mathrm{O} + ^{1}_{1}\mathrm{H}.$$

Wie auch sonst in der Chemie üblich, schreibt man bei kernchemischen

Reaktionsgleichungen links die Reaktionspartner der Kernreaktion und rechts die dabei entstehenden Produkte.

Patrick Blackett konnte dieses Ergebnis in Nebelkammerexperimenten im Jahre 1926 bestätigen. Dazu wertete er 400 000 Nebelkammerspuren aus und fand darin acht Ereignisse, bei welchen ein Proton emittiert wurde. Das Zahlenverhältnis von Reaktionsprodukten und Gesamtzahl der Spuren zeigt, wie gering die Wahrscheinlichkeit ist, durch Bestrahlung mit energiereichen Strahlen eine Kernreaktion herbeizuführen oder, in unserer Sprache, wie klein die Wirkungsquerschnitte für Kernumwandlungen sind.

Mit diesen Experimenten war man dem alten Alchemistentraum der künstlichen Erzeugung von Elementen zwar nahe, aber dennoch hatte man ihn nur im Prinzip erreicht. Die Methode der Bestrahlung mit α-Teilchen eignet sich nur für leichte Elemente. Der Grund dafür ist, daß die verhälnismäßig geringe Energie der α-Teilchen aus dem Zerfall des Radons, oder des später häufig verwendeten Poloniums, nur für Kernreaktionen mit leichten Elementen ausreicht und nicht genügt, die größere Coulombabstoßung schwerer Kerne, wie beispielsweise von Gold, zu überwinden. Die schweren Elemente stoßen wegen ihrer großen Zahl von positiv geladenen Protonen die Kerne der Strahlteilchen (Projektile) stärker ab als die leichten Elemente. Deswegen benötigt man zunehmend höhere Projektilenergien, um Projektil- und Target(Ziel)kern in Kontakt zu bringen und so eine Kernreaktion einzuleiten.

Experimente mit künstlicher Radioaktivität

Die ersten Beschleuniger

Um die Coulombabstoßung der schweren Kerne zu überwinden, gab es nur eine Lösung: geladene Teilchen hoher Energie mit anderen technischen Mitteln zu erzeugen, die Idee des Teilchenbeschleunigers war geboren. Der russische Physiker George Gamov und John D. Cockcroft vom Cavendish Laboratorium in Cambridge diskutierten diese Möglichkeit. Gamov sagte vorher, welche Teilchenenergie zur Überwindung der

Coulombabstoßung notwendig sein sollte. Die Energie der Teilchen sollte durch deren Beschleunigung als Ionen in einem elektrischen Feld hoher Spannung erreicht werden, eine Technik, die wir in einem späteren Kapitel noch näher diskutieren werden. Die Notwendigkeit, sehr hohe Spannungen zu erzeugen und gute Vakuumbedingungen in einem Beschleunigungsrohr zu schaffen, warf eine ganze Reihe technisch enorm schwieriger Probleme auf, die es erst einmal zu lösen galt. Schließlich gelang es Cockcroft, zusammen mit Ernest Walton, die Idee eines Linearbeschleunigers zu verwirklichen. Im Jahre 1932 beschleunigten sie Wasserstoff-Ionen mit einer Spannung von 700 000 V und schossen diese auf ein Lithiumtarget. Die Begeisterung war groß, als Walton zum ersten Mal die dabei auftretende Aufspaltung eines Lithiumkerns in zwei α-Teilchen auf einem Zinksulfid-Szintillator beobachten konnte.

Interessant ist, daß schon in den Diskussionen zu diesem ersten Experiment die Möglichkeit der Entfachung eines „Weltenbrandes“ durch künstlich eingeleitete Kernreaktionen diskutiert wurde. Francis W. Aston hatte in seinen hochgenauen Massenmessungen festgestellt, daß beim Aufbau eines Heliumkerns durch Verschmelzung von freien Protonen und Neutronen ein Massenverlust auftritt, welchen nach Einsteins Beziehung: $E = mc^2$, die die Äquivalenz von Masse und Energie ausdrückt, einen gewaltigen Energiegewinn bedeutet. Aston schreibt 1922 (F.W. Aston, Isotopes, London 1922, Kap.8): „Können die Forscher in der Zukunft einige Mittel entdecken, um diese Energie in einer anwendbaren Form freizusetzen, so wird der menschlichen Rasse Energie zur Verfügung stehen, mehr, als die Träume wissenschaftlicher Phantasien behaupten; aber die vage Möglichkeit muß stets bedacht sein, daß die Energie, einmal freigesetzt, vollständig unkontrollierbar wird, und ihre intensive Zerstörungskraft alle anderen Substanzen in ihrer Nachbarschaft zum Explodieren bringt. In diesem Fall könnte der gesamte Wasserstoff auf der Erde auf einmal umgewandelt werden, und der Erfolg des Experiments würde dem Universum als ein neuer Stern bekanntgemacht werden.“

Obwohl die Bedeutung der Beschleunigertechnik für die künstliche Erzeugung und Untersuchung von Elementen erkannt worden war, ging die Entwicklung zunächst einen anderen Weg. Der Grund lag sicher darin, daß die Beschleunigertechnik noch nicht weit genug entwickelt war, Strahlen geladener Teilchen genügend hoher Energie zu erzeugen, die auch für Kernreaktionen mit schweren Kernen geeignet gewesen wären.

Die Entdeckung des Neutrons und der künstlichen Radioaktivität

Obwohl das Verständnis des radioaktiven Zerfalls, beispielsweise mit der Theorie Gamovs zum α-Zerfall aus dem Jahre 1928 schon sehr weit fortgeschritten war, hatte man noch Anfang der dreißiger Jahre vom Aufbau des Atomkerns keine genaue Vorstellung. Rutherford hatte schon 1920 die Vermutung geäußert, daß der Atomkern außer den geladenen Protonen noch ungeladene Teilchen enthalten muß, welche den Atomkern aus den positiv geladenen, sich abstoßenden Protonen als „Kitt" zusammenhalten. Er postulierte ein ungeladenes Teilchen, das etwa die Masse der Protonen haben müßte und nannte es Neutron.

Die Suche nach diesen Teilchen blieb lange erfolglos. Wieder war es ein Kernreaktionsexperiment, welches hier weiterhalf. In Berlin hatte Walther Bothe im Jaher 1930 in Bestrahlungen von Beryllium mit α-Teilchen aus einer Poloniumquelle eine sehr durchdringende Strahlung gefunden, deren Natur er nicht deuten konnte. Frédéric Joliot und Irène Joliot-Curie, die diese Strahlung in Paris untersuchten, hatten im Laufe ihrer Experimente entdeckt, daß die „Beryllium-Strahlen", wenn sie auf Paraffin treffen, Protonen auslösen. Sie interpretierten die „Beryllium-Strahlen" als γ-Strahlen, die in einem Stoßprozeß Energie auf die im Paraffin reichlich vorhandenen Protonen übertragen. Ernest Rutherford und sein Assistent James Chadwick vom Cavendish Laboratorium in Cambridge glaubten diese Interpretation nicht. Nach sehr sorgfältigen Experimenten, für die er 1935 den Nobelpreis erhielt, gelang es Chadwick schließlich 1932 zu zeigen, daß die beobachteten Rückstoßprotonen ihre Energie nicht aus der γ-Strahlung, sondern aus elastischen Stößen mit den lang gesuchten Neutronen erhalten. Die Neutronen werden durch eine Kernreaktion der energiereichen α-Teilchen mit Berylliumkernen erzeugt, fliegen aus dem Berylliumkern heraus und stoßen dann auf

Protonen des umgebenden Paraffins. Der lang gesuchte neutrale Kernbaustein war entdeckt. – Hier ist anzumerken, daß der direkte Nachweis von Neutronen in Ionisationskammern auch heute nicht möglich ist, da Neutronen kaum ionisierend wirken. Stets werden die eben erwähnten Rückstoßprotonen oder Produkte aus neutron-induzierten Kernreaktionen detektiert.

Im darauffolgenden Jahr, 1933, machte das Ehepaar Joliot-Curie eine Beobachtung, die eine wichtige Bedeutung für die weitere Entwicklung hatte. Sie entdeckten die künstliche Radioaktivität. Als sie Aluminium mit α-Teilchen bestrahlten, entstand dabei das radioaktive Isotop Phosphor-30, das mit einer Halbwertszeit von 2,5 Minuten in Silicium-30 zerfällt. Der Nachweis des neu gebildeten Phosphors wurde chemisch geführt. Beim Lösen des Aluminiums in Salzsäure entwich der Phosphor als gasförmige Verbindung, dem Phosphorwasserstoff, dessen Radioaktivität gemessen wurde. In einer zweiten Kernreaktion konnte die Bildung des radioaktiven Stickstoffs-13 nach der Bestrahlung von Bor mit α-Teilchen nachgewiesen werden. Damit war der Weg bereitet, radioaktive Substanzen ausserhalb der natürlichen Radioaktivität schwerer Elemente zu erzeugen. Dies stimulierte sofort die Wissenschaftler, neue radioaktive Substanzen herzustellen. Das Ehepaar Joliot-Curie erhielt für ihre Entdeckungen 1935 den Nobelpreis für Chemie.

Die Suche nach den Transuranen

Enrico Fermi hatte als erster erkannt, daß Neutronen besonders geeignet sind, Kernreaktionen auch mit schweren Kernen einzuleiten, da Neutronen keine Ladung besitzen und deshalb nicht von den Protonen im Atomkern abgestoßen werden. Er hatte beobachtet, daß eine große Anzahl von Elementen durch Neutronenbestrahlung aktiviert, das heißt radioaktiv wird: Fängt ein neutronenreiches Isotop eines Elements ein Neutron ein, so entsteht durch den weiteren Neutronenüberschuß ein instabiles Isotop, welches durch Umwandlung eines Neutrons in ein Proton – das heißt durch Emission eines Elektrons (β^--Strahlung) – wieder zerfällt. Wie wir schon beim r-Prozeß im Kapitel 1 gesehen haben, steht durch die Umwandlung eines Neutron in ein Proton das im

β^--Zerfall gebildete neue Element im Periodensystem um eine Ordnungszahl weiter oben. Mithilfe der Reaktion

$$(Z,\ A) + \mathrm{n} \longrightarrow (Z,\ A+1) \longrightarrow (Z+1,\ A) + \beta^-$$

steigt man im Periodensystem um einen Schritt nach oben. Dies sei am Beispiel des historisch wichtigen Falls des Neutroneneinfangs am Fluor-19, einem Kern mit 9 Protonen und 10 Neutronen, aus dem Fluor-20 gebildet wird, das dann in Neon-20 zerfällt, nochmals gezeigt:

$$(Z = 9,\ A = 10) + \mathrm{n} \longrightarrow (Z = 9,\ A = 11)$$
$$\longrightarrow (Z = 10,\ A = 10) + \beta^-$$

Enrico Fermi und sein Forscherteam an der Universität von Rom begannen sofort zu versuchen, diese, für die leichten Elemente als erfolgreich erkannte, Methode zur Herstellung neuer Elemente jenseits des Urans anzuwenden. In einer Reihe von Thorium- und Uranbestrahlungen mit Neutronen wurden sehr bald radioaktive Zerfälle mit verschiedenen Halbwertszeiten gemessen und das damals naheliegende Ergebnis noch 1934 in einer Veröffentlichung beschrieben, die den Titel trug: *Possible Production of Elements of Atomic Number Higher than 92.* Einerseits war der Gruppe in Rom der zweifelsfreie Nachweis der Synthese von Transuranen in diesen Experimenten nicht gelungen, aber andererseits war die überwiegende Mehrheit der Wissenschaftler von der Richtigkeit der Experimente und ihrer Interpretation überzeugt. Fermis Methode der Bestrahlung von Uran mit Neutronen wurde von vielen Experimentiergruppen angewandt.

Einige Zeit später machten sich in Paris Irène Joliot-Curie und Mitarbeiter daran, die Vermutungen Fermis mit besseren chemisch-analytischen Verfahren zu überprüfen, als dies im Rom geschehen war.

Fasziniert von den ersten Berichten über die Transurane, beginnt Lise Meitner im Berliner Kaiser-Wilhelm-Institut für Chemie sofort ihren Kollegen Otto Hahn zu drängen, mit seinen hervorragenden chemischen Kenntnissen auch nach den Transuranen zu suchen und deren Existenz zu beweisen. Zusätzlich motiviert wurde Hahn durch eine Arbeit seines ehemaligen Schülers Aristide von Grosse. Dieser meldete Zweifel an den Transuranen an und diskutierte das Element Protactinium (Pa) als Alternative – Protactinium war 1917 von Lise Meitner und Otto Hahn entdeckt worden. Vielleicht gab auch eine Veröffentlichung von Ida Noddack eine weitere Anregung, in der sie sich kritisch mit den Arbeiten Fermis auseinandersetzte und dabei kritisierte, daß wesentlich leichtere Elemente nicht experimentell ausgeschlossen worden waren. Damit war das Thema für Otto Hahn interessant genug geworden, um mit Lise Meitner nun auch nach den Transuranen zu forschen. Als junger, sehr begabter Analytiker stieß Fritz Straßmann Mitte 1935 zu ihrer Gruppe.

Ebenso wie die Forscher um Enrico Fermi, die sehr schnell eine ganze Reihe von Transuranen entdeckt zu haben glaubten, fand auch die Berliner Gruppe eine große Anzahl von radioaktiven Körpern mit unterschiedlichen Halbwertszeiten. Bis 1938 war man sich recht sicher, die Transurane bis zum Element 96 gefunden zu haben, aber die nahezu inflationär zunehmende Anzahl von Aktivitäten machte die Zuordnung immer schwieriger. Die chemischen Analysen waren nicht im Widerspruch, diese „Transurane" in die damals gültige Systematik des Periodensystems als chemische Homologe zu den Metallen Rhenium (Re), Osmium (Os), Iridium (Ir) und Platin (Pt) einzuordnen und sie als Eka-Rhenium ($Z = 93$), Eka-Osmium ($Z = 94$), Eka-Iridium ($Z = 95$) und Eka-Platin ($Z = 96$) anzusprechen.

Zu dem Zeitpunkt, als Enrico Fermi 1938 den Nobelpreis für seine Arbeiten zur Neutronenaktivierung und zur Synthese neuer Elemente erhielt und dabei die Gelegenheit nutzte, dem immer stärker werdenden Antisemitismus Italiens durch Auswanderung in die USA zu entfliehen, begann zuerst die Arbeitsgruppe um Irène Joliot-Curie in Paris und später auch die Gruppe in Berlin, sich auf eine neue 3,5-Stunden-Substanz zu konzentrieren, deren chemische Eigenschaften nicht eindeutig bestimmbar waren. Nachdem Lise Meitner, die die Arbeiten an den Transuranen in Berlin initiiert und wesentlich mitgetragen hatte, als Jüdin am 13. Juli 1938 Deutschland auf der Flucht vor dem nationalsozialistischen Rassenwahn verlassen mußte, bestand die Berliner Gruppe nur noch aus Otto Hahn und Fritz Straßmann. Durch brieflichen Kontakt wurde aber weiterhin ein intensiver wissenschaftlicher Gedankenaustausch mit Lise Meitner in ihrem Exil in Schweden geführt.

Die Entdeckung der Kernspaltung

In ihren Bestrahlungsexperimenten mit den damals modernsten Mitteln benutzte die Berliner Gruppe die übliche Radium-Beryllium Mischung als Neutronengenerator. Die dabei auftretenden Neutronen wurden durch elastische Streuung in einem Paraffin-Mantel (Moderator) abgebremst, um die Reaktionsausbeute aus dem Uranylnitrat, einem Uransalz, zu erhöhen. Enrico Fermi und Mitarbeiter hatten schon 1934 beobachtet, daß die Ausbeute an radioaktiven Produkten bei Verwendung solcher thermalisierter (langsamer, abgebremster) Neutronen stark zunimmt. Hahn und Straßmann führten eine große Anzahl chemischer Trennungen der Produkte aus der Uranbestrahlung in ihrem gut ausgestatteten Chemielabor im Berliner Kaiser-Wilhelm Institut für Chemie durch.

Die französische Gruppe um Irène Joliot-Curie war der Lösung des Rätsels um die chemisch nicht eindeutig zuzuordnende 3,5-Stunden-Substanz, die in den Neutronenbetrahlungen des Urans auftrat, schon äußerst nahe, als Otto Hahn und Fritz Straßmann Ende Oktober 1938 dieser Substanz ihre besondere Aufmerksamkeit widmeten.

Irène Joliot-Curie und Paul Savitch hatten gerade veröffentlicht, daß die Substanz mit 3,5 Stunden Halbwertszeit in ihren chemischen Eigenschaften Ähnlichkeit mit dem Element Lanthan aufweist. Schon am 8. November 1938 reichten Hahn und Straßmann das Ergebnis ihrer Untersuchungen zur Veröffentlichung ein. Sie kamen zu dem Schluß, daß es sich bei der „Curie-Savitch-Substanz" um Radiumisotope handeln müsse, die in Actinium zerfallen. Auf die weitere Untersuchung dieser Radiumisotope begann sich die Berliner Gruppe jetzt zu konzentrieren.

In ihrer entscheidenden Experimentserie, die am 16. Dezember 1938 begann, versuchten nun Otto Hahn und Fritz Straßmann, mit der schon von Marie Curie eingeführten Methode der fraktionierten Kristallisation das vermeintliche „Radium" von Bariumsalzen zu trennen, die als Trägersubstanzen zugesetzt worden waren. Diese Methode nutzte geringe Unterschiede in der Löslichkeit gleichartiger Salze verschiedener

Metalle aus, um bei Fällungsreaktionen eine Anreicherung eines Elements zu bekommen. Weitere Reinigungen, bis zu einer Abtrennung der gewünschten Spezies, ließen sich durch vielfache Wiederholung des Zyklus aus Fällung und Wiederauflösen erreichen. Die Aktivitäten und Halbwertszeiten der von Hahn und Straßmann sehr sorgfältig durch die Kristallisation separierten Proben wurden mit dem Geigerzählrohr gemessen. Die Experimente ergaben: welches Salz auch immer fraktioniert kristallisiert wurde, die Aktivität blieb immer in der Bariumfraktion und nicht – wie ursprünglich erwartet – in der Radiumfraktion. Der Schluß aus diesem Resultat konnte nur sein, daß bei der Bestrahlung des Urans mit Neutronen radioaktive Bariumisotope gebildet wurden. Damit war Ende Dezember 1938 die Kernspaltung entdeckt worden, aber die Entdecker brauchten noch etwas Zeit, um sich mit diesem umwälzenden Gedanken vertraut zu machen.

Die unerhörte experimentelle Leistung der Kernchemiker kann man sofort verstehen, wenn man die Empfindlichkeit der Methode rechnerisch abschätzt: In den Bestrahlungsexperimenten wurden 10^{-15} g Uran gespalten, es mußte also weniger als diese Menge Barium sicher nachgewiesen werden!

Diskussionen dieser völlig überraschenden Ergebnisse zwischen Hahn und Straßmann sind nicht dokumentiert, aber der Briefwechsel mit Lise Meitner ist sehr aufschlußreich.

Schon in seinem Brief vom 19.12.1938 schreibt Otto Hahn an Lise Meitner: „Es könnte noch ein höchst merkwürdiger Zufall vorliegen. Aber immer mehr kommen wir zu dem schrecklichen Schluß: Unsere Ra-Isotope verhalten sich nicht wie Ra, sondern wie Ba. .... Vielleicht kannst Du irgendeine phantastische Erklärung vorschlagen. Wir wissen dabei selbst, daß es eigentlich nicht in Ba zerplatzen *kann*. Nun wollen wir noch prüfen, ob sich aus dem „Ra“ entstehende Ac-Isotopen nicht wie Ac, sondern wie La verhalten.“

Lise Meitner antwortet schon am 21.12.1938. Dabei steht sie der neuen Vorstellung skeptisch gegenüber und hängt immer noch an der Idee der Transurane. Sie schreibt: „Mir scheint vorläufig die Annahme eines weitgehenden Zerplatzens sehr schwierig, aber wir haben in der Kernphysik so viele Überraschungen erlebt, daß man auf nichts ohne weiteres sagen kann: es ist unmöglich. Sind übrigens höhere Transurane, etwa Eka-Gold oder noch höhere unbedingt ausgeschlossen?"

Zeitgleich am 21. Dezember schrieb Hahn nochmals einen Brief an Lise Meitner und verfaßte zusammen mit Straßmann das Manuskript ihrer Veröffentlichung, die dann am 6. Januar 1939 erschien (O. Hahn und F. Strassmann, Über den Nachweis und das Verhalten der bei der Bestrahlung des Urans mittels Neutronen entstehenden Erdalkalimetalle, Naturwissenschaften 27 (1939) 11-15). Während sich Hahn in seinem Brief schon etwas überzeugter äußerte, indem er sagte: „Nach unseren Ra-Beweisen schließen wir, daß wir als Chemiker den Schluß ziehen müssen, daß die drei studierten Isotope gar kein Ra sind sondern vom Standpunkt des Chemikers aus Ba... Auch das aus den Isotopen entstehende Ac ist kein Ac, sondern offensichtlich La!!" wird dies am Ende der ersten Publikation zu diesem Thema noch sehr zurückhaltend formuliert (aus oben zitierter Arbeit): „Was die ‚Trans-Urane' anbelangt, so sind diese Elemente ihren niedrigeren Homologen Rhenium, Osmium, Iridium, Platin zwar chemisch verwandt, mit ihnen aber nicht gleich. Ob sie etwa mit den noch niedrigeren Homologen Masurium, Ruthenium, Rhodium, Palladium chemisch gleich sind, wurde noch nicht geprüft. Daran konnt man früher ja nicht denken. Die Summe der Massenzahlen Ba + Ma, also z. B. 138 + 101, ergibt 239!

Als Chemiker müßten wir aus den kurz dargelegten Versuchen das oben gebrachte Schema eigentlich umbenennen und statt Ra, Ac, Th, die Symbole Ba, La, Ce einsetzen. Als der Physik in gewisser weise nahestehende ‚Kernchemiker' können wir uns zu diesem, allen bisherigen Erfahrungen der Kernphysik widersprechenden, Sprung noch nicht entschließen."

Die Veröffentlichung enthält vermutlich deshalb keine physikalische Interpretation dieses völlig überraschenden Ergebnisses, weil Hahn die Interpretation zuerst mit der Physikerin in der Arbeitsgruppe, Lise Meitner, diskutieren wollte.

Die Erklärung der Kernspaltung

Einerseits war Lise Meitner davon überzeugt, daß die erfahrenen Chemiker Hahn und Straßmann keinen Fehler gemacht hatten, andererseits stand Lise Meitner den aufregenden Ergebnissen immer noch skeptisch gegenüber, als sie diese mit ihrem Neffen, dem Kernphysiker Otto Robert Frisch, diskutierte. Aus Kopenhagen kommend, hatte Frisch seine Tante in ihrem Exil in Schweden besucht, um die Weihnachtsferien gemeinsam mit ihr zu verbringen. Aus ihren Gesprächen entwickelten sich schnell erste Vorstellungen über die Kernspaltung, die beispielsweise auch Berechnungen der freiwerdenden Energie beinhalteten. Beide kamen bei diesen ersten Abschätzungen, die bei einem Spaziergang aus dem Kopf heraus erfolgten, zu dem übereinstimmenden Ergebnis, daß die Energietönung des Prozesses etwa 180 MeV sein müsse. Lise Meitner berechnete dies basierend auf den unterschiedlichen Bindungsenergien der Nukleonen im Uran und in den Spaltbruchstücken. Otto Frisch ging von der elektostatischen Abstoßung zweier gleichnamig geladener Kerne aus, die er als Kugeln betrachtete. Am 3. Januar 1939 kam Frisch zurück nach Kopenhagen und zog dort im Institut für Theoretische Physik Niels Bohr zu Rate. Man war sich über die physikalische Interpretation des „platzenden Urans" sofort einig und konnte auch gleich sehr wichtige Schlüsse ziehen:

1. Bei der Spaltung des Urans werden gewaltige Energiemengen freigesetzt. Die Abschätzung der Spaltenergie basierte auf der Coulombabstoßung zwischen den Spaltfragmenten und war mit 200 MeV schon sehr gut.

2. Die Instabilität gegen Spaltung ist eine spezielle Eigenschaft der schweren Elemente, welche man mithilfe des Flüssigkeitströpfchenmodells des Atomkerns verstehen kann. Dies besagt, daß die Oberflächenspannung des geladenen Kerntröpfchens, die leichtere Kerne zusammenhält, in schwereren Kernen durch die zunehmende Coulombabstoßung mit zunehmender Protonenzahl kompensiert wird und daher Kerne mit Ordnungszahlen um 100 nicht mehr zusammenhalten kann. Daraus folgt eine natürliche Begrenzung der Anzahl der Elemente im Periodensystems durch spontane Spaltung; wir kommen darauf zurück.

In ihrer Veröffentlichung geben Meitner und Frisch auch die Erkärung, warum bis zu diesem Zeitpunkt kein Physiker auf die Idee kam, daß Uran spalten könnte: Die damals schon etablierte und recht gut verstandene Theorie von Gamov zum α-Zerfall sagte, daß die Emission eines großen Fragments mit vielen geladenen Teilchen aus einem Kern äußerst unwahrscheinlich ist. Die Wahrscheinlichkeit für die Emission schwerer Fragmente nimmt danach exponentiell mit deren Masse ab. So wurde die Emission schwererer Cluster wie ^{12}C oder ^{14}C als sehr seltene Zerfallsprozesse erst vor wenigen Jahren mit äußerst empfindlichen Nachweismethoden entdeckt. Die Spaltung als kollektiver Prozeß, an dem alle Nukleonen des Kerns mit beteiligt sind, war ein völlig neues physikalisches Phänomen. Der neue Zerfallsprozeß ist beschränkt auf die Elemente am oberen Ende des Periodensystems.

Frisch gelang schon Mitte Januar 1939 der direkte Nachweis der Uranspaltung mit physikalischen Methoden: Er wies die hochenergetischen Spaltfragmente direkt in einer Ionisationskammer nach und konnte die riesigen Impulse der Spaltfragmente auf einem Oszillographen sichtbar machen.

Niels Bohr befand sich zu dieser Zeit auf dem Weg in die Vereinigten Staaten. Am 26.1.1939 berichtet er auf einer Versammlung der *American Physical Society* über die Entdeckung der Uranspaltung. Der Vortrag verursachte große Aufregung unter den Zuhörern, einige warteten das Ende nicht ab und eilten in ihre Labors, die Experimente zu wiederholen. Die aufregende Neuigkeit wurde schnell in einer Vielzahl unterschiedlicher Experimente bestätigt. Es war sofort klar, daß mit der Uranspaltung eine ungeheuerliche Energiequelle entdeckt worden war.

Die in ihrer Tragweite noch weiterführende und für die Geschichte teilweise tragische Entdeckung machten Joliot und Mitarbeiter. Sie bestätigten experimentell die Vermutung, daß bei der Spaltung des Urans Neutronen frei werden, die wiederum zu Spaltprozessen führen. Damit wurde klar, daß sich die Kernspaltung nicht nur selbst unterhalten kann, sondern, falls genügend Neutronen frei und nicht durch andere Prozesse absorbiert werden, eine Kettenreaktion mit lawinenartig anwachsender Zahl der Spaltprozesse möglich ist. Die Konsequenz ist die Freisetzung unermeßlicher Energiemengen. Interessanterweise war die Möglichkeit einer Kettenreaktion mit Neutronen schon vor der Entdeckung der Uranspaltung von Leo Szilard zum Patent angemeldet worden, jedoch für leichte Elemente, wo sie, wie wir heute wissen, nicht ablaufen kann.

Nach der Entdeckung der Kernspaltung folgten in kurzen Abständen eine umfangreiche Theorie der Kernspaltung von Bohr und Wheeler auf der Basis des Kerntröpfchenmodells und im Jahr 1940 die Entdeckung der spontanen Spaltung des Urans durch Flerov und Petrzhak, das heißt, des Zerplatzens eines schweren Kerns ohne Energiezufuhr.

Das erste wirkliche Element der Transurane, Element 93, Neptunium, wird – eine der vielen Ironien der Forschung – noch im Jahre 1939 gerade bei Experimenten zur Untersuchung der Uranspaltung durch McMillan und Abelson entdeckt. Bald darauf werden plötzlich die Veröffentlichungen amerikanischer Autoren zum Thema Uranspaltung immer seltener. Der Zweite Weltkrieg und, etwas später, der Bau der Atombombe hatten begonnen, womit die Forschung zur militärischen Geheimsache geworden war. Die nächsten wichtigen Arbeiten zur Spaltung werden erst nach 1946 veröffentlicht, wie zum Beispiel eine Datensammlung über die radioaktiven Spaltfragmente durch das amerikanische „Plutonium Projekt“. Das Computerzeitalter kündigte sich in den Studien zur Spaltung von Fraenkel und Metropolis an. Die geometrischen Formen des spaltenden Kerntröpfchens wurden mit der berühmten Rechenmaschine *ENIAC* studiert.

Tatsächlich war die Entdeckung der Kernspaltung das Ergebnis wissenschaftlicher Neugier, der Suche nach neuen, künstlichen Elementen jenseits des Urans. Die Methodik dieser Experimente mit dem schwersten damals bekannten Element, dem Uran, sind jedoch wegweisend für alle Experimente, die uns weiterführen sollen zu den künstlichen Elementen jenseits des Urans. Die experimentelle Methode des zweistufigen Nachweises, eines Trennvorgangs, hier noch mit chemischen Mitteln, gefolgt von einer Messung der radioaktiven Zerfallseigenschaften, wird uns bei der Identifikation neuer Elemente immer wieder begegnen. Dabei wird die Spaltung als neue Zerfallseigenschaft der schwersten Elemente das Hauptproblem bei der Synthese und dem Nachweis der neuen Elemente werden, da die abstoßenden Coulombkräfte mit steigender Protonenzahl in immer stärker werdende Konkurrenz zu den attraktiven Kernkräften treten. Und die Erkenntnis Lise Meitners, daß in der Kernphysik alle Überraschungen möglich sind, gilt besonders für die schweren Elemente, wie wir noch oft sehen werden. Vielleicht ist es dies, was die Erforschung neuer Elemente an der Grenze des Bekannten so spannend und aufregend macht. Diese Zusammenhänge wollen wir in den folgenden Kapiteln genauer betrachten.

Kapitel 3
Neptunium und Plutonium – Die ersten Transurane

Element 93, Neptunium (Np)

Wie wir im vorhergehenden Kapitel gesehen haben, hat die Geschichte der Transurane, der Elemente jenseites des Urans mit Ordnungszahlen größer als 92, im Jahre 1934 begonnen. Nach der ersten Euphorie, eine Reihe von Transuranen entdeckt zu haben, war die Ernüchterung zunächst einmal sehr groß, als Anfang 1939 die Nachricht von der Entdeckung der Kernspaltung alle vermeintlichen Transurane als gut bekannte, leichtere Elemente entlarvte.

Wohl mitentscheidend für den langen, vierjährigen Irrweg auf der Suche nach Transuranen war das Unvermögen der Physiker, abweichend von der gängigen Lehrmeinung sich vorzustellen, daß ein langsames Neutron einen Kern zur Spaltung veranlassen könnte. Dazu kam die Unkenntnis der Chemiker über den Aufbau des Periodensystems der Elemente an seinem Ende. Das heute gültige Konzept der Actinoiden-Elemente wurde, wie wir in den folgenden Kapiteln sehen werden, trotz jahrzehntelanger Diskussion, erst 1944 von Glenn T. Seaborg erkannt. Hahn, Straßmann und ihre Kollegen gingen noch davon aus, daß Thorium, Protactinium und Uran die homologen Elemente von Hafnium (Hf), Tantal (Ta) und Wolfram (W) wären und daß die Elemente 93 und 94 sich ähnlich wie Rhenium und Osmium verhalten sollten.

Mit der Entdeckung der Kernspaltung war die Suche nach den Transuranen zuerst einmal jäh beendet, und die Kernforscher stürzten sich auf die Untersuchung der Kernspaltung. So auch an der *University of California, Berkeley*. Sie liegt in der Bucht von San Francisco gerade dem *Golden Gate* gegenüber. Als hervorragende Universität brachte sie, und bringt auch heute noch, eine ganze Reihe von ausgezeichneten Wissenschaftlern hervor. Die lange Reihe der Nobelpreisträger aus Berkeley belegt dies eindrucksvoll. Eine Reihe der Aspekte, die Berkeley zu einer der weltweit führenden Pflegestätten der Kernphysik und Kernchemie machten, wird im Folgenden deutlich werden.

Wie so häufig in der wissenschaftlichen Arbeit, war es ein Seminarvortrag, der die Kunde von der Entdeckung der Kernspaltung Ende Januar 1939 nach Berkeley brachte. Zu dieser Zeit hatte Philip H. Abelson schon über drei Jahre in Ernest Lawrence's *Radiation Laboratory* für seine Doktorarbeit an der Thematik der Transurane gearbeitet. Er hatte dazu auch die Messung der für ein jedes Element charakteristischen Röntgenstrahlung eingesetzt, eine Erscheinung, die Moseley schon 1913 beobachtet hatte und die wir in Verbindung mit Experimenten an den Elementen 102 und 104 nochmals diskutieren werden. Diese Methode ist geradezu prädestiniert festzustellen, welche Elemente in der Probe vorliegen, und sie stellt heute in verfeinerter Form ein Standardverfahren der nuklearen Analytik dar. Eine falsche Interpretation der von ihm gemessenen Röntgenstrahlen der Reaktionsprodukte von Uran nach Neutronenbestrahlung verwehrte Abelson die Entdeckung der Kernspaltung schon im Frühjahr 1938. Wie viele andere auch war er so in dem Gedanken gefangen, Transurane zu untersuchen, daß er einfach nicht das Naheliegende in seinen Spektren akzeptierte. Nun aber konnte er sich mit seiner Technik sofort auf die Untersuchung der Spaltprodukte stürzen. Innerhalb von nur zwei Tagen identifizierte Abelson das Element Iod als Spaltprodukt durch die für jedes chemische Element charakteristische Röntgenstrahlung.

Auch der Physiker Edwin McMillan hatte sich sofort darangemacht, den Prozeß der Spaltung näher zu untersuchen. Er wollte die Reichweite der Spaltfragmente messen, um daraus ihre kinetische Energie zu bestimmen. Dazu legte er als dünne Materieschichten einen Stapel Zigarettenpapier auf Uran, das er zuvor auf einer Aluminiumfolie aufgebracht hatte. Die Bestrahlung mit Neutronen war zu dieser Zeit in Berkeley schon mithilfe eines Beschleunigers möglich, der einen hundertfach höheren Neutronenfluß lieferte als die vorher benutzten natürlichen Neutronenquellen. Da die elektrisch neutralen Neutronen selbst nicht beschleunigt werden können, nutzte man damals wie heute die Möglichkeiten von Kernreaktionen aus, die Neutronen freisetzen. Dazu wurden Targetfolien aus Beryllium mit Deuteronen ($^{2}_{1}$H-Kernen) bestrahlt. In einer Kernreaktion, die wir

$$^{2}_{1}\mathrm{H} + ^{9}_{4}\mathrm{Be} \longrightarrow ^{10}_{5}\mathrm{B} + ^{1}_{0}\mathrm{n}$$

schreiben können, wird das Element Bor erzeugt und ein schnelles Neutron emittiert. Nach derartigen Bestrahlungen schaute McMillan nun nicht nur nach der Verteilung der Spaltfragmente in den Zigarettenpapieren, sondern untersuchte auch einmal mit einem Detektor das mit Neutronen bestrahlte Uran selbst. Dort fand er neben dem schon von Hahn, Meitner und Straßmann entdeckten Uranisotop mit 23 Minuten Halbwertszeit, das als ^{239}U in der Neutroneneinfangreaktion aus dem ^{238}U gebildet worden war, eine zweite starke β^--Aktivität, die mit einer Halbwertszeit von 2,3 Tagen zerfiel.

Überraschend war dabei, daß diese Aktivität nur in der Uranschicht auftauchte. Somit war auch klar, daß es sich hierbei nicht um ein Spaltprodukt handeln konnte. Dieses wäre durch seine kinetische Energie aus der Spaltung zu einem großen Teil aus dem Uran herausgeflogen. Der Schluß lag nahe, daß es sich dabei um die Tochter des ^{239}U handeln könnte. Aber die gerade erst gemachte Erfahrung, daß alle bisherigen „Transurane" den Spaltprodukten zuzuschreiben sind, ließ McMillan seine Ergebnisse, die er im Februar 1939 zur Publikation einreichte, sehr vorsichtig formulieren. Unumstößlich war aber immer noch klar, daß bei einem β^--Zerfall, wie er am ^{239}U zu beobachten war, ein Kern mit einem Proton mehr und damit das nächsthöhere Element mit 93 Protonen entstehen muß.

Nun stand die Aufgabe an, diese neue Substanz zu identifizieren. McMillan versuchte es weiter mit rein physikalischen Methoden. Er konnte dabei zeigen, daß das Verhältnis der Aktivitäten mit 23 Minuten und 2,3 Tagen Halbwertszeit in allen Experimenten konstant blieb; ein deutlicher Hinweis auf einen genetischen Zusammenhang der beiden Aktivitäten (wenn wir hier von genetisch sprechen, so meinen wir immer eine Mutter-Tochter-Beziehung im radioaktiven Zerfall).

Auch Emilio Segrè interessierte sich stark für diese Ergebnisse, die an seine Arbeiten zu den „Transuranen" im Arbeitskreis von Enrico Fermi in Rom anknüpften. Segrè, der sich zu dieser Zeit in Berkeley aufhielt, zeigte mit eigenen Experimenten, daß das Element mit der 2,3-Tage-Aktivität keine Ähnlichkeit mit dem Element Rhenium in der siebten Gruppe des Periodensystems hat, wo aus der damals akzeptierten Sicht des Periodensystems das Element 93 angesiedelt war. Daraus, und wohl auch gebrannt durch die vielen falschen Transurane der früheren Jahre, schloß Segrè in seiner im Mai 1939 zur Veröffentlichung eingereichten Arbeit, daß das untersuchte Element nicht das erste Transuranelement sein könne. Er fand eine deutliche chemische Verwandschaft zu den Seltenen Erden oder, wie sie heute genannt werden, den Lanthaniden oder Lanthanoiden. Daraus schloß er, daß es sich um ein Lanthanoid handeln müsse, das in der Spaltung entstanden sei.

Philip Abelson, der nach seiner Doktorarbeit an ein Institut in Washington gegangen war, zog aus der Veröffentlichung von Segrè einen ganz anderen Schluß. Er glaubte an die Möglichkeit eines Transuranelements mit den beschriebenen chemischen Eigenschaften. Im Mai 1940, bei einem Besuch an der Westküste, reservierte er sich fünf Tage, um sein altes Labor in Berkeley zu besuchen. Direkt nach der Ankunft überzeugte er McMillan, ihm eine Probe mit der nach dessen Methode präparierten 2,3-Tage-Aktivität für chemische Trennungen zur Verfügung zu stellen. Schon eine Stunde später begannen seine Versuche. Noch vor Tagesende hatte Abelson die ersten wichtigen Ergebnisse gewonnen, und in den nächsten drei Tagen konnte er zeigen, daß die 2,3-Tage-β^--Aktivität als Tochter aus der 23-Minuten-β^--Aktivität des ^{239}U hervorgeht, es handelt sich um ^{239}93. Der klare Beweis wurde durch mehrfach wiederholte chemische Abtrennung der Tochteraktivität von der Mutter und das daraufhin immer wiederkehrende Nachwachsen der Tochter aus der Mutter geführt.

Die bei den Abtrennungen beobachteten chemischen Eigenschaften des neuen Elements waren nicht nur ganz anders als die des Rheniums, sondern sie zeigten in einigen Aspekten auch deutliche Unterschiede zu denen der Lanthanoiden, obwohl andererseits doch auch deutliche Ähnlichkeiten vorlagen. Besonders wichtig war die Beobachtung, daß

Element 93 sich in starker Säure mit Bromat-Ionen oxidieren und damit in eine höhere Wertigkeit überführen läßt und in diesem oxidierten Zustand dann nicht mehr mit Fluorid-Ionen einen unlöslichen Niederschlag bildet.

Diese Eigenschaft war nicht nur zur chemischen Charakterisierung des neuen Elements wichtig, sondern sie erlangte später große Bedeutung, als es darum ging, das darauffolgende Element 94 abzutrennen. Noch bevor die fünf Tage seines Aufenthalts in Berkeley vorbei waren, konnte Abelson mit McMillan eine Veröffentlichung fertigstellen, in der sie die Entdeckung des ersten Transuranelements mit der Ordnungszahl 93 bekanntgaben. Somit war Mitte Mai 1940 das erste Transuranelement in einer Arbeit entdeckt worden, die ihren Ausgangspunkt in der Untersuchung der Kernspaltung hatte. Abelson sagt dazu (P.H. Abelson *Discovery of Neptunium* in: Transuranium Elements – A Half Century (Eds.: L.R. Morss and J. Fuger) American Chemical Society, Washington, DC, 1992, S. 50): „Auf diese Weise endete ein frustrierender Zeitraum von 6 Jahren in der Entdeckung eines authentischen Transuranelements. Die weit verbreitete Hypothese, daß Element 93 Eigenschaften ähnlich denen von Rhenium haben sollten, hat die Entdeckung der Spaltung verzögert. Sie hat ebenso die Entdeckung einer neuen, den Seltenen Erden ähnlichen Serie von Elementen hinausgeschoben.“(Übersetzung aus dem Englischen durch die Autoren)

Eine ganze Weile wird das neue Element nur Element 93 genannt. Einige Zeit später schlägt dann McMillan den Namen Neptunium und das chemische Symbol Np vor. Er folgte dabei der Reihenfolge der Planeten mit Neptun als dem nächsten Planeten nach Uranus, dem Namenspatron des Urans.

Das 60-Inch-Zyklotron – Ein herausragender Beschleuniger

Bevor wir uns der Entdeckung des Elements 94 zuwenden, soll hier kurz auf das wohl wichtigste „Werkzeug“ bei der Erforschung neuer Elemente eingegangen werden, die Beschleuniger. Schon beim Neptunium haben wir erwähnt, daß bei einer Kernreaktion die Neutronen an einem Beschleuniger erzeugt wurden. Für die nachfolgenden Elemente wird dann die direkte Kernreaktion zwischen hoch beschleunigten Ionen und einem schweren Zielkern, dem Target, wichtig werden, in der beide zu dem gewünschten Element verschmelzen.

Werden aus der Elektronenhülle eines Atoms ein oder mehrere Elektronen entfernt, so bilden sich positiv geladene Ionen. Dies kann zum Beispiel in einer Ionenquelle durch Beschuß mit schnellen Elektronen erreicht werden. Geladene Teilchen lassen sich dann in einem elektrischen Feld beschleunigen. Legt man eine Beschleunigungsspannung U zwischen zwei Elektroden an – dies können zwei Metallplatten mit einem Loch darin oder zwei Rohre sein – so hat ein Q-fach geladenes Ion nach Durchlaufen dieser Beschleunigungsstrecke die Energie $E = QeU$. Darin ist e die elektrische Elementarladung.

Hieraus erkennt man sofort zwei wichtige Prinzipien des Beschleunigerbaus:

- Für große Teilchenenergien benötigt man hohe Beschleunigungsspannungen U.
- Hochgeladene Ionen lassen sich effizient auf hohe Energien beschleunigen.

Die nächstliegende Idee ist, möglichst hohe Gleichspannungen zur Teilchenbeschleunigung zu verwenden. Dies Verfahren wurde, wie wir uns erinnern, von Cockcroft und Walton im Jahre 1932 erstmals zur Beschleunigung von Wasserstoff-Ionen für eine Kernreaktion eingesetzt. Die Maximalenergie eines Gleichspannungsbeschleunigers ist durch die technischen Grenzen der Hochspannungserzeugung bestimmt. Durch einen Trick läßt sich die Endenergie mithilfe des „Tandemprinzips" erhöhen. Bei diesem Prinzip nutzt man die hohe Gleichspannung mehrmals aus. Im Tandem startet man mit negativ geladenen Ionen, beschleunigt diese auf eine hohe Energie und schickt sie dann durch eine ganz dünne Folie, die Stripperfolie. Dort werden die äußeren Elektronen der beschleunigten Ionen abgestreift. Geschieht dies bei hohen Energien, so erhält man hochgeladene Ionen, welche sich dann besonders effizient weiter beschleunigen lassen. Die technischen Probleme, für Schwerionenreaktionen genügend hohe Beschleunigungsspannungen zu erzeugen, sind jedoch so groß, daß zuerst einmal ein anderes Prinzip erfolgreich eingesetzt wurde.

Das Zyklotron, ein Kreisbeschleuniger, war die Erfindung von Ernest O. Lawrence. Dazu angeregt wurde er durch einen Artikel über die Doktorarbeit von Rolf Wideröe. Obwohl Lawrence den deutschen Text kaum verstand, waren es die Abbildungen dieses Artikels, die für ihn den Ausschlag gaben, diesen Beschleunigertyp in Berkeley zu bauen und ab 1930 kontinuerlich weiter zu entwickeln. Die bahnbrechende Idee von Lawrence war, die gleiche Beschleunigungsspannung mehrmals zu nutzen, indem er die Ionen in einem Magnetfeld auf eine Kreisbahn zwang. An einem Beschleunigungsspalt, den die Ionen jetzt viele Male passierten, legte er eine hochfrequente Hochspannung an, deren Frequenz so eingestellt war, daß die Ionen beim Durchfliegen jedesmal die maximale Beschleunigungsspannung vorfanden (eine weitergehende Beschreibung des Zyklotrons wird in Kapitel 8 gegeben werden).

Die technische Lösung des Prinzips ist ein Magnet mit zylindrischen Polschuhen, zwischen denen sich zwei D - förmige Hochfrequenzelektroden befinden, an welchen eine hochfrequente Beschleunigungsspannung von 0,1 bis 0,3 Millionen Volt liegt. Die zwei D's kann man sich vorstellen wie die zwei Hälften einer runden Keks- oder Camembertdose, die bei geschlossenem Deckel von oben halbiert wurde. Die beiden ein wenig auseinandergerückten Hälften befinden sich in einer Vakuumkammer, die sich wiederum im Luftspalt zwischen den Polschuhen des Magneten befindet. Von einer Ionenquelle ausgehend, werden die Ionen als Teilchenpakete („Bunche") im Zentrum des Beschleunigers injiziert. Pro Umlauf auf ihrer Kreisbahn werden die Teilchenpakte zweimal beschleunigt. Sie bewegen sich dann mit zunehmender Energie auf sich immer vergrößernden Kreisbahnen nach außen.

Die ersten „Schwerionen"-Beschleuniger waren in der Mehrzahl kleine Zyklotrons und damit nur für leichte Elemente geeignet. Den wichtigsten Beitrag zur Synthese der ersten neuen Transuranelemente brachte das 60-Inch-Zyklotron in Berkeley (mit 60 inch Polschuhdurchmesser). Es war die sechste Maschine von E. O. Lawrence. Wie wir im vorausge-

Kasten 3.1: Energieeinheiten der Kernphysik

Als Einheit der Energie wird in der Kernphysik das MeV benutzt. Ein MeV ist die Energie, welche ein Ion mit der Elementarladung e besitzt, wenn es die Spannung von einer Million Volt durchlaufen hat. In der Atomphysik verwendet man die kleineren Einheiten eV und keV, sie entsprechen dem Durchlaufen einer Spannung von einem bzw. eintausend Volt.

gangenen Abschnitt gesehen haben, spielte es eine wichtige Rolle gleich bei der Synthese des ersten Transuranelements, des Neptuniums. Hier diente es mit beschleunigtem Deuterium als Neutronengenerator mit einem viel höheren Neutronenfluß als die (Radium-Beryllium-) Neutronenquellen. Die Deuteronen übernahmen die Wirkung der α-Teilchen in den Neutronenquellen Hahns oder Fermis und anderer.

Das Zyklotron lieferte 25-MeV-Deuteronen. Dies entspricht dem Durchlaufen einer Spannungsdifferenz von 25 Millionen Volt. Die Beschleunigung von Deuteronen im 60-Inch-Zyklotron und ihre direkte Reaktion mit einem ^{238}U-Target führte danach zur Entdeckung des nächsten Elements 94, Plutonium. Reaktionen mit beschleunigten α-Teilchen aus dem 60-Inch-Zyklotron trugen zur Entdeckung der Elemente Americium ($Z = 95$) und Curium ($Z = 96$) bei und führten direkt zur Entdeckung der Elemente Berkelium ($Z = 97$) und Californium ($Z = 98$). Damit ist das 60-Inch-Zyklotron nicht nur bahnbrechend, sondern auch einer der erfolgreichsten Beschleuniger in der Synthese neuer Elemente. Wie leistungsfähig diese Maschine war, zeigen die hohen Teilchenströme von 10 μA für Deuteronen, das entspricht $6 \cdot 10^{13}$ Teilchen pro Sekunde, das ist noch heute für schwere Ionen ein Spitzenwert. Dieser hohe Strom war essentiell für die Erzeugung immer schwererer neuer Elemente: man mußte, um zu immer schwereren Elementen der Transurane vorzudringen, die in Reaktoren durch Neutroneneinfang erbrüteten Targetmaterialien wie ^{239}Pu, ^{241}Am, ^{242}Cm bis zum ^{253}Es einsetzen. Da diese mit zunehmender Ordnungszahl immer schwieriger zu erbrüten waren, mußte man mit Targetmengen von zuerst Milligramm, dann Mikrogramm und schließlich Picogramm auskommen.

Element 94, Plutonium (Pu)

In dem Entdeckungsexperiment des Neptuniums von Abelson und McMillan wurde sogleich der Weg zu dem nächsten Element gewiesen. Da das neue Isotop $^{239}93$ β^--Zerfall zeigte, mußte auch schon das nächste Transuranelement mit der Ordnungszahl 94 als dessen Tochtersubstanz entstanden sein. Dieses zu finden und eindeutig zu identifizieren, war die nun anstehende Aufgabe, und so machte sich McMillan im Sommer und Herbst 1940 gleich auf die Suche nach dem Tochternuklid des ^{239}Np. Nachdem er in Neutronenbestrahlungen nichts gefunden hatte, suchte er jetzt in Uranproben, die er direkt mit Deuteronen bestrahlt hatte. Dabei hegte er die Hoffnung, ein anderes Isotop des Elements 94 als das nicht auffindbare $^{239}94$ zu erzeugen. Es sollte eventuell kurzlebiger, damit stärker radioaktiv und somit leichter nachweisbar sein. McMillan mußte diese Arbeit unvollendet abbrechen, da er zur Mitarbeit an einem kriegswichtigen Radar-Projekt an das *Massachusetts Insitute of Technology* (M.I.T.) abberufen wurde.

Es war nun Glenn T. Seaborg, der sich seit 1934, dem Beginn seiner wissenschaftlichen Arbeit in Berkeley, mit den „Transuranen“ beschäftigt hatte, der McMillans Thema aufgriff. Zusammen mit seinem Doktoranden Arthur Wahl, der sich schon einige Zeit mit der Chemie des neuen Elements 93 beschäftigt hatte, und unter Mitwirkung seines Kollegen Joseph W. Kennedy machte sich die Gruppe am 14. Dezember 1940 an ihre erste Bestrahlung eines Targets aus Uran mit Deuteronen vom 60-Inch-Zyklotron. Arthur Wahl trennte aus den Reaktionsprodukten das Element 93 chemisch ab. Diese Probe wurde nun unter einen Detektor gelegt und gemessen. Dabei konnten gleich mehrere Eigenschaften beobachtet werden, die anders waren als bei dem bekannten $^{239}93$. Die Energie der β-Teilchen aus dem radioaktiven Zerfall war höher als beim $^{239}93$, und das Anwachsen einer α-aktiven Tochter war zu beobachten. Diese Ergebnisse deuteten klar darauf hin, daß das Isotop

$^{238}94$ auf folgendem Weg erzeugt worden war: In der Kernreaktion

$$^{2}_{1}H + ^{238}_{92}U \longrightarrow ^{238}_{93}Np + 2\,^{1}_{0}n$$

war zunächst das Neptunium-Isotop mit der Massenzahl 238 entstanden, das dann mit einer Halbwertszeit von 2,1 Tagen im β-Zerfall $^{238}_{93}Np \xrightarrow{\beta^-} {}^{238}94$ in das Isotop 238 des neuen Elements mit der Ordnungszahl 94 übergeht. Der beobachtete α-Zerfall stammt vom $^{238}94$, das aufgrund seiner kürzeren Halbwertszeit von nur 87,8 Jahren (abgekürzt: a) – und der mit der kürzeren Halbwertszeit verbundenen höheren Zerfallsrate – leichter zu entdecken war als das später gefundene $^{239}94$ mit einer Halbwertszeit von 24 200 Jahren. Um den Beweis zu erbringen, daß es sich wirklich um ein neues chemisches Element handelt, mußte noch gezeigt werden, daß es sich chemisch anders verhält als alle möglichen Nachbarelemente, die auch eventuell α-Zerfall zeigen können.

Ausgerüstet mit weiteren Vorschlägen zur Chemie von Chemieprofessor Wendell Latimer konnte dann Arthur Wahl in der Nacht vom 23. zum 24. Februar 1941 das neue Element 94 eindeutig isolieren. Er konnte durch eine Kombination von Oxidations-Reduktions- (Redox-)Schritten, gefolgt von charakteristischen Fällungsreaktionen, zeigen, daß es sich um ein neues Element handeln muß, das andere Eigenschaften als die bisher bekannten chemischen Elemente hat. Eine große Bedeutung hatte dabei, daß, im Gegensatz zum Neptunium, das neue Element nicht mit Bromat-Anionen (BrO_3^-), sondern nur mit Peroxodisulfat-Anionen ($S_2O_8^{2-}$) oxidierbar ist und danach nicht mehr durch Fluorid-Ionen gefällt wird. So konnte das neue Element nicht nur identifiziert werden, sondern auch für eine große Reihe weiterer Untersuchungen sehr sauber abgetrennt werden. Dies spielte in der darauffolgenden Zeit eine wichtige Rolle, als das neue Element neben Uran als Kandidat für den Bau einer Kernwaffe in Betracht gezogen wurde.

Sehr viel wäre zu sagen über dieses in jeder Hinsicht ganz besonders herausragende Element. Dies gilt sowohl für seine politische und gesellschaftliche Bedeutung, die aus seiner Nutzung und seinen Gefahren resultieren, als auch für seine ganz besonderen chemischen Eigenschaften.

Es ist sicher nicht übertrieben zu sagen, daß Plutonium die vermutlich vielfältigste, interessanteste, aber manchmal auch schwierigste Chemie aller Elemente zeigt. Als Beispiele seien hier nur angeführt, daß Plutonium als einziges Element in wäßriger Lösung in vier verschiedenen Wertigkeitsstufen gleichzeitig vorliegen kann, und daß es das einzige Metall ist, das neun Modifikationen besitzt. All diese Aspekte hier auch nur kurz anzusprechen, würde den Rahmen dieses Buches sprengen. Kurz skizzieren wollen wir den Weg zu den ersten beiden Atombomben.

Die Atombombe

Der militärische Aspekt der Erforschung der ersten Transurane war ausschlaggebend dafür, daß die Autoren der beiden Publikationen zur Entdeckung des neuen Elements 94, Seaborg, Wahl, Kennedy und McMillan (nur bei der ersten Arbeit Autor) die Veröffentlichungen zwar Anfang 1941 bei der bekannten Zeitschrift *Physical Reviews* einreichten, gleichzeitig aber freiwillig auf eine Veröffentlichung bis nach dem Zweiten Weltkrieg verzichteten. Mitte 1941 erging dann in den Vereinigten Staaten ein offiziell angeordneter Publikationsstopp. Dieser machte den jungen sowjetischen Wissenschaftler G.N. Flerov so stutzig, daß er daraus schloß, in den USA werde an der militärischen Nutzung der Kernspaltung gearbeitet. In einem Brief direkt an Stalin drängte Flerov auf eine Wiederaufnahme des sowjetischen Nuklearprogramms zur Herstellung einer „Uranbombe". Ein sehr breit angelegtes sowjetisches Programm aus dem Jahr 1940 war mit der deutschen Invasion am 22. Juni 1941 gestoppt worden. Auf Flerovs Initiative hin wurden die Arbeiten an einem sowjetischen Nuklearprogramm mit dem herausragenden Ziel des Baus einer Bombe wieder aufgenommen.

Das Verhalten der amerikanischen Wissenschaftler wird aus der politischen Situation von 1941 klar. Der westliche Teil Polens und große Teile Frankreichs waren inzwischen von deutschen Truppen besetzt, ebenso die Niederlande, Belgien, Dänemark und Norwegen, der Luftkrieg gegen England hatte begonnen, Italien war in den Krieg eingetreten, der sich nun auch um das Mittelmeer ausbreitete, und die USA hatten mit dem Vertrag des Leih-Pacht-Systems am 11.3.1941 praktisch ein Kriegsbündnis mit den Alliierten geschlossen. Aus ganz Europa war eine große Anzahl von Wissenschaftlern in die Vereinigten Staaten von Amerika geflüchtet. Zusammen mit amerikanischen Wissenschaftlern gründeten einige von ihnen noch 1939 eine Initiative zur militärischen Nutzung der Kernspaltung.

Um einen möglichst überzeugenden Fürsprecher für diese Initiative zu haben, gewinnen Leo Szilard und seine Kollegen Albert Einstein für eine Darstellung des militärischen Potentials der Kernspaltung vor dem amerikanischen Präsidenten Franklin D. Roosevelt. Die ersten Finanzierungen eines solchen Programms beginnen im Februar 1940 mit dem kleinen Betrag von 6000 Dollar. Im Mai 1941, kurz nach der Entdeckung des Elements 94, wird dann schon ein Projekt definiert, in dem es um die Frage geht, ob der Weg über das Element 94 nicht schneller und sicherer zu einer Kernwaffe führt als der Versuch mit ^{235}U. Für das Uran sprach damals, daß ^{235}U in genügend großer Menge im natürlichen Uran vorhanden ist, allerdings in so kleinen Konzentrationen von nur 0,72%, daß es fraglich war, ob eine genügend hohe Isotopenanreicherung gelingen würde. Die hier geforderte Anreicherung kann nur mit physikalischen Methoden erreicht werden. Zu diesem Zeitpunkt war noch sehr unklar, ob die sehr aufwendigen und teuren Methoden zur Isotopentrennung in der Lage sein würden, die benötigten Mengen ^{235}U schnell genug zur Verfügung stellen zu können. Hier schien den Wissenschaftlern um Seaborg der mögliche Vorteil von Element 94 zu liegen, denn dies mußte „nur“ noch chemisch abgetrennt werden. Völlig offen war hier unter anderem die Frage, ob eigentlich jemals eine ausreichende Menge dieses Elements synthetisiert werden könne. Bisher hatte man es ja nur mit einer unwägbar kleinen Menge von wenigen Atomen zu tun, die gerade ausgereicht hatten, das neue Element zu identifizieren.

Die Geheimhaltung war auch ein Grund, warum man dem Element 94 nicht gleich einen Namen gegeben hatte. Dies ging sogar so weit, daß die Wissenschaftler in Berkeley nach einiger Zeit nicht mehr vom Element 94 sprachen, sondern begannen, verschieden Codenamen zu benutzen. Darunter auch *copper* wie das Kupfer, was natürlich bald zur Verwirrung führte, wenn wirklich von Kupfer die Rede war. Daraufhin wurde Kupfer nur noch *honest-to-god copper* genannt. In dieser Zeit fanden lange Diskussionen über einen möglichen Namen des Elements 94 statt. Viele wurden abgelehnt, weil sie nicht gefielen oder weil man sich nicht wirklich auf sie einigen konnte, andere, wie Eka-Osmium, weil sie wirklich irreführend gewesen wären. Man hatte ja gerade erst wieder herausgefunden, daß das Element 94 keine Ähnlichkeit mit dem Osmium hatte, wie auch schon Neptunium dem Rhenium nicht ähnlich war. Die Namenswahl, besonders getragen durch Seaborg und Wahl, fiel dann im März 1942 auf Plutonium (Pu); eine logische Fortschreibung der Namen, da ja Pluto der nächste Planet in der Reihe von Uranus und Neptun ist.

Die weitere Geschichte des Plutoniums ist eng verknüpft mit den Erfordernissen, die durch das Ziel einer Kernwaffenherstellung entstanden. Ein sehr großer Teil der Arbeit wurde dabei unter der Leitung und Mitwirkung von Glenn T. Seaborg am *Metallurgical Laboratory* in Chicago durchgeführt, das ab 1942 Teil des *Manhattan Projects* war. Die ersten kleineren Mengen Plutonium wurden noch durch Zyklotronbestrahlungen in Berkeley und an der *Washington University* von St. Louis gewonnen. Die erste winzige, gerade schon sichtbare Menge von etwa einem Mikrogramm einer Plutoniumverbindung wurde im August 1942 präpariert. B.B. Cunningham, M. Cefola und L.B. Werner lieferten hier eine ganze Reihe von Meisterwerken der „Ultra-Mikrochemischen" Arbeitstechniken und Untersuchungen.

Nachdem Enrico Fermi und Mitarbeiter am 2. Dezember 1942 in Chicago die erste kontrollierte Kettenreaktion in einem Reaktor hatten ablaufen lassen, stand einer Plutoniumproduktion in großem Stil in den danach neu gebauten Reaktoren nichts mehr im Wege. Die chemische Aufarbeitung dieses Plutoniums erfolgte dann ab Dezember 1944 in den chemischen Fabriken von Hanford. Diese waren schon 1942, als es erst Mikrogramm-Mengen von Plutonium gab, für die Abtrennung von Kilogramm-Mengen Plutonium aus vielen Tonnen bestrahltem Uran konzipiert worden. Das besondere Problem der hoch radioaktiven Spaltprodukte, die bei den Neutronenbestrahlungen gleichzeitig mit anfallen, war dabei berücksichtigt worden. Im Sommer 1945 war dann eine für eine Bombe ausreichende Menge Plutonium isoliert worden. Es war auch dieses Plutonium, das der ersten Atombombe, die am 16. Juli 1945 bei Alamogordo gezündet wurde, ihre Sprengkraft verliehen hatte. Nach dem ersten großen Schock, den der Abwurf einer Kernwaffe mit ^{235}U als spaltbarem Material über Hiroshima am 6. August 1945 in der Welt hinterließ, trat das neue Element Plutonium am 9. August 1945 mit der Bombe über Nagasaki auf sehr dramatische Weise in das Licht der Öffentlichkeit.

Kapitel 4
Americium und Curium – Die ersten typischen Actinoiden

Am Anfang des Jahres 1944 hatten Glenn T. Seaborg, Albert Ghiorso und Mitarbeiter am *Metallurgical Laboratory* den größten Teil der militärisch bestimmten Aufgaben zur Chemie des Plutoniums gelöst. Es begann nun die Zeit, sich wieder neuen wissenschaftlichen Aufgaben zuzuwenden. Da war es ganz natürlich, sich auf die Suche nach den nächst schwereren Elementen zu begeben.

Zusammen mit R.A. James und zeitweise mit L.A. Morgan wurde ein Milligramm ^{239}Pu mit Neutronen und mit Deuteronen bestrahlt und zuerst einmal mit der Suche nach neuen, höherenergetischen α-Emittern begonnen. Das Ergebnis war negativ, und heute wissen wir, daß die damals gebildeten Kerne wie $^{239,240}95$ entgegen der damaligen Erwartung β-Zerfall zeigen. Sie konnten somit in den Detektoren, mit denen nach α-Teilchen gesucht wurde, nicht registriert werden.

Auch die chemischen Versuche, das Element 95 zu finden, blieben vorläufig auf eine, wie die Experimentatoren selbst äußerten, frustrierende Weise negativ. Der Grund lag darin, daß die ersten Experimente auf der Annahme basierten, das zu suchende Element sei wohl dem Plutonium chemisch ähnlich.

Der Durchbruch konnte dann erreicht werden, als Glenn T. Seaborg Mitte 1944 mit der Hypothese zu arbeiten begann, daß die Transuranelemente Mitglieder einer neuen Familie von Elementen seien, den *actinides* oder, wie zwischenzeitlich in die deutsche Sprache eingeführt, den Actinoiden. Seaborg postulierte diese Gruppe von Elementen in Analogie zu den *lanthanides* oder Lanthanoiden, 14 chemisch verblüffend ähnliche Elemente, die im Periodensystem der Elemente auf das Lanthan folgen.

Das Thema einer den Lanthanoiden vergleichbaren Gruppe von ähnlichen Elementen, die irgenwo zwischen Actinium ($Z = 89$) und Uran ($Z = 92$) beginnen könnte, war schon seit Anfang des Jahrhunderts wiederholt in der Literatur diskutiert worden. Die Hinweise auf eine solche Gruppe begannen sich durch die chemischen Experimente zum Neptunium und Plutonium zu verstärken. Dies fand in den den zurückgehaltenen Publikationen amerikanischer Autoren Erwähnung und wurde in den weiterhin veröffentlichten Arbeiten der deutschen Autoren sowohl von Hahn und Straßmann als auch von Starke diskutiert. Allerdings hatte bisher kein Chemiker ernsthaft vorgeschlagen, daß die Elemente um das Uran schon Mitglieder dieser neuen Gruppe sind.

Wir erinnern uns daran, daß nur zehn Jahre vorher, 1934, Fermis Suche nach den Transuranen mit einer Chemie begonnen hatte, die Uran als homologes Element zum Wolfram ansah und auf ein homologen Element zum Rhenium ausgerichtet war. Auch Otto Hahn und Fritz Straßmann arbeiteten zum Zeitpunkt der Entdeckung der Kernspaltung im Dezember 1938 mit den gleichen Annahmen. In den Jahren bis 1944 hatte man zwar gemerkt, daß die ersten Transurane Neptunium und Plutonium durchaus kaum oder fast gar keine Ähnlichkeit mit Rhenium und Osmium haben, aber es war erst Glenn Seaborg, der die Hypothese einer Gruppe der Actinoiden einführte und auch gleich ernsthaft testen konnte.

Mit der Annahme, daß in wäßrigen Lösungen dreifach positiv geladene Ionen des Elements 95 vorliegen sollten, wie es auch bei den Lanthanoiden üblich ist, begann Mitte Juli 1944 die Suche erneut und wurde sofort von Erfolg gekrönt. Nachdem 2,2 Milligramm ^{239}Pu am 60-Inch-Zyklotron in Berkeley mit einem $^4_2$He-Strahl beschossen und diese bestrahlte Probe an das Labor in Chicago transportiert worden war, zeigten sich nach chemischer Abtrennung der dreiwertigen Ionen vom Plutonium sogenannte *long range α's*, Teilchen, die durch ihre höhere Energie und damit auch größere Reichweite ausgezeichnet sind. Jetzt war nur noch die Frage zu klären, ob es sich um das Element 95 oder aber um das 96 handelte, da die Summe der Kernladungen aus Projektil und Target auch die Produktion dieses Elements zuließ.

Nun wurde ^{239}Pu mit Deuteronen beschossen, um auf keinen Fall ein Isotop des Elements 96 zu produzieren. Die Chemie war wieder die gleiche wie im vorausgegangenen Experiment. Das aufgelöste Plutonium wurde oxidiert, und die dreiwertigen Ionen der Lanthanoiden und nun auch der Actinoiden wurden, nachdem man ein wenig Lanthan zu der Lösung zugegeben hatte, zusammen mit dem Lanthanfluorid durch Zugabe von Fluorwasserstoffsäure (HF) ausgefällt. Wieder tauchte eine neue α-Aktivität auf, die sogar noch höherenergetisch war, als die nach der Bestrahlung mit $^4_2$He beobachtete. Die Vermutung lag nahe, daß man es diesmal mit dem Element 95 zu tun hatte. Die Ergebnisse waren den Experimentatoren noch nicht eindeutig genug, und so wurde weiter um Aufklärung gerungen.

Dies wurde dadurch erleichtert, daß man seit Anfang Juni 1944 noch ein anderes Eisen im Feuer hatte: eine Bestrahlung von einigen Milligramm ^{239}Pu in einem Kernreaktor in Hanford. Nach einer Bestrahlungszeit von etwa einem halben Jahr wurde diese Probe im Dezember 1944 wieder mit der gleichen Chemie im *Metallurgical Laboratory* in Chicago aufgearbeitet. Jetzt tauchten die beiden vorher getrennt beobachteten „langreichweitigen" α's wieder auf. Zusätzlich gab es Hilfestellung von den Kollegen aus Los Alamos, die an ihrem Massenseparator bei der Masse 241 zwei „Fraktionen" erhielten. Diese waren abhängig von der Temperatur der Ionenquelle, aus der der Separator gespeist wurde. Schon bei einer Temperatur, bei der noch kein Plutonium zu beobachten war, tauchte die Aktivität von einem Isotop der Masse 241 auf. Nun begannen die Überlegungen, welche Kerne in welcher Kernreaktion erzeugt werden konnten. Aus der Kombination der verschiedenen Möglichkeiten, die viele Kerne ausschloß, da sie entweder nur in der einen oder anderen Reaktion hätten gebildet werden können, ergab sich, daß der zuerst in der Kernreaktion mit ^{4}He beobachtete Kern dem ^{242}96 und der danach mit Deuteronen beobachtete dem ^{241}95 zuzuschreiben sei. Damit war die Entdeckung der beiden Elemente 95 und 96 gesichert, und die Masse der beiden ersten Isotope dieser Elemente richtig wiedergegeben worden.

Die Grundlage für die Entdeckung der Elemente 95 und 96 war durch Glenn T. Seaborgs Postulat einer *actinide* Serie von Elementen geschaffen worden. Im November 1945 wurde dieses Konzept auf einer Konferenz in Chicago der wissenschaftlichen Öffentlichkeit erstmals vorgestellt und in der „Hauszeitschrift“ der U.S.-amerikanischen Chemiker, den *Chemical and Engineering News* veröffentlicht. Die Annahme einer Gruppe von 14 Elementen, die sich, von einigen Ausnahmen am Anfang der Gruppe einmal abgesehen, analog zu den Lanthanoiden verhalten sollten, war auch der Schlüssel zur Entdeckung der nächsten sechs Elemente. Diese Ähnlichkeit der Elemente untereinander brachte aber gleich auch das erste Problem mit sich, die beiden neuen Elemente ließen sich nämlich chemisch nicht auftrennen. Dies war die nächste chemische Herausforderung, Techniken zur Auftrennung der dreiwertigen Actinoiden zu entwickeln, die vorher modellhaft an den leichteren Homologen, den Lanthanoiden, getestet werden konnten.

Der Namensgebung der beiden neuen Elemente ging eine lange Phase der Diskussion voraus, in die auch eine ganze Reihe außenstehender Chemiker und Physiker mit eingeschaltet waren. Während der lange andauernden, frustrierenden Zeit der Suche, die gerade anfangs nie ein klares Ergebnis zeigte, wurden häufig Namen wie *pandemonium* und *delirium* für die Elemente benutzt, die sich einfach nicht so richtig zeigen wollten. Direkt nach der Entdeckung, als sich das Bild der Actinoiden noch nicht so weit verfestigt hatte, daß gelegentlich auch noch von einer Neptuniumserie anstelle einer Actiniumserie gesprochen wurde, gab es von Paneth Namensvorschläge, die immer die Vorsilbe „Nep-“ trugen, während Seaborg einer Vorsilbe „Neptuno-“ zuneigte.

Das sich verfestigende Actinoidenkonzept legte aber bald die Analogie zu den Namen der entsprechenden Lanthanoiden nahe. Dem Element Europium entsprechend wurde das Element 95 dann Americium, Am, genannt und das Element 96 bekam den Namen Curium, Cm. Hiermit sollten einerseits Pierre und Marie Curie geehrt werden, andererseits aber stand bei der Wahl einer Person als Namenspatron eines Elements wieder eine Analogie zu einem Element der Lanthanoiden im Vordergrund. Gadolinium war nach dem finnischen Chemiker J. Gadolin benannt worden, der auch der Namenspatron des Minerals Gadolinit ist, ein Silikat, in dem sich viele Seltene Erden (Lanthanoiden) finden.

Kapitel 5
Berkelium und Californium – Nomen est omen

Mit der Kapitulation Japans am 2. September 1945 war für die USA der Zweite Weltkrieg zu Ende gegangen. Im *Metallurgical Laboratory* in Chicago begannen die Wissenschaftler, über ihre Zukunft in der Nachkriegszeit nachzudenken. Die ersten Planungen zur Synthese von Transcuriumelementen begannen. Konkret wurden diese Ende 1945 mit der Rückkehr Glenn T. Seaborgs nach Berkeley. Hier sollte, wie schon im "Met Lab", Albert Ghiorso die Meßtechnik abdecken. Stanley G. Thompson, der mit der Einführung des sogenannten Bismutphosphat-Prozesses entscheidende Beiträge zur Abtrennung des Plutoniums im großen Maßstab geliefert hatte, sollte den chemischen Teil dieser Arbeit zum Thema seiner Doktorarbeit machen. In der Experimentplanung war vorgesehen, zuerst einmal $^{241}\mathrm{Am}$ als Targetmaterial zu produzieren. Der Weg dahin führt vom $^{239}_{94}\mathrm{Pu}$ durch zweifachen Neutroneneinfang in das $^{241}\mathrm{Pu}$, das dann im β^--Zerfall das $^{241}_{95}\mathrm{Am}$ bildet. Dieses Targetmaterial sollte durch Fusion mit $^4_2\mathrm{He}$-Projektilen ein Isotop des Elements 97 ergeben.

Als wichtigste Basis in der Experimentvorbereitung diente nun Seaborgs Aktinoidenkonzept und die dadurch gewonnene Vorhersagbarkeit der chemischen Eigenschaften der neuen Elemente. Was übrig blieb, waren „nur" drei weitere, ganz entscheidende Probleme, die es zu lösen galt. Es ging zum ersten darum, eine genügend große Menge von $^{241}\mathrm{Am}$-Targetmaterial zu erbrüten, zum zweiten war es notwendig, die Handhabung eines sehr stark radioaktiven Targets bei einer Beschleunigerbestrahlung und nachfolgender chemischer Aufarbeitung zu erlernen, und drittens, mußte eine chemische Trennung entwickelt werden, die es erlaubte, winzige Mengen eines neuen, noch unbekannten Elements aus einem riesigen Überschuß von bestrahltem Targetmaterial herauszufischen, das nicht nur hoch radioaktiv ist, sondern sich chemisch dem gesuchten Element auch noch besonders ähnlich verhält.

Mehr als drei Jahre intensiver Arbeit vergingen, bis endlich im Herbst 1949 alle Vorbeitungen abgeschlossen waren und das in einem Hochflußreaktor erbrütete $^{241}\mathrm{Am}$ als Target am 60-Inch-Zyklotron mit $^{4}\mathrm{He}$ bestrahlt werden konnte. Wie in den vorausgegangenen Elementsynthesen wurde wieder nach neuen, noch höherenergetischeren α-Teilchen gesucht. Aber das Ergebnis blieb negativ, trotz langer Vorbereitung und hochgespannter Erwartung.

Da man sich ganz sicher war, in der Kernreaktion das Element 97 zu bilden, konnte dieses Ergebnis nur bedeuten, daß entweder die Halbwertszeit kürzer als erwartet ist und damit das neue Element schon vor Meßbeginn zerfallen war, oder aber daß ein anderer Zerfall als der α-Zerfall bestimmend ist. Somit wurden die chemischen Prozeduren weiter auf Schnelligkeit getrimmt und ein Meßaufbau installiert, der für den Fall eines Zerfalls durch Elektroneneinfang (abgekürzt EC für *electron capture*) die bei dieser Zerfallsart auftretende Röntgenstrahlung oder emittierte Elektronen nachweisen kann. Im EC-Zerfall fängt der Kern ein Elektron aus einer inneren atomaren Schale ein und hinterläßt dort einen freien Platz, der spontan wieder durch ein Elektron aus einer höheren Schale besetzt wird. Bei Übergängen von Elektronen aus einer höheren Schale der Atomhülle in eine niedriger liegende tritt immer eine charakteristische Röntgenstrahlung auf.

Im Dezember 1949 starteten Thompson, Ghiorso und Seaborg einen neuen Versuch. Sieben Milligramm $^{241}\mathrm{Am}$ wurde mit $^{4}\mathrm{He}$ bestrahlt und das Target aufgelöst. Glücklicherweise war kurze Zeit vorher von Asprey, Stephanou und Penneman in Los Alamos entdeckt worden, daß sich Americium in den sechsfach positiven Zustand oxidieren läßt, in dem die Americium-Ionen nicht mehr als Fluoride fällbar sind. Dies wurde nun in dem ersten Schritt der Trennung ausgenutzt, um die größte Menge des Targetmaterials abzutrennen. Nun mußten aber auch noch all die Spaltprodukte abgetrennt werden, die als Fluoride mit ausgefallen waren. Diese hätten nämlich mit ihren hohen β- und γ-Aktivitäten einen viel zu hohen Untergrund erzeugt, der eine empfindliche Suche nach einem neuen Element sofort wieder zunichte gemacht hätte.

Hier half ein Verfahren, das wieder kurz vorher Kenneth Street entwickelt hatte. Er konnte Lanthanoiden und Actinoiden aufgrund ihrer etwas unterschiedlichen Komplexbildungseigenschaften in konzentrierter

Salzsäure auf einem Ionenaustauscher abtrennen. Die gereinigte Fraktion der Actinoiden wurde dann noch einer Einzelelementauftrennung auf einer Kationenaustauschersäule unterzogen. Dies waren die Anfänge der chromatographischen Trennungen der schwersten Elemente, die, in weiterentwickelten Varianten, auch heute noch die Basis der Auftrennungen bilden. Das Prinzip dieser chromatographischen Trennung ist in Bild 5.1 dargestellt.

Kurz vor Weihnachten, am 19. Dezember 1949, hatte dann Stanley Thompson von Tropfen 12 bis zum Tropfen 20 der Zitronensäure, die als Elutionsmittel aus der Kationenaustauschersäule tropfte, eine Fraktion isoliert, die deutlich vor den Elementen Curium und Americium auftauchte. Nach sieben Stunden chemischer Trennung konnten nun die sehnlichst erwarteten Zerfälle des neuen Elements 97 gemessen werden. Neben Röntgenstrahlung und Elektronen konnte auch ein kleiner Anteil α-Zerfall gemessen werden. Alle beobachteten Zerfallsarten zeigten eine Halbwertszeit von 4,5 Stunden. Die Quelle war das Isotop $^{243}97$, das in der Reaktion

$$ {}^{4}_{2}\mathrm{He} + {}^{241}_{95}\mathrm{Am} \longrightarrow {}^{243}97 + 2\mathrm{n} $$

gebildet worden war.

Nun war der Weg frei, sich gleich auf das nächste Element zu konzentrieren, denn die soeben erfolgreich eingesetzten Techniken ließen sich sofort auf die Suche nach dem Element 98 übertragen. Zusätzlich war in der Zwischenzeit so viel $^{241}\mathrm{Am}$ lange genug in einem Hochflußreaktor mit Neutronen bestrahlt worden, daß eine ausreichende Menge des dabei entstandenen $^{242}\mathrm{Cm}$ zur Verfügung stand. Nach den Reaktionen ${}^{241}_{95}\mathrm{Am}$ (n,γ) ${}^{242}_{95}\mathrm{Am}$ und $^{242}\mathrm{Am} \xrightarrow{\beta^-} {}^{242}\mathrm{Cm}$ wird im Reaktor durch Neutroneneinfang ${}^{242}_{95}\mathrm{Am}$ erzeugt, das durch β^--Zerfall ${}^{242}_{96}\mathrm{Cm}$ bildet. Auch die Chemie war weiter beschleunigt worden, so daß eine Auftrennung nur noch zwei Stunden in Anspruch nahm – angesichts immer kürzer werdender Halbwertszeiten ein wichtiger Faktor.

Weniger als zwei Monate nach der Entdeckung des Elements 97 wurde das nächste erfolgreiche Experiment am 9. Februar 1950 von Thompson, Street, Ghiorso und Seaborg durchgeführt. Nach der ${}^{4}_{2}\mathrm{He}$-Bestrahlung

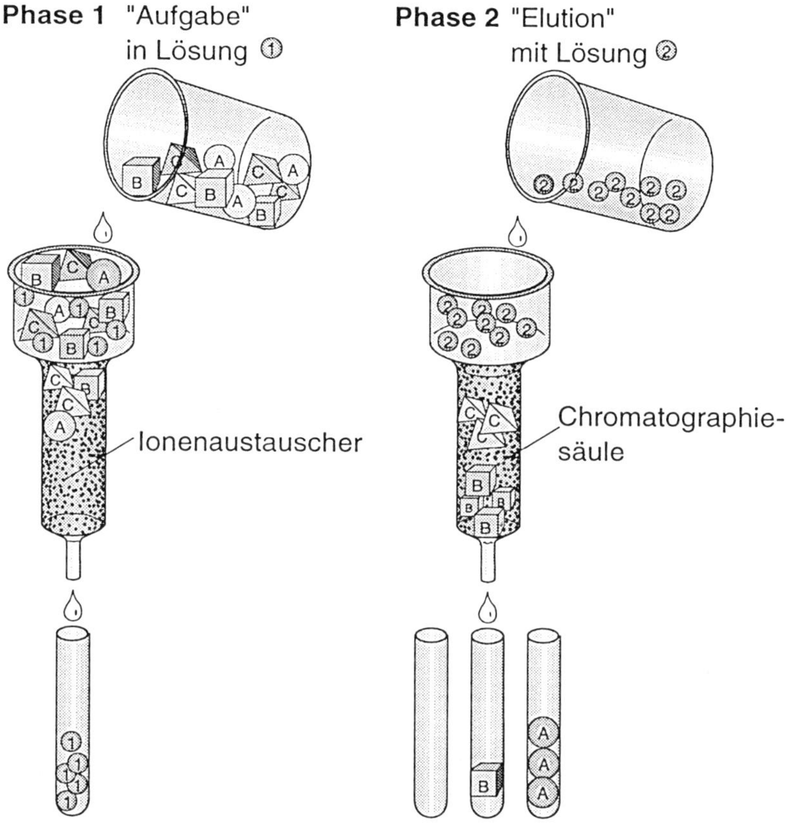

Bild 5.1 Prinzip einer chromatographischen Trennung der Komponenten A, B und C, die zum Beispiel drei Elemente der Actinoiden sein können. Phase 1: Aufgabe auf die chromatographische Säule (Rohr) aus einer meist sauren, wäßrigen Lösung und dabei Adsorption an einem Ionenaustauschermaterial. Phase 2: Änderung des Elutionsmittels und dabei unterschiedlich schnelles Herunterwaschen der drei Komponenten vom Ionenaustauscher. Während Komponente A die Säule schon passiert hat und im Reagenzglas gesammelt ist, wird B gerade eluiert; C wird noch im oberen Teil der Säule zurückgehalten. Die Zeit von Elutionsbeginn bis zum Erscheinen einer Komponente, genauer deren Maximum, wird als Retentionszeit bezeichnet, das zugehörige Volumen als Retentionsvolumen. Beides sind für eine bestimmte Substanz ganz charakteristische Größen.

von acht Mikrogramm $^{242}_{96}\mathrm{Cm}$ (etwa ein tausendstel der vom Americium verfügbaren Menge), die immerhin auch eine Eigenaktivität von etwa 100 Millionen α-Zerfällen pro Sekunde darstellen, und nach anschließender chromatographischer Auftrennung der Actinoiden konnte knapp vor dem theoretischen Elutionspeak des Elements 97 eine Fraktion isoliert werden, die eine α-Aktivität von etwa 80 α's pro Minute hatte. Die α-Energie von 7,1 MeV war deutlich höher als die bei den bisher bekannten, leichteren Nachbarkernen. Die Elutionsposition, zusammen mit der hohen α-Energie, waren ein überzeugender Beweis für die Synthese des neuen Elements 98, von dem im ersten Experiment etwa 5000 Atome gebildet worden waren. Heute wissen wir, daß in diesem Experiment das Isotop $^{245}98$ beobachtet worden war, das mit einer Halbwertszeit von 44 Minuten zerfällt.

Da die Namen Berkelium und Californium schon einige Jahre vorher als mögliche Kandidaten für das Element 96 diskutiert worden waren, lagen sie sozusagen in der Luft. Thompson, Ghiorso und Seaborg wählten dann den Namen Berkelium (Symbol Bk) für das Element 97. Hier wurde auch gleichzeitig wieder die Analogie zu den Lanthanoiden gewahrt. Das entsprechende Element dort ist das Terbium (Tb), dessen Name (wie auch die Namen der Elemente Yttrium (Y), Ytterbium (Yb) und Erbium (Er)), von der schwedischen Stadt Ytterby abgeleitet ist, in der Mineralien der Seltenen Erden (Lanthanoide) zuerst gefunden worden waren.

Nach der Universität (*University of California Berkeley*) und dem Staat, in dem die Arbeit durchgeführt worden war, wurde das Element 98 Californium (Symbol Cf) genannt. Damit wurde die Analogie zu den Lanthanoiden in der Namensgebung der Elemente beendet, denn es ist nur noch unter extremen Umwegen möglich, eine Verbindung zu dem Namen des leichteren homologen Elements Dysprosium zu finden. Dieser Name stellt eine Ableitung aus dem griechischen dar, die so viel wie „schwierig zugänglich" bedeutet. Sinngemäß trifft dies natürlich auch auf Californium zu.

Kapitel 6
Einsteinium und Fermium – Die Elemente aus der Bombe

Buchstäblich wie Phönix aus der Asche tauchten plötzlich und völlig unerwartet die beiden Elemente 99 und 100 auf. Sie wurden von ihren Entdeckern Einsteinium und Fermium genannt. Damit sollten der große Wissenschaftler Albert Einstein und der „Vater des Atomzeitalters“ Enrico Fermi geehrt werden. Während bisher andere Bezüge zur Namensgebung herangezogen worden waren, begann mit diesen beiden Namen die Ehrung einer Reihe von Wissenschaftlern der Gegenwart. Dies ist auch jetzt noch immer nicht unumstritten, wie beispielsweise die noch heute andauernde Namensdiskussion zeigt, die sich am Element 104 ganz besonders stark entzündet hat.

Nun zurück in die Zeit nach 1950. Während die Planung und Vorbereitung für die Synthese der Elemente 97 und 98 etwa vier Jahre gedauert hatten, bis Berkelium und Califorium endlich entdeckt werden konnten, war die Entdeckung der Elemente 99 und 100 eine unerwartete Überraschung. Es war die Zeit auf dem Höhepunkt des (eis-)Kalten Krieges zwischen den Supermächten der westlichen und östlichen Hemisphäre, den USA und der Sowjetunion mit ihren jeweiligen Verbündeten.

Die Sowjetunion hatte am 29. August 1949 ihre erste Atombombe gezündet, was in den USA einen Schock hervorrief. Zusätzlich stürzte am 25. Juni 1950 der Beginn des Korea-Krieges die Welt in den Schrecken eines möglichen neuen Weltkrieges. In dieser Zeit initiierten besonders Edward Teller, Luis W. Alvarez und Ernest O. Lawrence in den USA ein Entwicklungsprogramm für eine thermonukleare Fusionsbombe, die Wasserstoffbombe. Im Mai 1951 konnte die erste explosionsartige Verschmelzung von Tritium (^{3}H) mit Deuterium (^{2}H) auf dem Eniwetok-Atoll im Pazifik getestet werden, und am 1. November

1952 kam dann in dem Test *Mike* die erste große, damals noch ortsfeste, Anordnung aus flüssigem Wasserstoff zur Explosion. Die unvorstellbar große Energiemenge der drei Megatonnen Sprengkraft dieser noch 60 Tonnen schweren „Bombe“ in der Größe einer kleineren Fabrikhalle riß die kleine Insel Elugaleb im Eniwetok-Atoll vollständig aus dem Pazifik. Während Teile des pulverisierten Korallenmaterials in große Höhen der Atmosphäre hinaufgerissen und weit weg transportiert wurden, regnete ein anderer Teil auf die Nachbarinseln herab.

Die ersten Proben, die zur Auswertung der Testexplosion dienten, waren Staubproben, die von Flugzeugen auf Luftfiltern gesammelt worden waren. Die Auswertung erfolgte danach mit neuentwickelten massenspektrometrischen und chemischen Analysen am *Argonne National Laboratory* bei Chicago und am *Los Alamos Scientific Laboratory* auf einem Tafelberg bei Santa Fe.

Glenn T. Seaborg in Berkeley und durch ihn Albert Ghiorso, die beide nicht an diesem Programm beteiligt waren, wurden durch ein Telegramm aufmerksam, das von Los Alamos an die U.S. Atomic Energy Commission in Washington geschickt worden war und von der dortigen Abteilung für Geheimhaltung (Office of Classification) an ausgewählte Stellen weiterverbreitet wurde. In dem Telegramm wurde die Notwendigkeit der Geheimhaltung aller Untersuchungsergebnisse bezüglich der schwersten Elemente aus der *Mike*-Explosion betont. Es wurde dabei auch auf ein neues Isotop des Plutoniums und den großen Neutronenfluß der Explosion hingewiesen. Von den Kollegen aus Argonne kam die Nachricht, daß neue, sehr neutronenreiche Plutoniumkerne in überraschend großen relativen Anteilen in der „Asche“ nachweisbar seien.

Eine Abschätzung von Ghiorso und Seaborg über die möglicherweise gebildete absolute Menge von $^{244}\mathrm{Pu}$ und eine weitere mutige Extrapolation der Ausbeuten bis zur Masse 254 ergab, daß hiervon vielleicht noch etwa ein Millionstel (10^{-6}) im Vergleich zur Masse 244 gebildet worden sei. Da man hoffte, daß ein derart neutronenreicher Kern durch β^--Zerfall bis zu Elementen jenseits des Californiums zerfallen könnte, wurde in Filtern nach einer neuen α-Aktivität gesucht. Dazu überredete man die Kollegen im gerade neu aufgebauten *Lawrence Livermore National Laboratory*, die sozusagen als Nachbarn nur 50 Meilen ent-

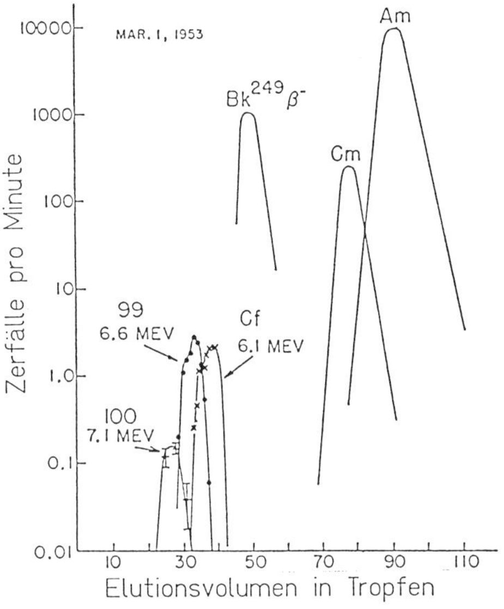

Bild 6.1 Chromatogramm der Trennung, die zur Entdeckung des Elements Fermium ($Z = 100$) geführt hat. Aufgetragen ist die α-Zählrate pro Fraktion gegen das eluierte Volumen. Die in den Tropfen etwa 25 bis 30 beobachteten α-Zerfälle mit 7,1 MeV Energie sind dem Element 100 zuzuordnen (Nach: A. Ghiorso et al., Phys. Rev. 99 (1955) 1048).

fernt arbeiteten und zu denen man gute persönliche Kontakte aus alten Berkeley-Zeiten hatte, einen halben Filter zur Untersuchung herauszugeben. Im α-Spektrum, das von diesem Filter aufgenommen wurde, wies eine Linie bei 6,6 MeV, die mit einer Halbwertszeit von etwa 20 Tagen zerfiel, auf ein neues Element hin.

Durch die Mitarbeit von S.G. Thompson und G.H. Higgins gelang am 20. Dezember 1952 in Berkeley eine chemische Auftrennung der einzelnen Actinoiden auf einer Kationenaustauschersäule mit Zitronensäure als Komplexbildner. Das Element mit der 6,6-MeV-α-Linie wurde noch vor dem Californium eluiert, in der erwarteten Position für Element 99.

In der Zwischenzeit hatte die Gruppe in Los Alamos neben der 6,6-MeV-α-Linie auch noch eine bei 7,1 MeV entdeckt. Dem Ursprung dieser Linie begann die Gruppe in Berkeley jetzt nachzuspüren. Der Erfolg stellt sich Mitte Januar 1953 ein. Wieder konnte in einer chromatographischen Trennung eine Fraktion (kleiner Volumenteil eines Chromatogramms) isoliert werden, in der die α-Linie bei 7,1 MeV wiedergefunden wurde. Die Elutionsposition lag eindeutig vor der des gerade erst drei Wochen vorher isolierten Elements 99 und war damit dem Element 100 zuzuordnen. Die Elutionskurven der beiden neuen Elemente 99 und 100, wie sie in dem Entdeckungsexperiment des Elements 100 erhalten wurden, sind in Bild 6.1 zusammen mit Verteilungen leichterer Actinoiden gezeigt. Es waren die Nuklide $^{253}99$ und $^{255}100$, deren Zerfall in diesen Experimenten gemessen wurde. Das 20-Stunden $^{255}\mathrm{Fm}$ war nur daher noch zu beobachten, da es erst im β-Zerfall seines Vorläufers mit 38-Tagen Halbwertszeit gebildet wurde. Für die darauffolgenden intensiven Untersuchungen der neuen Elemente wurde das Fall-out-Material, das auf den Nachbarinseln mit Bulldozern zusammengeschoben wurde, im Tonnenmaßstab chemisch aufgearbeitet.

Einer der ersten Namensvorschläge für das neue Element 99 war Phoenicium. Dies sollte an den Vogel Phönix erinneren, der nach einem alten ägyptischen Mythos 500 Jahre in der arabischen Wüste lebt, verbrennt und aus der Asche neu geboren wird. Dieser Vorschlag der Argonne-Gruppe hat sich dann aber nicht durchgesetzt. Nach der Diskussion von mehr als einem Dutzend Namen für die neuen Elemente entschloß man sich für die Vorschläge, denen Albert Ghiorso besonders zugeneigt war, Einsteinium und Fermium.

Die Entdeckung der Elemente 99 und 100 konnte erst 1955 in einer gemeinsamen Arbeit der Gruppen aus dem *Radiation Laboratory* in Berkeley, dem *Argonne National Laboratory* und dem *Los Alamos Scientific Laboratory* publiziert werden. Die Geheimhaltung der Ergebnisse aus den Überresten der *Mike*-Explosion machte es notwendig, die Elemente 99 und 100 zuerst einmal in Reaktoren durch langsamen Neutroneneinfang zu erbrüten. Dies konnte als nicht geheimes Material sofort veröffentlicht werden.

Der Grund für die Geheimhaltung war der, daß niemand in der Lage sein sollte, aus den Ergebnissen Rückschlüsse auf den Neutronenfluß und damit die Effizienz der Explosion zu ziehen. Die in derartigen thermonuklearen Explosionen beobachteten Neutronendosen, das sind die zeitlich

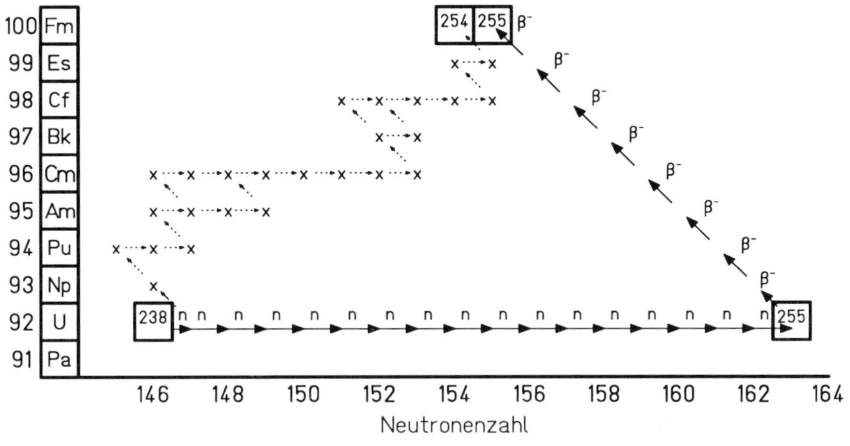

Bild 6.2 Bildung neutronenreicher Isotope im Neutronenfluß einer thermonuklearen Explosion und die Entstehung neuer, schwerer Elemente im nachfolgenden β^--Zerfall dieser Nuklide (durchgezogene Linien). Das hier als Ausgangsmaterial angenommene ^{238}U ist in der Regel im Mantel einer Bombe enthalten. Das Beispiel zeigt 17 Neutroneneinfänge zum ^{255}U, das dann in einer Serie von acht β-Zerfällen in ^{255}Fm übergeht. Zum Vergleich ist (gestrichelt) der Weg zur Synthese von ^{254}Fm durch den Wechsel von Neutroneneinfang und β^--Zerfall in einem Reaktor mit angegeben.

integrierten Flüsse, können so hoch sein, daß sie in ihren Größenordnungen etwa denen einer Supernova entsprechen (in der *Hutch* genannten Explosion im Juli 1969 wurden etwa $4{,}5 \cdot 10^{25}$ Neutronen pro Quadratzentimeter freigesetzt). Bild 6.2 zeigt beispielhaft die Bildung von ^{255}Fm durch schnellen Einfang von 17 Neutronen in einen ^{238}U-Kern und nachfolgender Kette von β-Zerfällen. Da die Zeiten des intensiven Neutronenflusses in den Explosionen mit nur Bruchteilen eines Millionstels einer Sekunde äußerst kurz sind, kann ein ^{238}U-Kern aus dem Mantelmaterial der Bombe bis zu 19 Neutronen einfangen. Dort ist das Ende erreicht, da einerseits die Halbwertszeiten für den β^--Zerfall immer kürzer werden – die Kerne leben dann nicht lang genug, um noch ein weiteres Neutron einfangen zu können – und andererseits die einsetzende Spaltung nach β-Zerfall diesem Einfangprozeß ein Ende setzt. Das so erzeugte $^{257}_{92}$U wird in acht aufeinanderfolgenden β^--Zerfällen $^{257}_{100}$Fm bilden. Da dieses im α-Zerfall wieder zu leichterem $^{253}_{98}$Cf zerfällt, ist an dieser Stelle der Weg zu noch schwereren Elementen beendet. Der schwerste Kern, der auf diese Weise bisher erzeugt wurde und vermutlich auch erzeugt werden kann, ist der mit der Masse 257. Somit ist das ^{257}Fm der schwerste durch Neutroneneinfang herstellbare Kern. Sollte dies auch für die Elementsynthese in Supernovae gelten, wofür einige Argumente sprechen, so wäre Fermium das schwerste Element, das in der Natur gebildet werden kann. Da bei geringerem Neutronenfluß die Bestrahlungszeiten in einer Supernova etwa im Bereich von Sekunden liegen und damit viel länger sind als in einer thermonuklearen Explosion, könnte es doch einen Weg zu noch schwereren Kernen geben. Dies ist einer der Gründe für die Suche nach solchen superschweren Elementen in der Natur.

In den heutigen Hochflußreaktoren, wie zum Beispiel dem *High Flux Isotope Reactor* (HFIR) in Oak Ridge, die Bestrahlungen mit einem Neutronenfluß von etwa $2 \cdot 10^{15}$ Neutronen pro Quadratzentimeter und Sekunde erlauben, können in jährlichen Bestrahlungszyklen Mikrogramm-Mengen von Einsteinium und Nanogramm-Mengen von Fermium hergestellt werden. Das dabei am häufigsten anfallende ^{253}Es wird von den Actinoidenchemikern intensiv zu chemischen Studien verwendet, wobei die kurze Halbwertszeit von nur 20 Tagen ein riesiges Problem darstellt. Nicht nur, daß das Einsteinium sehr schnell verschwunden ist, sondern auch die hohe Radioaktivität setzen den Experimenten Grenzen. Zusätzlich ist es nahezu unmöglich, vollständig reines Einsteinium zu präparieren, da einen Tag nach chemischer Trennung schon wieder drei Prozent Einsteinium in das Element 97, Berkelium, zerfallen sind. Das in Mengen von nur wenigen Mikrogramm gebildete Isotop ^{254}Es mit 276-Tagen Halbwertszeit ist eines der begehrtesten Targets für Kernreaktionen, um noch schwerere Elemente und davon die neutronenreichsten Isotope zu synthetisieren.

Kapitel 7
Mendelevium – Die Kunst, einzelne Atome nach ihrer Bildung an Beschleunigern nachzuweisen

Die Entdeckungsgeschichte des Elements 101, Mendelevium (Md), wird von seinen Entdeckern als eine der dramatischsten aller Elementsynthesen beschrieben. Hier kulminierten erstmals viele der Einschränkungen der Physik und besonders der experimentellen Technik, die in verstärktem Maße uns auch heute noch die Grenzen bei der Synthese neuer Elemente aufzeigen.

Mit der Untersuchung der Zerfallseigenschaften der Fermium-Isotope war klar geworden, daß es keine Möglichkeit gibt, die Elemente 101 und schwerer durch Neutronenbestrahlung herzustellen, da es keine bekannten Fermium-Isotope gibt, die durch β^--Zerfall in das nächst höhere Element zerfallen. Alle Zerfälle führen zu leichteren Elementen, entweder durch Elektroneneinfang zum Einsteinium, durch α-Zerfall zum Californium oder durch Spontanspaltung zu den viel leichteren Spaltprodukten.

Die einzige Möglichkeit, diese Begrenzung zu überwinden, ist, die schwereren Elemente durch Kernreaktionen mit beschleunigten Ionen zu erzeugen. Schon bei der Fusion tritt der erste Nachteil gegenüber dem Neutroneneinfang hervor, da durch Ionen induzierte Fusionreaktion mit viel kleinerer Wahrscheinlichkeit ablaufen. Ein weiterer Nachteil dieser Reaktionen mit den schnellen Ionen im Vergleich zu den langsamen Neutronen ist der, daß eine viel höhere Anregungsenergie in den gebildeten Kern hineintransportiert wird; nur noch ein ganz geringer Anteil überlebt die Phase der Abkühlung. Während der aufgeheizte Kern seine Energie durch das Verdampfen von einem oder einigen Neutronen abzugeben sucht, tritt die Spaltung des Kerns als dominante Konkurrenzreaktion auf. Die Bildungswahrscheinlichkeit eines Kerns, die üblicherweise als

Wirkungsquerschnitt bezeichnet wird, ist daher in Kernreaktionen mit geladenen Teilchen sehr, sehr viel geringer als beim Neutroneneinfang.

Ein weiterer Nachteil kommt dadurch ins Spiel, daß diese Ionenstrahlen bis heute nicht mit den Intensitäten verfügbar sind wie Neutronen, sondern nur bis zu etwa 10^{13} schwere Ionen pro Sekunde; das ist um den Faktor 500 weniger als der Neutronenfluß in den Hochflußreaktoren. Zusätzlich stellt sich bei den Schwerionenstrahlen immer das Problem ein, daß diese beim Durchschuß durch ein Target viel Energie verlieren und dabei das Target bis an die thermische Belastbarkeitsgrenze aufheizen. Damit ist die Grenze des maximal möglichen Ionenstroms erreicht.

Eine weitere, ganz prinzipielle Grenze, die durch die physikalischen Prozesse der Kernreaktionen mit geladenen Teilchen vorgegeben ist, begrenzt bei der Synthese eines bestimmten Nuklids der schwersten Elemente die Anzahl der sinnvoll einsetzbaren Targetatome auf 1 bis $3 \cdot 10^{18}$ Atome pro Quadratzentimeter Targetfläche. Durch die Abbremsung des Schwerionenstrahls bei der Passage durch das Target verliert dieser Energie und wird dadurch zu langsam für die angestrebte Kernreaktion. Auch eine höhere Anfangsenergie hilft hier nicht weiter, da bei zu hoher Projektilenergie andere, unerwünschte Nuklide produziert werden. Die an Beschleunigern einsetzbare Targetmenge entspricht damit weniger als eintausendstel Gramm Material pro Quadratzentimeter, während in Reaktoren auch noch Materialmengen bis in den Bereich von Kilogramm-Mengen bestrahlt werden können, da die Neutronen dabei nur unwesentlich in ihrem Geschwindigkeitsspektrum modifiziert werden. Allerdings reduziert der starke Neutroneneinfang in den äußeren Schichten bei einigen Materialen den Neutronenfluß im Innern voluminöser Targets recht deutlich.

Mit diesen Begrenzungen, die die heutigen Experimente so zeitaufwendig machen, hatten die Forscher in Berkeley 1953 und in den darauffolgenden Jahren noch nicht zu kämpfen. Es war im Gegenteil so, daß zuerst einmal das vorhandene Zyklotron so weit verbessert werden mußte, um ausreichend hohe Intensitäten in kleinen Strahlflecken zu liefern. Nach dem Umbau des 60-Inch-Zyklotrons war es 1955 Bernie Rossi und Albert Ghiorso gelungen, die Intensität des ^{4}He-Strahls von 10^{14} Teilchen pro Sekunde auf einen kleinen Fleck direkt hinter dem

Deflektor an der Strahlauslenkposition noch im Zyklotron zu konzentrieren. Da der Energieverlust von solch leichten Teilchen wie ^{4}He sehr viel geringer ist als der von schweren Ionen, und daher das Target auch weniger stark erhitzt wird, kann eine Targetfolie diese ^{4}He-Intensität noch verkraften.

Während der Umbauzeit am Zyklotron liefen gleichzeitig auf ganz anderen Gebieten ebenso entscheidende Vorbereitungen für ein Experiment zur Entdeckung von Element 101. Als es nämlich für Ghiorso klar geworden war, daß bis 1955 inzwischen 10^9 Atome, die winzige Menge von dem millionsten Teil von nur einem millionsten Teil eines Gramms (10^{-12} g), von $^{253}_{99}$Es in dem *Materials Testing Reactor* an der *National Reactor Testing Station* in Idaho erbrütet worden waren, war für ihn nach einer Überschlagsrechnung die Synthese des Elements 101 mit ein wenig Glück in erreichbare Nähe gerückt. Es sollte möglich sein, in jeweils einer zwei- bis dreistündigen Bestrahlung dieses ^{253}Es-Targets mit dem intensiven He-Strahl in Berkeley jeweils etwa **ein** Atom des Elements 101 zu synthetisieren. Wie bei allen Prozessen, die den Regeln der Statistik unterworfen sind, gilt dies natürlich nur für die Mittelwerte aus einer Vielzahl von Experimenten. Da die abgeschätzte Halbwertszeit eines Isotops des Elements 101 noch so lang war, daß die Chemiker glaubten, dies isolieren zu können, begannen die gezielten Experimentvorbereitungen.

Zwei neue Probleme taten sich auf. Dies war einmal die Chemie selbst und zum anderen das rare und mit einer Halbwertszeit von nur 20 Tagen recht kurzlebige Targetmaterial ^{253}Es. Bei allen vorausgegangenen Experimenten war das Target, teilweise mit dem umgebenden Fängermaterial, aufgearbeitet worden. Dies ging nun nicht mehr, da das Target innerhalb kürzester Zeit immer und immer wieder für Bestrahlungen verwendet werden sollte.

Da eine chemische Aufarbeitung des Targets nicht in Frage kam, führte der stets „Al“ genannte Albert Ghiorso hier erstmals die Rückstoßtechnik in die Forschung schwerster Elemente ein. Diese Technik, die heute noch Grundlage aller Experimente zu den schweren Elementen ist, nutzt die Tatsache aus, daß die produzierten Kerne im Augenblick ihrer Entstehung aus Impulserhaltungsgründen den Vorwärtsimpuls des

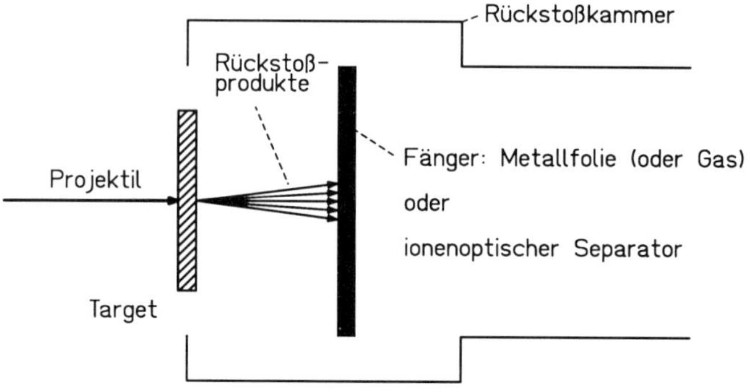

Bild 7.1 Prinzip der Rückstoßtechnik, bei der die gebildeten Produkte durch den Impulserhalt aus dem Target herausfliegen. Danach können sie entweder in einem ionenoptischen Separator aufgetrennt oder in einem Fängermaterial aufgefangen werden.

Projektils übernehmen. Wenn das Target dünn genug ist, fliegt der neu gebildete Kern aus dem Target heraus. Danach kann er entweder direkt mit entsprechenden ionenoptischen Separatoren aufgetrennt werden, die wir bei den schwersten Elementen noch kennenlernen werden, oder aber der Rückstoßkern wird in einem Gas oder Festkörper gestoppt. Bild 7.1 stellt dies schematisch dar. Als Fänger für das Element 101 wurden 2,5 Mikrometer dünne Goldfolien ausgewählt, die auch sehr gut geeignet sind, um eine schnelle chemische Trennung zu beginnnen.

Die chemische Trennung war ein Problem, das erst noch gelöst werden mußte, bevor die Suche beginnen konnte. Zu diesem Zeitpunkt hatte man zwar schon einige Erfahrungen mit flüssigkeits-chromatographischen Verfahren zur Auftrennung der chemisch so sehr ähnlichen Actinoiden gewonnen, aber diese waren alle noch nicht gut genug, um einzelne Atome des Elements 101 schnell und vollständig von den leichteren Elementen abzutrennen. Zusätzlich gab es noch die Forderung, daß das einzelne Atom des neu gebildeten Elements in der Trennung nicht verloren gehen darf, und daß sein Erscheinungsort in der chromatographischen Trennung, die sogenannte Elutionsposition, genau vorhersagbar sein soll.

Dieses Problem löste Gregory R. Choppin, der als junger Wissenschaftler gerade nach Berkeley gekommen war, mit der Verwendung einer organischen Säure zur selektiven Komplexierung der Actinoiden. Die von Choppin aus einer Vielzahl von denkbaren Verbindungen ausgewählte α-Hydroxyisobuttersäure ist auch heute noch das Standardreagenz zur Trennung der schweren Actinoiden. Zusammen mit Bernard G. Harvey und Stanley G. Thompson konnte Choppin die flüssigkeits-chromatographische Trenntechnik so weit verfeinern, daß es ihnen möglich war, die Elutionsposition des Elements 101 auf den Tropfen genau vorherzusagen. Dazu benutzten sie eine Säule, die mit dem Kationenaustauscher Dowex 50 gefüllt war, und trennten die schweren Actinoiden durch Elution mit dem neuen Reagenz auf.

Nachdem unter großen Problemen eine dünne Schicht Targetmaterial ^{253}Es auf eine Gold-Trägerfolie, das sogenannte *backing*, durch elektrolytische Abscheidung aufgebracht worden war, konnte das Experiment beginnen. Die erste Arbeitshypothese war, daß die Isotope des neuen Elements recht kurzlebig sein könnten. Daher wurde nur kurz bestrahlt und dann in Windeseile gearbeitet. Die Entäuschung wurde immer größer, als nach vielen Experimenten noch immer kein Erfolg sichtbar war, obwohl es nur fünf Minuten dauerte, bis nach Bestrahlungsende gemessen werden konnte. Diese kurze Zeit wurde dadurch erreicht, daß zuerst einmal eine stark abgekürzte chemische Trennung eingesetzt wurde. Nach einer Reihe erfolgloser und enttäuschender Experimente wurde es notwendig, etwas zu ändern, und so beschloß man, einmal eine längere Bestrahlung über Nacht laufen zu lassen, um eine größere Empfindlichkeit für längerlebige Nuklide zu bekommen. Eine ganze Weile, nachdem man die daraus präparierte Probe unter den Zähler gelegt hatte, wurde plötzlich ein besonders hochenergetisches Ereignis registriert, das etwa 10 bis 20 mal so energiereich war wie die bisher beobachteten α-Teilchen im Zerfall der Actinoidenkerne. Sofort war klar, daß es sich dabei um den Nachweis eines Fragments einer Spontanspaltung gehandelt haben mußte.

Ghiorso vermutete, daß ein Isotop des Elements 101 gebildet wurde, das durch Elektroneneinfang in Fermium zerfällt; dessen Spontanspaltung mit einer Halbwertszeit im Bereich von Stunden wurde beobachtet.

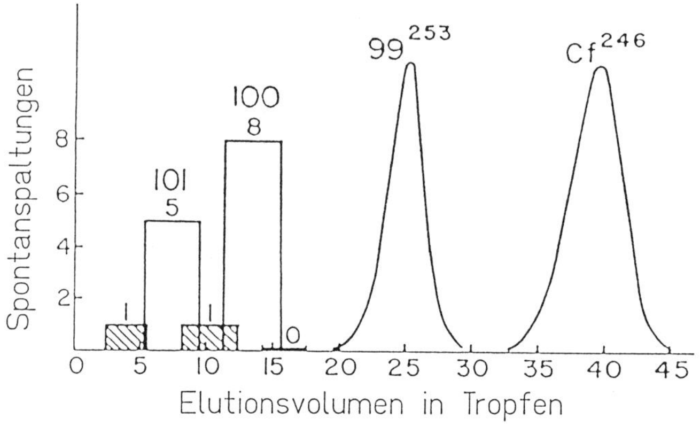

Bild 7.2 Elutionsposition einzelner Atome des Mendeleviums ($Z = 101$) von einer Kationenaustauschersäule mit α-Hydroxyisobuttersäure. Aufgetragen ist die SF-Aktivität gegen das Elutionsvolumen. Das Chromatogramm vereint die Ergebnisse von drei Experimenten, in denen jeweils aus einzelnen Tropfen Präparate zur SF-Messung hergestellt wurden. Vom Element 101 wurden 7 SF (1+5+1) und vom Fermium 8 SF beobachtet. ^{253}Es und ^{246}Cf wurden als Referenzmaterialien zur Kontrolle der Trennung mit zugegeben (Nach: A. Ghiorso et al., Phys. Rev. 98 (1955) 1518).

Mit dieser Hypothese machte sich die Gruppe am 18. Februar 1955 in einer nächtlichen Bestrahlungsserie von jeweils drei Stunden daran, das neue Element zu identifizieren.

Da es immer noch möglich war, daß nur der Tochterkern eine Halbwertszeit von Stunden besitzt, die Mutter aber deutlich kurzlebiger ist, war immer noch große Eile bei der Aufarbeitung des Goldfängers notwendig. Sofort nach Bestrahlungsende des ^{253}Es-Targets mit dem intensiven ^{4}He-Strahl öffneten Harvey und Ghiorso die mit Wasser gefüllte Abschirmtür des Bestrahlungsraumes. Harvey nahm die Goldfolie, steckte sie schnell in ein Reagenzglas und rannte zu Choppin, der das Gold in einem kleinen Labor schnell mit einer Mischung aus Salzsäure und Salpetersäure löste. Außerhalb des Gebäudes wartete Al Ghiorso. Mit seinem frisierten VW Käfer raste er die fast zwei Kilometer vom Zyklotron an der Universität den Berg hinauf zum *Radiation Laboratory*. Dort wartete Stan Thompson. Am Ende der chemischen Trennung wurden dort im Chromatogramm, wo das Element 101 erwartet wurde, einzelne Tropfen am Auslauf der Trennsäule gesammelt. Die Tropfen wurden, jeder auf einem Platinscheibchen, so weit eingedampft, bis der Präparateträger trocken war. Dann wurde jede Probe von Al Ghiorso unter einen Detektor gelegt und gemessen. Im ersten Experiment mußten alle ganz gespannt warten, bis endlich nach mehr als einer Stunde das erste deutliche Signal registriert wurde; es war wieder eine Spontanspaltung. Nach acht Experimenten hatten Al Ghiorso, Bernie Harvey, Greg Choppin und Stan Thompson 17 Atome des neuen Elements 101 isoliert und nachgewiesen. Erstmals war eine Chemie mit nur einzelnen Atomen durchgeführt worden. Das Ergebnis dieser ersten chromatographischen Trennungen des Elements 101 ist in Bild 7.2 dargestellt. Wie schon nach der Beobachtung der ersten Spontanspaltung von Ghiorso richtig angenommen worden war, handelt es sich um folgende Kernreaktion:

$$^{253}_{99}\mathrm{Es} + ^{4}_{2}\mathrm{He} \longrightarrow ^{256}_{101}\mathrm{Md} + ^{1}_{0}\mathrm{n}.$$

Das gebildete $^{256}\mathrm{Md}$ zerfällt mit einer Halbwertszeit von 76 Minuten durch Elektroneneinfang in das $^{256}\mathrm{Fm}$, das mit 2,6 Stunden Halbwertszeit durch Spontanspaltung zerfällt. Dieser für die Entdeckung des Elements 101 so wichtige Kern stellt in den darauffolgenden Experimenten (und bis heute) ein ernstes Problem dar, denn er wird nahezu immer als ein unerwünschtes Nebenprodukt gebildet, das einen störenden Untergrund bei Messungen der Spontanspaltung darstellt.

Die Experimentatoren veröffentlichten ihre Entdeckung zusammen mit Glenn Seaborg und schlugen für das Element 101 den Namen Mendelevium vor. In ihrer Arbeit schreiben sie, daß dies in Würdigung der Pionierrolle des großen russischen Chemikers, Dimitrij Iwanowitsch Mendelejew, geschehe, der der erste war, der das Periodensystem der Elemente benutzt hatte, um die chemischen Eigenschaften von damals noch nicht entdeckten Elementen vorherzusagen; ein Prinzip, das der Schlüssel zur Entdeckung der letzten sieben Elemente der Transurane war. Der Name Mendelevium ist heute allgemein akzeptiert, wobei allerdings das chemische Symbol Md von der *International Union of Pure and Applied Chemistry* (IUPAC) empfohlen wird und nicht das ursprünglich vorgeschlagene Mv.

In den letzten Jahren hat besonders ^{260}Md, das neutronenreichste bisher bekannte Isotop des Mendeleviums, große Bedeutung bei der Untersuchung und dem Verständnis der Spontanspaltung erlangt. Eine Gruppe von Kernchemikern um Kenneth Hulet vom *Lawrence Livermore National Laboratory* hat mit den Untersuchungen am ^{260}Md die sogenannte bimodale Spaltung entdeckt. Es handelt sich dabei um zwei, voneinander getrennte Wege, auf denen Kerne wie ^{260}Md und einige Nachbarkerne sich von ihrer Grundzustandsform bis zu den voneinander getrennten Spaltfragmenten entwickeln können.

Da gibt es einmal den wohl bekannten Weg, der zum Beispiel bei der Spontanspaltung von ^{252}Cf intensiv untersucht wurde und der für alle spontan spaltenden Kerne zwischen Uran und Fermium anzutreffen ist. Hierbei deformiert sich der spaltende Kern und geht aus seinem nahezu kugelförmigen Grundzustand in eine mehr längliche Form über. Danach beginnt er sich einzuschnüren, wobei zwei tröpfchenförmige Gebilde entstehen, die dann, getrieben durch die gegenseitige Coulombabstoßung, als die beiden Spaltfragmente voneinander wegfliegen. Im Gebiet zwischen Uran und Fermium entstehen dabei in der Regel zwei verschieden große Fragmente, aus dem ^{252}Cf zum Beispiel ein Molybdänkern der Masse 106 mit 42 Protonen und ein Bariumkern der Masse 146 mit 56 Protonen. Wir nennen dies asymmetrische Spaltung.

Bei diesem Spaltweg, der mit einer starken Deformation des Ausgangskernes verbunden ist, haben sich die Schwerpunkte der entstehenden Spaltfragmente zum Zeitpunkt des Zerreißens schon relativ weit voneinander entfernt. Das Ergebnis sind kinetische Energien der Spaltfragmente, die deutlich unter den maximal möglichen Werten liegen, die man sich für die Coulombabstoßung zweier geladener Kugeln im Kontakt ausrechnen kann. Dieser „normale“ Weg der Spaltung ist auch bei den noch schwereren Kernen bekannt, die dann allerdings etwa ab Mendelevium und ab der Masse 260 nicht mehr asymmetrische, sondern symmetrische Spaltung zeigen. Dies bedeutet, daß zwei fast gleich große Fragmente wieder mit sehr ausgeprägten Deformationen zum Zeitpunkt des Zerreißens gebildet werden.

Ein zweiter Weg der Spaltung ist bei Nukliden um das ^{260}Md herum zu beobachten, bei denen der Atomkern eines Nuklids mehrere verschiedene Wege der Deformation bis hin zur Bildung der Spaltfragmente durchlaufen kann. Dieser Prozeß wird bimodale Spaltung genannt. Auf einem der dabei möglichen Wege fliegen die beiden Spaltfragmente fast mit den nach dem Coulombgesetz maximal möglichen kinetischen Energien voneinander weg. Dies ist nur möglich, wenn sich der spaltende Kern nicht erst stark deformiert, sondern sich gleich aus seiner nahezu kugelförmigen Gestalt, die er im Grundzustand besitzt, in zwei etwa gleich große Teile einschnürt. Die dabei entstehenden Spaltfragmente nehmen dann eine Konfiguration ein, die der von zwei Kugeln im Kontakt nahe kommt.

Die theoretischen Bemühungen von P. Möller und J.R. Nix in Los Alamos und von S. Cwiok, A. Sobiczewski und Mitarbeitern in Warschau, diese beiden in der bimodalen Spaltung nebeneinander beobachtbaren Prozesse in ihrer jeweiligen Stärke quantitativ zu verstehen, haben viel zu einer besseren Beschreibung der Spontanspaltung beigetragen. Die Kernstruktureigenschaften der sich formenden Fragmente, und dabei ganz besonders der Einfluß energetisch bevorzugter Schalenabschlüsse bei der Aufteilung der Nukleonen auf die beiden sich herausbildenden Fragmente, haben entscheidende Bedeutung dafür, welcher der beiden Spaltpfade bevorzugt wird und welche Fragmente mit welcher Wahrscheinlichkeit gebildet werden. Das verbesserte theoretische Verständnis der Spalteigenschaften der Kerne stellt heute eine Basis für neue Experimente zur Synthese noch schwererer Elemente dar, die zum Ende des Jahres 1994 mit der Entdeckung der Elemente 110 und 111 einen neuen Höhepunkt erlebt hat.

Kapitel 8
Beschleuniger – Die Arbeitspferde zur Synthese der schwersten Elemente

Wie wir in der Entdeckungsgeschichte der Transurane bis zum Fermium ($Z = 100$) gesehen haben, spielte das 60-Inch-Zyklotron von E.O. Lawrence in Berkeley meist eine entscheidende Rolle. Die Elemente jenseits von Element 100 können schließlich nur noch durch Kernreaktionen an Beschleunigern hergestellt werden. Die dabei benötigten Ionenstrahlen müssen von Element zu Element immer schwerer werden, da es eine Grenze bei der Bereitstellung von Targets der Actinoiden gibt, die nicht zu überwinden ist. Daher ist nicht verwunderlich, daß es gerade in den fünfziger und sechziger Jahren, dem goldenen Zeitalter der Synthese so vieler neuer Elemente, eine intensive Wechselwirkung zwischen Beschleunigerentwicklung und Experimenten gab. Einerseits trifft zu, daß die schwersten Elemente nur entdeckt werden konnten, weil sich die Beschleunigertechnik weiter entwickelt hatte. Andereseits wuchs mit deren kontinuierlichen Verbesserungen und den Möglichkeiten, immer schwerere Ionen auf die für Kernreaktionen notwendigen Energien zu beschleunigen, auch das Interesse an der Kernphysik und Kernchemie mit Schwerionen ganz generell. Damit begann sich die experimentelle und theoretische Basis des Verständnisses von Kernreaktionen, die zu den schwersten Elementen führen, zu entwickeln. Wir wollen kurz einige Aspekte der Beschleunigerentwicklung Revue passieren lassen, die in der Zeit nach Inbetriebnahme des 60-Inch-Zyklotrons von Bedeutung waren.

Wesentlich für die Entwicklung dieses neuen Gebiets war eine Arbeit von Gregory Breit im Jahre 1952 über die Möglichkeiten einer Kernphysik mit schweren Ionen, in welcher auch auf die Vorteile der Schwerionenstrahlen bei der Synthese von Transuranen hingewiesen wird. Breit schreibt (G. Breit et al., Phys. Rev. 87 (1952) 74): „Die Möglichkeit, sich aufwärts in bis jetzt unerforschte Regionen des Periodensystems zu bewegen, scheint erwähnenswert. Forschung in dieser Richtung könnte zur Entdeckung neuer spaltender Transuranelemente führen. Sie sollte weitere Informationen über die Rolle stabiler Schalen und zusätzlich Tests des Tröpfchenmodells zur Kernstruktur liefern" (Übersetzung der Verfasser aus dem Originaltext). Die Arbeit schließt mit dem Vorschlag eines Schwerionenzyklotrons ab.

Aus historischer Sicht lag der Beginn des Schwerionenzyklotrons wohl im Jahre 1940. Damals füllten Alvarez und Tobias noch einen Vorläufer des 60-Inch-Zyklotrons, das 37-Inch-Zyklotron in Berkeley, mit Methangas (CH_4) und konnten so erstmals Kohlenstoff-Ionen auf 50 MeV beschleunigen. Es waren nur 500 Teilchen pro Minute. Obwohl der Strahl sich weder von seiner Energie noch von der Intensität her für Kernreaktionen eignete, war dies ein bahnbrechendes Experiment für die Schwerionenphysik.

Während die Entwicklung von Schwerionenbeschleunigern in den USA große Fortschritte machte und Zyklotrons, später auch die neue Generation der Linearbeschleuniger, erfolgreich zur Synthese von Transuranen eingesetzt wurden, war die Entwicklung in Europa durch den Zweiten Weltkrieg und seine Nachwirkungen von Schwierigkeiten gekennzeichnet. Bereits 1933 hatten Igor Wassiljewitsch Kurtschatow (in englischer Schreibweise: Kurchatov) und Abram Issaakowitsch Alichanow die Bedeutung der Zyklotronbeschleuniger erkannt. Die sowjetische Elektroindustrie war jedoch technisch überfordert, einen Zyklotronmagneten ausreichender Eisenqualität herzustellen. Das erste Zyklotron auf europäischem Boden wurde 1936 im Leningrader Radium-Institut fertiggestellt, konnte dann aber wegen technischer Probleme keine Ionen beschleunigen. Das erste sowjetische Zyklotron arbeitete 1944 in Moskau, und dort lieferte auch ab 1955 das 150-cm-Zyklotron des Instituts für Atomenergie Schwerionenstrahlen von Kohlenstoff, Stickstoff und Sauerstoff mit Energien und Intensitäten, die für Experimente zu den schwersten Elementen ausreichten. Ebenfalls im Jahr 1944 wurde von Walther Bothe das erste deutsche Zyklotron in Heidelberg in Betrieb genommen. In Dänemark hatte Niels Bohr ein Zyklotron aufbauen lassen, und ab 1956 arbeitete in Stockholm ein großes Zyklotron, auf das wir in Verbindung mit dem Element 102 zurückkommen werden.

Die in der Elementsynthese erfolgreichen Zyklotrons in Dubna bei Moskau gingen erst 1961 in Betrieb. Hier war es das U-300 genannte 310-cm-Zyklotron des Labors für Kernreaktionen am *Joint Institut for Nuclear Research* (JINR), das Schwerionenstrahlen zur Elementsynthese lieferte. Das Hauptproblem der Zyklotrons als Kreisbeschleuniger ist die Beschleunigung von Ionen schwerer Massen auf Energien, die für Kernreaktionen interessant sind, denn die notwendige Größe der Zyklotrons nimmt mit der Masse der zu beschleunigenden Ionen und mit der erreichbaren Maximalenergie schnell zu. Die Maximalenergie $T_{\max}$ eines Zyklotrons für ein Q-fach geladenes Ion der Masse m ist durch die Stärke des magnetischen Führungsfeldes B und den Polschuhradius R gegeben:

$$T_{\max} = \frac{(QeBR)^2}{2m}$$

Da die Größe des Magnetfeldes technisch auf einen Maximalwert von 1,6 bis 2 Tesla begrenzt ist, wird die Endenergie eines Zyklotrons durch seinen Polschuhdurchmesser bestimmt. Deswegen gibt man bei diesen Beschleunigern den Polschuhdurchmesser als charakteristische Größe an.

Wegen dieser Problematik schlug man in den USA einen anderen Weg ein. Auf Initiative von Breit begann im Jahre 1953 eine Arbeitsgruppe, bestehend aus Breit, Seaborg und besonders Seaborgs Mitarbeiter Ghiorso, der neben seinen nuklearen und nuklearelektronischen Kenntnissen eine Ausbildung als Ingenieur hatte, mit Entwurfsstudien für einen Schwerionenbeschleuniger. Das Ziel war, Ionen möglichst schwerer Elemente auf Energien bis über die Coulombbarriere zu beschleunigen. Wegen der oben beschriebenen Probleme der Zyklotronbeschleuniger entschied man sich für einen Linearbeschleuniger. Nach den ausgearbeiteten Konzepten wurden zwei identische Beschleuniger gebaut, der eine in Yale und der andere, der *Heavy Ion Linear Accelerator* (HILAC), in Berkeley. Der HILAC ging 1957 in Betrieb und wurde, den Interessen der Kernchemiker um den Nobelpreisträger Glenn T. Seaborg (1951 zusammen mit Edwin M. McMillan) entsprechend, hauptsächlich für kernchemische Experimente genutzt. Er bestand aus zwei Stufen. Zwischen beiden befand sich ein Stripper zur Erhöhung der Ionenladung, um in der zweiten Stufe eine effektivere Beschleunigung zu erreichen. Er sollte einer der erfolgreichsten Schwerionenbeschleuniger für die Synthese neuer Elemente werden.

Hand in Hand mit der Beschleunigerentwicklung machte die Schwerionenphysik große Fortschritte. Die ersten Konferenzen über dieses neue Gebiet fanden 1958 und 1960 in Gatlinburg statt, ohne Beteiligung aus Deutschland. Auf der ersten Konferenz gab es bereits einen sowjetischen Beitrag zu Erzeugung von Californium durch die Bestrahlung von Uran mit Kohlenstoff-Ionen. Glenn T. Seaborg beschrieb die Installation des neuen Schwerionen – Linearbeschleunigers in Berkeley, des HILAC. Mit ihm wurden dann ab 1957 die Synthesen der schwersten Elemente in Berkeley durchgeführt. Auf der zweiten Konferenz gab Albert Ghiorso einen Überblick über die Synthese neuer Elemente mit der neuen Maschine. Er berichtet über die Experimente zum Element 102 und verkündete erste, noch sehr vage Resultate über die Synthese von Element 103.

Die im Jahr 1960 arbeitenden Schwerionenbeschleuniger sind in einer Übersicht von Zucker dokumentiert. Alle Typen, Gleichspannungsbeschleuninger und die mit Hochfrequenz arbeitenden Maschinen, vom Zyklotron bis zum Linearbeschleuniger, sind vertreten. Es können bereits Ionen bis zum Neon mit genügend hohen Energien für Kernreaktionen erzeugt werden. Der noch nicht in der Tabelle enthaltene HILAC schafft es bis zum Argon. Zu dieser Zeit arbeiten die meisten Beschleuniger auf dem amerikanischen Kontinent. In Europa gibt es 1960 drei Labors mit Schwerionen-Zyklotons: das Physikotechnische Institut in Leningrad, das Institut für Atomenergie in Moskau und das Nobel-Institut in Stockholm.

Kasten 8.1: Linearbeschleuniger

Die Linearbeschleuniger in Berkeley und Yale arbeiteten nach einem von Luis A. Alvarez entwickelten Prinzip: Die mit einer Gleichspannung vorbeschleunigten Teilchen werden in einen evakuierten zylindrischen Hohlraumresonator injiziert. Dieser schwingt so, daß sich das elektrische Beschleunigungsfeld entlang der Zylinderachse ausbildet. Entlang dieser Achse sind im Inneren des Tanks eine Reihe von Hohlzylindern, die Driftröhren angeordnet, welche durch Spalte getrennt sind. Der Trick ist nun, daß die Ionen immer dann den Spalt zwischen den Driftröhren passieren, wenn die Hochfrequenzamplitude optimal ist, und daß sie innerhalb einer Driftröhre fliegen, wenn die Resonatorspannug die falsche Polarität hat. Die Teilchen „fühlen" somit nur die optimale Beschleunigungsspannung des mit 70 Megahertz, also im VHF-Bereich schwingenden Hohlraumresonators. Die Endenergie eines Linearbeschleunigers mit n Beschleunigerspalten ergibt sich aus der Summe der Spannungsamplituden an den Beschleunigerspalten, welche von den Ionen durchlaufen werden: $E = eQnU$. U ist die Beschleunigungsspannung an jedem einzelnen Beschleunigerspalt. Die maximale Energie eines Linearbeschleunigers ist durch die Anzahl der Beschleunigerspalte, also durch dessen Länge, begrenzt, falls Ionenladung und Beschleunigungsspannung technisch vorgegeben sind. Da die damals zur Verfügung stehenden Ionenquellen nur verhältnismäßig niedrig geladene Ionen lieferten, nur zwei-, drei- oder vierfach geladen, half man sich mit dem Trick des *Elektronen-Stripping*. Hierzu schickte man die vorbeschleunigten Ionen aus der ersten Beschleunigerstufe durch eine Gasstrecke oder eine dünne Folie. Dabei wurden etwa zehn weitere Elektronen abgestreift, und die Beschleunigung in den nachfolgenden Stufen war erheblich effizienter.

Die Teilchengeschwindigkeit entlang des Beschleunigers ist durch die Resonatorfrequenz und die Driftröhrenabmessungen vorgegeben. Die entlang des Beschleunigers zunehmende Teilchengeschwindigkeit erfordert eine Längenanpassung der Driftröhren, sie müssen Stück für Stück länger werden. Wegen des fixen Geschwindigkeitsprofils war damit auch die Endenergie des HILAC vorgegeben. Entsprechend charakterisiert man die Leistungsfähigkeit der Linearbeschleuniger als Energie pro Masseneinheit, also in MeV pro Nukleon. Das entspricht, wie man leicht sieht, dem Quadrat der Teilchengschwindigkeit. Kernreaktionen setzen für alle Schwerionen nahe bei 5 MeV pro Nukleon ein.

Kapitel 9
Nobelium – Das erste kontroverse Element

Für anderthalb Jahrzehnte und mit der eindrucksvollen Reihe von neun künstlichen Elementen, von Neptunium bis Mendelevium, waren die amerikanischen Wissenschaftler unumstrittene Matadore der schweren Elemente, wobei das herausragende Zentrum der Forschung in Berkeley lag und liegt. Mitte der fünfziger Jahre beginnt sich diese Situation zu verändern.

Das 150-cm-Zyklotron im Institut für Atomenergie (Kurchatov-Institut) in Moskau stellte 1955 schon intensive Schwerionenstrahlen der Elemente Kohlenstoff, Stickstoff und Sauerstoff für Experimente zur Synthese schwerster Elemente zur Verfügung. An diesem Institut begannen zu dieser Zeit auch Arbeiten, die in den Bau und ab 1962 Betrieb eines der erfolgreichsten Zyklotrons, des U-300 in Dubna, münden. Dort, 150 km nördlich von Moskau, begann sich unter der Leitung von Georgij Nikolaewitsch Flerov am *Laboratory of Nuclear Reactions* eine starke Konkurrenz zu Berkeley zu etablieren. Das Labor war und ist Teil des *Joint Institute for Nuclear Research* (JINR), das bis heute das zentrale nukleare Forschungszentrum für Schwerionenphysik in der Hemisphäre des ehemaligen Ostblocks ist.

Den Auftakt im Konzert der neuen Mitstreiter im Wettlauf um die Entdeckung noch schwererer Elemente lieferte aber 1957 ein Experiment, das am Zyklotron in Stockholm in einer Zusammenarbeit zwischen dem *Argonne National Laboratory* (USA) - *Atomic Energy Research Establishment Harwell* (GB) - *Nobel Institute of Physics, Stockholm* (S) durchgeführt wurde. Das 225-cm-Zyklotron lieferte dazu einen ^{13}C Strahl, der im ersten Schwerionenexperiment zur geplanten Synthese von Element 102 auf ein Curiumtarget geschossen wurde, das zu 95% aus ^{244}Cm und zu 4% aus ^{246}Cm bestand. Die Experimentiertechnik war nahezu identisch mit der in Berkeley am Mendelevium erfolgreich angewandten. Die Experimentatoren des Stockholmer Experiments fanden, wie sie glaubten, ein Isotop des Elements 102, das mit einer Halbwertszeit von etwa 10 Minuten und einer nicht untypischen α-Energie von 8,5 MeV zerfiel. Als sie derartige Ereignisse auch in einer Fraktion fanden, die vor dem Fermium von einer Kationenaustauschersäule mit α-Hydroxyisobuttersäure eluiert wurde – einer Position, die man in natürlicher Extrapolation der chemischen Eigenschaften der Actinoiden der Elutionsposition von dreifach positiv geladenen Ionen des Elements 102 zuordnen würde – waren sich die Experimentatoren des Stockholmer Experiments sicher, das neue Element 102 gefunden zu haben. Zu Ehren von Alfred Nobel und dessen Verdiensten zur Förderung der Wissenschaft nannten sie es Nobelium, chemisches Zeichen No. Diese Arbeit sah so überzeugend aus, daß die IUPAC den Namen bald akzeptierte und er schnell in den Sprachgebrauch der Chemiker und Physiker überging.

Nach guter wissenschaftlicher Sitte versuchten die Arbeitsgruppen am Moskauer Zyklotron und am neu erbauten Linearbeschleuniger HILAC in Berkeley, die Stockholmer Ergebnisse zu reproduzieren. Dies war in beiden Experimenten nicht möglich. Heute können wir mit großer Sicherheit davon ausgehen, daß den Autoren der Stockholmer Arbeit ein Fehler unterlaufen ist. Die damals vermeintlich beobachteten Zerfallseigenschaften eines Isotops des Elements 102 können keinem der inzwischen 11 bekannten Nobelium-Isotope zugeordnet werden. Ebenso wissen wir inzwischen aus einer Vielzahl von Arbeiten, daß Nobelium, im Gegensatz zu seinen Nachbarelementen in der Reihe der Actinoiden, nicht, wie angenommen, als dreiwertiges Ion in wässriger Lösung vorliegt, sondern normalerweise zweiwertig ist. Dies ist für seine Stellung im Periodensystem der Elemente nicht ganz verwunderlich, da auch schon das analoge Element der Lanthanoiden, das Ytterbium, leicht in den zweiwertigen Zustand reduziert werden kann. Dieses Verhalten spiegelt die besondere Stellung des Ytterbiums und des Nobeliums als jeweils vorletzte Elemente in der Reihe der Lanthanoiden beziehungsweise Actinoiden wider. Bemerkenswert ist aber, daß zweifach positiv geladene Ionen an einer vollständig anderen Stelle im Chromatogramm erscheinen, und somit das Nobelium gerade nicht an der Stelle zu be-

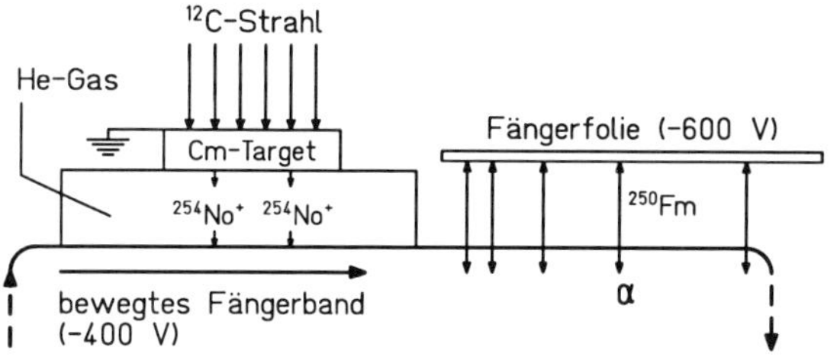

Bild 9.1 Schema der Technik des „Doppelten Rückstoßes" am Beispiel des indirekten Nachweises von ^{254}No durch Messung der Tochter ^{250}Fm (Rückstoßprodukt des ^{254}No α-Zerfalls) in der stationären Fängerfolie.

obachten ist, wo das Forscherteam in Stockholm glaubte, es identifiziert zu haben.

Aber auch die ersten nachfolgenden Experimente in Berkeley und Dubna, die nun um den Prioritätsanspruch für die Entdeckung des Elements 102 rangen, waren und sind nicht unumstritten und eindeutig. In Berkeley war am HILAC ein neuartiges Experiment aufgebaut worden. Bild 9.1 zeigt schematisch die dabei benutzte Nachweismethode des „Doppelten Rückstoßes". Mit ^{12}C-Ionen wurde ein Target bestrahlt, das überwiegend aus ^{244}Cm und geringen Anteilen von ^{246}Cm bestand. Die dabei gebildeten Nobelium-Isotope flogen durch Rückstoß aus dem Target und wurden in Heliumgas abgebremst. Dabei tragen sie eine positive Ladung. Diese wird ausgenutzt, um die Ionen durch ein elektrisches Feld auf ein negativ geladenes Fängerband (- 400 V) aufzusammeln. Das Band transportiert die gesammelten Nobeliumkerne mit einer vorgewählten Geschwindigkeit an einer stationären Fängerfolie vorbei, die gegenüber dem Band negativ geladen ist (- 600 V). Zerfällt nun ein Nobeliumkern durch α-Zerfall gerade so, daß das α-Teilchen in das Band hineinfliegt (etwa 50% aller Fälle), so reicht der Rückstoß, den der dabei entstehende Fermium-Tochterkern aus der Impulserhaltung bekommt, aus, diesen von dem Band auf die stationäre Folie zu befördern. Die Verteilung der Tochterkerne entlang der Fängerfolie ergibt, bei bekannter Geschwindigkeit des Bandes, die Halbwertszeit der Mutternuklide.

Albert Ghiorso, Torbjørn Sikkeland, John R. Walton und Glenn T. Seaborg fanden 1958 bei diesem Experiment eine 7,4-MeV-α-Aktivität, die mit einer Halbwertszeit von etwa 3 Sekunden abfiel. Da sie diese für ^{250}Fm hielten, glaubten sie damit auch, daß in der primären Kernreaktion

$$^{246}_{96}\mathrm{Cm} + ^{12}_{6}\mathrm{C} \longrightarrow ^{254}_{102}\mathrm{No} + 4^{1}_{0}\mathrm{n}$$

das Isotop der Massenzahl 254 des neuen Elements 102 gebildet worden sei. Dieses wäre dann auf dem Fängerband durch $^{254}_{102}\mathrm{No} \xrightarrow{\alpha} ^{250}_{100}\mathrm{Fm}$ in den Tochterkern zerfallen, der vermeintlich auf der Fängerfolie nachgewiesen wurde.

Wie bei den vorausgegangenen Elementen wurde die Chemie als Beweismittel angeführt. Da zu dieser Zeit aber noch keine sehr schnellen chemischen Methoden zur Verfügung standen, mußten sich Ghiorso, Sikkeland, Walton und Seaborg damit begnügen, die wenigen Atome der längerlebigen Tochteraktivität in einer chromatographischen Trennung zu identifizieren, die der in Bild 7.2 gezeigten entsprach.

Nachdem heute die Nobelium-Isotope in der Massengegend um 254 viel besser bekannt sind als 1958 und die beschriebenen Eigenschaften des Mutterkerns keinesfalls auf das ^{254}No, sondern höchstens auf das ^{252}No zutreffen können, bleibt es unsicher, ob in diesem Experiment eindeutig Töchterkerne des Elements 102 beobachtet worden waren.

Eine Reihe weiterer Experimente, wie zum Beispiel eines der Berkeley Gruppe, gab Hinweise auf die Synthese eines Isotops des Elements 102. Erst die Arbeiten, die Anfang der 60er Jahre in der Sowjetunion von Donets, Shchegolev und Ermakov durchgeführt wurden, brachten weiteres Licht in das Dunkel der Nobelium-Isotope. Die dabei angewandte Methode entsprach der des Berkeley-Experimentes. Auch hier wurde wieder der doppelte Rückstoß ausgenutzt und nach den Tochter-Isotopen aus dem Zerfall der Nobelium-Isotope gesucht. Produkte, die auf der Silber-Fängerfolie gelandet waren, wurden auf einer Ionenaustauscher-Säule chromatographisch aufgetrennt. In der Fm-Fraktion konnte zuerst ^{252}Fm – in einem späteren Experiment auch ^{250}Fm – nachgewiesen werden. Dabei wurde große Sorgfalt darauf verwandt, daß es keine Kontamination mit diesen Fermium-Isotopen direkt aus der Kernreaktion geben konnte. Die Ergebnisse der Experimente sprechen deutlich für die Beoachtung der α-aktiven Nobelium-Isotope 2,9-Sekunden ^{256}No und

55-Sekunden ^{254}No, die in der Reaktion von ^{238}U mit einem ^{22}Ne-Strahl gebildet worden waren.

Erst 1968 gibt es durch Mály, Sikkeland, Silva und Ghiorso den ersten Bericht über chemische Eigenschaften von Nobelium. Schon in dieser Arbeit gibt es deutliche Anzeichen, daß Nobelium in wässriger Lösung nicht dreiwertig, sondern als zweifach positiv geladenes Ion vorliegt. Kurz darauf konnten Silva, Sikkeland, Nurmia, Ghiorso und Hulet das elektrische Potential der Reduktion No^{3+} - No^{2+} bestimmen. Erst einige Jahre später war es möglich, durch Bestrahlung eines ^{249}Cf-Targets mit ^{12}C-Ionen etwa 280 Atome pro Minute des 3,1-Minuten-Isotops ^{255}No herzustellen. Obwohl die Produktionsrate vergleichsweise groß war, mußten 1974 Robert J. Silva und seine Mitarbeiter W.J. McDowell, O.L. Keller, und J.R. Tarrant vom *Oak Ridge National Laboratory* eine Vielzahl von Trennungen durchführen, bevor sie einige der chemischen Eigenschaften des zweiwertigen Nobeliums statistisch so eindeutig bestimmt hatten, daß sie sogar den Ionenradius von No^{2+} bestimmen konnten. Aus einem Vergleich der relativen Elutionspositionen des Nobeliums mit anderen zweiwertigen Ionen der Elemente Zink, Calcium, Cadmium, Strontium und Barium in einer chromatographischen Trennung, und unter Verwendung bekannter Ionenradien dieser Elemente ergab sich ein No^{2+}-Radius von 0,10 bis 0,11 Nanometer. In langen anstrengenden Experimentierschichten mußten sehr viele Trennungen durchgeführt werden. Trotz schnellstmöglicher manueller Arbeitsweise zerfielen doch so viele Kerne bis zum Meßbeginn, daß bei einem relativ einfachen Extraktionsexperiment von einer wässrigen Lösung in ein nicht mischbares organisches Extraktionsmittel noch 20%, in einem Fall flüssigkeits-chromatographischer Trennungen aber nur noch 3% der produzierten Kerne in einem Detektor nachgewiesen werden konnten.

Etwa ein Jahrzehnt, nachdem die ersten Nobelium-Isotope beobachtet worden waren und nachdem auch schon begonnen worden war, die chemischen Eigenschaften von Nobelium zu studieren, zeigt eine Wissenschaftlergruppe vom *Oak Ridge National Laboratory* in Tennessee, wie elegant und eindeutig solch ein Elementnachweis auch damals mit physikalischen Methoden möglich war. P.F. Dittner, C.E. Bemis, D.C. Hensley, R.J. Silva und C.D. Goodman beschrieben 1971 ihr Experiment, in dem die zeitliche Abfolge vom α-Zerfall eines Mutterkerns mit der kurz darauf ausgesendeten charakteristischen Röntgenstrahlung des Tochterkerns gemessen wurde. Schon seit Moseley (1913) war es möglich geworden, Elemente durch ihre charakteristische Röntgenstrahlung zu identifizieren. Diese tritt immer dann auf, wenn eine plötzlich aufgetretene Leerstelle in einer inneren Elektronenschale wieder durch ein Elektron aufgefüllt wird. Die als Bindungsenergie des Elektrons freiwerdende Energie wird als energetische, sehr genau definierte Röntgenstrahlung abgegeben. Diese kann auch aus atomphysikalischen Theorien, die die Bindungsenergien der Elektronen beschreiben, für jedes Element zuverlässig berechnet werden.

In dem Experiment von Dittner und Mitarbeitern war ausgenutzt worden, daß im α-Zerfall von Kernen mit einer ungeraden Massenzahl, in diesem Fall des $^{255}\mathrm{No}$, der Tochterkern $^{251}\mathrm{Fm}$ nicht sofort in seinem energetischen Grundzustand gebildet wird, sondern noch ein wenig Anregungsenergie besitzt. In einem Teil aller Fälle wird diese Anregungsenergie des Atomkerns dadurch abgegeben, daß ein Elektron aus einer inneren atomaren Schale emittiert wird. Danach wird die charakteristische Röntgenstrahlung des Fermiums, Element 100, emittiert. Mit deren Beobachtung und der zeitlichen Verknüpfung mit dem direkt vorher stattgefundenen α-Zerfall ist der Beweis erbracht, daß dieser Zerfall vom Element 102 ausging, da die zwei Protonen des α-Teilchens zur Protonenzahl des Tochterelements addiert werden müssen.

Am Beispiel des Elements 102 ist deutlich zu sehen, wie schwer es häufig ist, vollständig klar und eindeutig festzulegen, wer ein neues Element wann und in welchem Experiment entdeckt hat. Die von der *International Union of Pure and Applied Physics* (IUPAP) und der IUPAC eingerichtete *Transfermium Working Group* (TWG), in der renommierte Wissenschaftler die Kriterien der Elemententdeckung im allgemeinen und Element für Element im speziellen genau untersucht haben, kam bei einigen Elementen zu dem Schluß, daß es gar nicht möglich sei, nur einer Gruppe oder einem Experiment allein die Beweiskraft für die Entdeckung eines Elements zuzusprechen. Manche der Interpretationen der TWG werden von den in solchen Experimenten aktiven Arbeitsgruppen anders gesehen, sowohl was eigene und auch was fremde Experimente betrifft. Vielleicht wäre es doch sinnvoll gewesen, in die TWG nicht nur neutrale, auf diesen Gebieten nicht aktive Wissenschaftler zu berufen.

Auch was die Prioritätsdiskussion bei der Entdeckung des Elements 102 betrifft, konnte bisher unter allen Wissenschaftlern, die auf diesem Gebiet arbeiten und miteinander konkurrieren, noch keine einvernehmliche Bewertung aller Experimente gefunden werden. Während die TWG in ihrer summarischen Bewertung zu dem Schluß kam, daß nur die 1966 von zwei Gruppen aus Dubna veröffentlichten Ergebnisse dem Anspruch auf die Entdeckung des Elements 102 gerecht werden, erhebt die Gruppe aus Berkeley heute noch den Anspruch, in ihren Experimenten erstmals einen klaren Hinweis auf die Entdeckung des Elements 102 erhalten zu haben.

Kapitel 10
Lawrencium – Das letzte Element der Actinoiden

Auch die Entdeckungsgeschichte des Elements 103 ist nicht ganz unumstritten. Die TWG schätzt die Arbeiten in Berkeley und Dubna so ein, daß es insgesamt ein Jahrzehnt gedauert hat, bis völliges Vertrauen in die Ergebnisse hergestellt war. Klar anerkannt wird aber, daß das erste Experiment, über das 1961 Albert Ghiorso, Torbjørn Sikkeland, Almon E. Larsh und Robert M. Latimer berichtet haben, gleich ein wichtiger Schritt zur Entdeckung war. Nahezu unumstritten ist die Tatsache, daß in diesem Experiment Kerne des Elements 103 gebildet und ihr Zerfall beobachtet wurde. Stark umstritten ist allerdings, ob die beoachtete α-Linie bei 8,6 MeV, zusammen mit einer Halbwertszeitmessung und sogenannten *cross bombardements* – der Kombination von Bestrahlungen, in denen unterschiedliche Nuklide als Projektile und Targets eingesetzt werden, um dabei unterschiedliche Produktkerne zu bilden –, aussagekräftig genug ist, die Entdeckung eines neuen Elements zu postulieren. Nach heute anerkannten Kriterien ist das sicher nicht der Fall; aber andererseits ist die heutige Betrachtungsweise sicher anders als die zum Zeitpunkt des Experiments gültige.

Erstmals in der Entdeckungsgeschichte der Transurane wurde 1961 in Berkeley ein Experiment aufgebaut, das sich vollständig auf den physikalischen Nachweis eines neuen Elements stützte, ohne die Chemie mit einzubeziehen. Drei Mikrogramm einer Mischung aus den Californium-Isotopen 249 bis 252 wurden mal mit ^{10}B- und mal mit ^{11}B-Ionen bestrahlt. Die aus dem Target herausfliegenden Kernreaktionsprodukte wurden in Helium abgebremst. Sie fangen dabei Elektronen ein bis einfach positiv geladenene Ionen vorliegen. Diese wurden durch ein elektrisches Feld auf einem negativ geladenen Fängerband gesammelt.

Dort, wo sich in dem Nobeliumexperiment noch die zweite Fängerfolie für die Fermiumrückstoßkerne befand, wurden jetzt Silicium Oberflächensperrschicht-Detektoren zur direkten Messung des α-Zerfalls der primär gebildeten Produkte eingesetzt.

Diese damals neuen Detektortypen, eine Halbleiterdiode aus p-n-Silicium mit einer dünnen Goldschicht, registrierten nicht nur den α-Zerfall der gewünschten Spezies, sondern auch von unerwünschten Nebenprodukten. Hier stellen die Isotope des Poloniums, die in großer Menge aus geringsten Bleiverunreinigungen des Targets entstehen, ein ernstes Problem dar. Die hochenergetischen α-Teilchen des Poloniums können durch ihre hohe Zählrate als Untergrund die Spektren im interessanten Bereich zwischen 8 MeV und 9 MeV vollständig maskieren. Das Experiment der Berkeley-Gruppe war daher erst möglich geworden, als nach intensivsten chemischen Reinigungsprozeduren ein ausreichend sauberes Target zur Verfügung stand. Daraufhin konnte eine α-Linie bei 8,6 MeV beobachtet werden, die mit einer Halbwertszeit von (8 ± 2) Sekunden abfiel. Die Halbwertszeit wurde aus der Intensitätsabnahme in den fünf Detektoren entlang des beweglichen Fängerbandes ermittelt. Es wurde nun noch geschaut, wann die interessante neue α-Linie in welcher Intensität auftritt, wenn einmal das Projektil von ^{10}B zu ^{11}B und dann auch die Einschußenergie gewechselt wird. Aus dem Ergebnis schlossen Ghiorso, Sikkeland, Larsh und Latimer, das Isotop der Massenzahl 257 des neuen Elements 103 gefunden zu haben. Überzeugt von der Richtigkeit ihrer Ergebnisse, schlugen sie zu Ehren von Ernest O. Lawrence vor, das Element 103 Lawrencium zu nennen und ihm das chemische Zeichen Lw zu geben. Lw hat schnell Eingang in die Literatur gefunden und ist deshalb selbst heute noch manchmal zu finden, obwohl die Namenskommission der IUPAC nach Anerkennung des Namens das chemische Symbol Lr festlegte.

Das hier skizzierte Experiment wurde später deshalb besonders kritisiert, weil es sich herausstellte, daß nicht das Isotop ^{257}Lr, wie ursprünglich postuliert, sondern sehr wahrscheinlich ^{258}Lr beobachtet worden war. Vollständige Sicherheit darüber kann man in solch einem Experiment nur dadurch gewinnen, daß der zeitlich korrelierte Zerfall einer bekannten Tochteraktivität zweifelsfrei mit beobachtet wird. Das 1961 in Berkeley durchgeführte Experiment hatte diese Möglichkeit noch nicht.

Zunächst gab es 1965 ein weiteres Experiment von Donets, Shchegolev und Ermakov. Das Experiment lief auf den Nachweis des Elements 103 als ^{256}Lr mit der Technik des „Doppelten Rückstoßes" hinaus, wie sie schematisch in Bild 9.1 dargestellt ist. Im α-Zerfall von ^{256}Lr gebildetes ^{252}Md flog durch den Rückstoß in einen Fänger und wurde dort gesammelt. Da ^{252}Md durch Elektroneneinfang in ^{252}Fm zerfällt, konnte dieses – sozusagen als Enkelaktivität des ^{256}Lr – chemisch isoliert und nachgewiesen werden. Damit war ein weiterer Hinweis auf ein neues Isotop des Elements 103 erbracht worden. Die Halbwertszeit von ^{256}Lr wurde von Donets und Mitarbeitern mit etwa 45 Sekunden angegeben (heutiger Wert ist 27 s).

Dies erschien Robert („Bob") Silva, Torbjørn Sikkeland, Matti Nurmia und Albert Ghiorso in Berkeley lang genug, um zu versuchen, die Chemie des neuen Elements in ersten Experimenten zu untersuchen. Das in der Reaktion von ^{249}Cf mit einem ^{11}B-Ionenstrahl gebildete ^{256}Lr wurde in Helium gestoppt, das als kontinuierlicher Gasstrom durch die Kammer geblasen wurde. Am Kammeraustritt wurde das Helium auf die äußere Stirnfläche einer zylindrischen Kapsel geblasen. Dabei wurden alle Kernreaktionsprodukte, die das Helium mit sich transportiert hatte, auf der Außenseite dieser Kapseln abgeschieden, die Bestandteil einer Rohrpostanlage waren. Nach Sammelende konnten die wenigen Lawrencium-Atome innerhalb von drei Sekunden mit den Kapseln durch Druckluft in das Chemielabor geschossen werden, wo sofort eine schnell durchgeführte manuelle chemische Trennung begann. Aus den Erfahrungen mit Nobelium war eine Extraktionsmethode entwickelt worden, die es erlaubte, zwischen zwei- und dreiwertigen Ionen zu unterscheiden. In über 200 Einzeltrennungen gelang es Bob Silva und Mitarbeitern, mit etwa 1500 Atomen von Lawrencium zu zeigen, daß dieses Element in wässriger Lösung dreiwertige Ionen bildet. Das entspricht den Erwartungen an das Element, das nach Glenn Seaborgs Hypothese als Element 103 an der letzten Stelle der Actinoiden steht.

Der Durchbruch der detaillierten nuklearen Untersuchung einer Reihe von Lawrencium-Isotopen kam 1971 in Berkeley mit einer neuen Experimentiertechnik, dem in Bild 10.1 schematisch dargestellten *Vertical Wheel* (VW). Dieses war ab 1968 entwickelt worden, um in den experimentellen Wettstreit zum Element 104 mit den Arbeitsgruppen um Georgij N. Flerov aus Dubna eintreten zu können; wir kommen darauf zurück.

Kari und Pirkko Eskola, Matti Nurmia und Albert Ghiorso sammelten die Reaktionsprodukte auf der Stirnfläche eines sich drehenden Rades, das sie schrittweise an sieben Detektorstationen vorbeidrehten. Im Aufbau dieser Detektorstationen, die aus jeweils zwei stationären und zwei beweglichen Silicium-Halbleiterdetektoren zur α-Spektroskopie bestanden, lag die Neuerung. Von den beiden beweglichen Detektoren, den sogenannten Mutterdetektoren, schaute jeweils einer das Rad an, um den Zerfall der primär produzierten Kerne zu messen. In dieser Stellung konnte er zusätzlich all die α-Rückstoßkerne aufsammeln, die vom Rad wegflogen. Der andere bewegliche Detektor war durch eine starre Verbindung immer so plaziert, daß er einem der beiden stationären Detektoren, die rechts und links neben dem Rad aufgebaut waren, gegenüberstand. Diese sogenannten Tochterdetektoren konnten prinzipiell nur Tochterkerne messen, die durch den α-Rückstoß beim Zerfall eines Mutterkerns auf den Mutterdetektor befördert worden waren, als sich dieser vor dem Rad befand. In einem festgelegten zeitlichen Rhythmus, der den Halbwertszeiten der zu untersuchenden Kerne angepaßt war, wurden während des Experimentes sowohl das Fängerrad um jeweils eine Position weiter gedreht, als auch die beiden Mutterdetektoren jeder Detektorstation hin- und herbewegt. Mit dieser Technik konnten die Lawrencium-Isotope der Massenzahlen 255 bis 260 intensiv studiert werden. Wichtige Ergebnisse waren dabei die Messung der Bildungsquerschnitte dieser Isotope in Abhängigkeit von Target- und Projektilkombination und von der Projektilenergie, die Bestimmung der Halbwertszeiten und die detaillierte Messung der komplexen α-Spektren. Die Produktion der Lawrencium-Isotope war dadurch möglich geworden, daß inzwischen eine Vielzahl von Actinoidentargets bis zum Californium und alle möglichen Ionen bis zum ^{18}O für Kernreaktionen zur Verfügung standen.

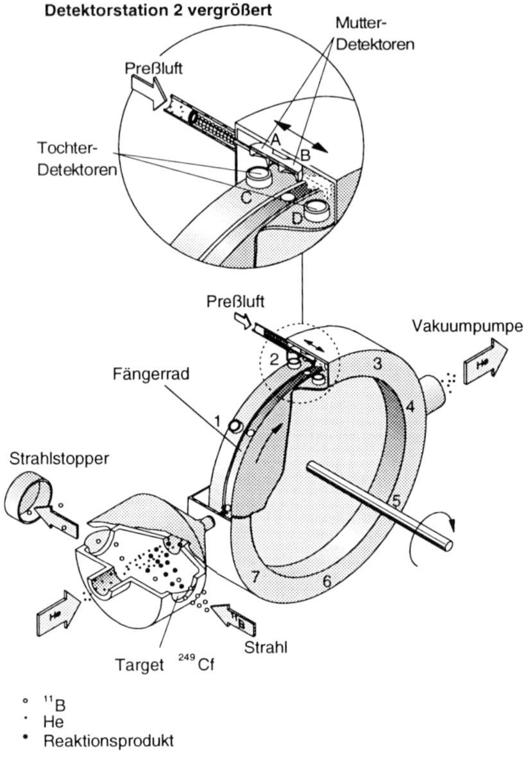

Bild 10.1 Schema des „Vertical Wheels, VW". Im unteren Teil des Bildes ist das Fängerrad skizziert. Die Reaktionsprodukte werden aus der Rückstoßkammer durch einen He-Gasstrom, dem He-Jet, herausgeblasen, auf dem Rad gesammelt und schrittweise vor sieben Detektorstationen gedreht. Die kombinierte Rad- und Detektorkammer wird durch eine starke Pumpe unter Vakuum gehalten. Im oberen Teil des Bildes ist eine der sieben Detektorstation im Detail dargestellt. Die Aufgabe der beiden beweglichen Mutter-Detektoren „A" und „B" ist es, sowohl den Zerfall der Reaktionsprodukte auf dem Rad nachzuweisen, als auch Tochterkerne aufzusammeln, die durch α-Rückstoß vom Rad wegfliegen. Während der Detektor „B" vor dem Fängerrad positioniert ist, kann der Tochterdetektor „C" den Zerfall von Tochterkernen nachweisen, die vorher auf dem Detektor „A" aufgesammelt wurden. In der komplementären Position (gestrichelt) wird „A" durch die angelegte Preßluft vor das Rad gefahren. Durch die starre Verbindung beider Detektoren gelangt „B" damit gleichzeitig vor den Tochterdetektor „D", der nun dieselbe Funktion hat wie vorher „C".

Auch heute noch hat die Erforschung nuklearer, atomarer und chemischer Aspekte des Lawrenciums ihren Reiz und ihre Herausforderung. Auf nuklearer Seite am interessantesten sind die neutronenreichsten bisher bekannten Lawrencium-Isotopen, dem ^{261}Lr und ^{262}Lr. Diese Isotope wurden vor einigen Jahren von einer Gruppe von Kernchemikern um Kenneth Hulet vom *Lawrence Livermore National Laboratory* in Kernreaktionen mit einem ^{254}Es-Target entdeckt. Die Lawrenciumkerne sind deshalb so interessant, weil sie in einem Gebiet liegen, das besondere Bedeutung für die Untersuchung der Spontanspaltung besitzt. Wie wir schon bei Mendelevium diskutiert haben, zeigen in diesem Übergangsgebiet manche Kerne verschiedene Moden der Kernpaltung, einmal bedingt durch das Verschwinden der zweiten, äußeren Spaltbarriere, und zum anderen durch den Einfluß der sich im Spaltprozeß entwicklenden Fragmente auf den Ablauf der Spaltung. Da ^{261}Lr und ^{262}Lr Halbwertszeiten von 39 Minuten und 3,6 Stunden haben, lassen sich hier Quellen von besonders hoher Qualität für sehr genaue Messungen der Energie der Spaltfragmente und der Aufteilung der Massen auf die beiden Fragmente herstellen. Zusätzlich zerfällt das ^{262}Lr durch Elektroneneinfang in den neutronenreichsten Nobeliumkern, das ^{262}No. Die Spontanspaltung dieses Kerns, der nur 0,005 Sekunden Halbwertszeit besitzt, läßt sich als Tochter eines langlebigen Mutterkerns ausgezeichnet studieren. Da es sich hierbei um einen Kern mit einer geraden Anzahl von Protonen ($Z = 102$) und Neutronen ($N = 160$) handelt, haben auch die Theoretiker hieran ein großes Interesse, denn eben diese Art von Kernen lassen sich theoretisch gut beschreiben.

Das besondere Interesse der Chemiker an der Chemie schwerster Elemente rührt zunächst einmal daher, zu erfahren, wie ein noch kaum charakterisiertes Element sich verhält. Fügt es sich in die Systematik des Periodensystems ein, oder gibt es mehr oder weniger deutliche Sprünge. Dies könnte durchaus der Fall sein; insbesondere sind es die relativistischen Effekte, die die Sache so spannend machen und die uns bei der Besprechung der Chemie des Elements 105 wieder begegnen werden. Starke Abweichungen von den erwarteten chemischen Eigenschaften, die aus einfachen Extrapolationen innerhalb einer Gruppe von Elementen gewonnen werden, können ihre Ursache in plötzlichen Änderungen der Struktur der Elektronenschalen haben. Der Grund dafür liegt im Folgenden: Durch den Einfluß der sehr hohen positiven Kernladung bei mehr als 100 Protonen haben die Elektronen, die sich auf den innersten Bahnen befinden, eine sehr hohe Energie. Diese ist notwendig, um auf den Bahnen stabil bleiben zu können. Nach Einsteins relativistischer Beziehung zwischen Masse und Energie werden diese inneren Elektronen dadurch immer schwerer und nähern sich dem Kern. Äußere Elektronen, die jetzt durch die inneren Elektronen stärker vom elektrischen Feld des Kerns abgeschirmt sind, bewegen sich weiter nach außen. Dieser relativistische Effekt kann in modernen atomphysikalischen Rechnungen in veränderten Elektronenkonfigurationen wiedergefunden werden. Für das Lawrencium wirkt sich dies so aus, daß die äußeren Elektronen nicht – wie erwartet – eine $7s^2 6d$- sondern eine $7s^2 7p$- Konfiguration besitzen.

Welche Konsequenz eine geänderte elektronische Grundzustandskonfiguration in der Chemie des Lawrenciums hat, kann nicht mehr berechnet, sondern nur experimentell ermittelt werden. Da eine der Möglichkeiten im Auftreten einer „anormalen", niedrigeren Oxidationsstufe besteht, wurde dies 1986 in einer Experimentserie untersucht. Mit einem bei der *Gesellschaft für Schwerionenforschung* (GSI) in Darmstadt entwickelten *Automated Rapid Chemistry Apparatus* (ARCA) hat eine Kollaboration von Kernchemikern der GSI, des Instituts für Kernchemie der Universität Mainz, des *Paul Scherrer Instituts* in Villigen, Schweiz, und des *Lawrence Berkeley Laboratory* (LBL) am 88-Inch-Zyklotron in Berkeley eine Experimentserie zur Reduktion der dreifach positiv geladenen Lawrencium-Ionen durchgeführt. Wie auch Ron Lougheed und Mitarbeitern vom *Lawrence Livermore National Laboratory*, gelang uns die Reduktion selbst mit den stärksten Reduktionsmitteln nicht. Ebenso hatte unsere Kollaboration kein Glück bei der Suche nach einer ungewöhnlich hohen Flüchtigkeit des atomaren Lawrenciums. Dies hätte eine weitere mögliche Folge der veränderten Grundzustandskonfiguration der Elektronen im Lawrencium sein können.

Es gelang uns allerdings in einer Reihe von flüssigkeits-chromatographischen Trennungen mit der ARCA die Elutionsposition der Lr^{3+}-Ionen genau zu bestimmen. Aus einem Vergleich mit kristallographischen Ionenradien homologer Elemente, deren Verhalten in demselben

Experiment mituntersucht worden war, konnte der Ionenradius der Lr^{3+}-Ionen ermittelt werden. Zu unserer Überraschung ist er größer als erwartet. Derzeit gibt es keine klare Antwort darauf, warum dies so ist. Es werden weitere Experimente notwendig sein.

Kapitel 11
Elemente 104 und 105 – Erste Schritte auf dem Weg zu den superschweren Kernen?

Die Forschungslandschaft Anfang der sechziger Jahre

Mitte der fünfziger Jahre war an der Yale University (New Haven, Connecticut) von P. Wolfgang und G. Kauffmann eine wichtige Entdeckung gemacht worden, die zunächst in Amerika wenig Beachtung fand, aber dann am *Joint Institute for Nuclear Research* (JINR) in Dubna intensiv weiter untersucht wurde. Sie hatten beobachtet, daß kollidierende Kerne nicht immer völlig miteinander verschmelzen, sondern in peripheren Stößen nur einen kleinen Teil ihrer Nukleonen austauschen. Diese im Hinblick auf die vollständige Fusion als unerwünscht anzusehende Nebenreaktion wurde später gezielt zur Synthese extrem neutronenreicher Kerne im Gebiet der schwersten Actinoiden eingesetzt.

Im Jahre 1961 ging am JINR ein neues Schwerionenzyklotron mit 310 cm Poldurchmesser, das U300, in Betrieb. Es konnte Ionen bis zur Masse 40, das entspricht Argon, auf Energien für kernphysikalische Experimente beschleunigen. Die Maschine besaß zwar keine gute Strahlqualität, lieferte dafür aber sehr hohe Ströme von über 10^{13} Teilchen pro Sekunde, genügend, um Kernreaktionen mit extrem niedrigen Ausbeuten zu untersuchen. Der neue Beschleuniger brachte auf Anhieb zwei große Erfolge. Im Jahre 1962 entdeckte Sergeij M. Polikanov bei Experimenten zur Synthese von Element 104 spontanspaltende Isomere von Actinoidenkernen, deren wahre Bedeutung erst wesentlich später verstanden wurde. Isomere sind angeregte, das heißt energiereiche, Zustände von Kernen, welche nicht prompt wieder zerfallen, da ihr Rückzerfall in den Grundzustand behindert ist. Die Spaltisomere im Actinoidenbereich haben als Formisomere eine andere Gestalt als die Kerne im Grundzustand, sie sind länglicher. Aus dieser gestreckten Form heraus haben sie nur noch eine kleine Barriere auf dem Weg zur Spaltung vor sich. Die Folge ist, daß sie erheblich leichter spalten als der Grundzustand. So ist für ^{236}U die Halbwertszeit des Grundzustandes $2,4 \cdot 10^7$ Jahre, die des Isomers nur 115 Nanosekunden.

Nicht allein die Experimentiertechnik, auch die Theorie der Kerne profitierte ganz wesentlich vom rasanten technischen Fortschritt. Die stetigen Leistungssteigerungen der Elektronenrechner ermöglichten die Entwicklung und die Berechnung immer besserer Kernmodelle und führten zu spektakulären Voraussagen mit aufregenden Diskussionen über die neue Physik der Transurane, wie in den Konferenzberichten von Lysekil (1966), Heidelberg (1969) und dem Nobel-Symposium in Rønneby (1974) dokumentiert ist. Wichtigster Diskussionspunkt war die Frage nach der Stabilität der schwersten Elemente, insbesondere unter dem Einfluß von Schaleneffekten.

Schaleneffekte und Stabilität

Aus der Tatsache, daß für bestimmte Protonen- beziehungsweise Neutronenzahlen besonders viele natürliche Isotope beobachtet werden und aus Studien des Kernzerfalls hatte Maria Goeppert-Mayer im Jahre 1948 geschlossen, daß Kerne mit bestimmten Neutronen- oder Protonenzahlen besonders stabil sind. Dies war für die Elektronen in der Atomhülle als Schaleneffekt bekannt und auch physikalisch verstanden. Die Hüllenelektronen sind auf **Schalen** angeordnet. Nach dem Pauliprinzip hat jede Elektronenschale nur Platz für eine bestimmte Anzahl von Elektronen. Ist eine Schale aufgefüllt, wird die nächsthöhere besetzt. Diese Schalenstruktur der Elektronenhülle ist für die periodische Struktur des Periodensystems der Elemente verantwortlich.

Die Bewegungsgleichung eines Elektrons im elektrischen Zentralfeld des Atomkerns läßt sich mit der Schrödingergleichung exakt beschreiben, deren Lösungen sind durch ganze Zahlen charakterisiert, die Quantenzahlen. Diese bestimmen die scharfen Energiezustände der Elektronen, welche für die Spektrallinien verantwortlich sind. Die ersten sechs

Schalen können mit maximal jeweils 2, 8, 18, 32, 50 und 72 Elektronen besetzt werden. Wegen der hohen Symmetrie des Coulombfeldes entspricht jeder dieser Hauptschalen eine feste Elektronenenergie, so daß mehrere Elektronen den gleichen Energiezustand haben können. Diese Entartung, welche zunächst wie eine Verletzung des Pauliprinzips aussieht, ist tatsächlich ein idealisierter Sonderfall. Sie ist an die hohe Symmetrie des streng kugelsymmetrischen Coulombfeldes gebunden, und gilt streng daher nur für die möglichen Energiezustände im Wasserstoffatom. In den schwereren Elementen mit vielen Elektronen wird die Symmetrie durch die Coulombkräfte zwischen den Elektronen zunehmend gestört, die Quantenzustände spalten in unterschiedliche Energien innerhalb dieser Hauptschalen auf. Dies führt zur Ausbildung der Unterschalen.

Atome, in welchen gerade eine abgeschlossene Elektronenschale aufgefüllt ist, sollten chemisch besonders stabil sein. Das beweisen die leichtesten Edelgase, Helium und Neon mit 2 beziehungsweise 2 + 8 = 10 Elektronen. Leider geht das für die schweren Edelgase nicht so einfach und systematisch weiter. Sie tauchen schon im Periodensystem auf, bevor die nächste Hauptschale gefüllt ist, weil das Auffüllen der Unterschalen in diesen Fällen zu energetisch günstigeren Konfigurationen führt.

Da die gleichen quantenmechanischen Gesetze, welche für die Elektronen gelten, ebenso für die Kernbausteine, Neutronen und Protonen, anwendbar sind, ist eine Schalenstruktur auch für die Atomkerne zu erwarten. Hier kann man sich die Protonen und Neutronen in einem einfachen Bild als frei im Kern umlaufende Teilchen vorstellen.

Tatsächlich gab es zunächst Probleme, die „magischen Zahlen“, die Schalenabschlüsse für Protonen und Neutronen im Coulomb- und Kernpotential, richtig zu berechnen. Im Jahre 1949 gelang es Maria Goeppert-Mayer und unabhängig von ihr, Otto Haxel, Hans D. Jensen und Hans E. Suess des Rätsels Lösung zu finden, indem sie zusätzlich eine starke Kopplung zwischen Eigendrehimpuls und Bahndrehimpuls der Nukleonen in die Theorie einbezogen. Das heißt im einfachen Teilchenbild gesprochen, daß die Rotation eines Nukleons um seine eigene Achse mit der Bewegung auf seiner Bahn im Atomkern gekoppelt ist, ein Effekt, welcher bei den Hüllenelektronen nur eine kleine Korrektur der Energieniveaus bewirkt. Bei den Atomkernen führt er zu vollkommen anderen Lösungen der Schrödingergleichung und damit auch zu anderen Schalenabschlüssen. Sie liegen sowohl für Protonen als auch für Neutronen bei den Nukleonenzahlen $N, Z = 2, 8, 20, 28, 50$ und 82. Die höheren Schalenabschlüsse sind für Neutronen und Protonen unterschiedlich. So liegt die nächste Protonenschale bei $Z = 114$ und die nächste Neutronenschale bei $N = 126$. Wegen ihrer abgeschlossenen Schalen sind die Elemente mit den Ordnungszahlen 20 (Calcium), 28 (Nickel), 50 (Zinn) und 82 (Blei) besonders stabil. Doppelt magische Kerne mit abgeschlossenen Protonen- und Neutronenschalen wie ^{40}Ca ($Z = 20$, $N = 20$) und ^{48}Ca ($Z = 20$, $N = 28$) oder ^{208}Pb ($Z = 82$, $N = 128$) sind die stabilsten Kerne, welche wir kennen.

Die Idee der superschweren Kerne wird geboren

Das ^{208}Pb ist der schwerste auf der Erde bekannte doppelt magische Kern. Beim darauffolgenden Element, dem Bismut, endet das Gebiet der stabilen Kerne. Die schwersten natürlichen Elemente Thorium und Uran finden wir auf der Erde nur wegen ihrer langen Halbwertszeit, welche vergleichbar mit dem Alter unseres Sonnensystems ist. Zwischen Uran und Bismut liegt das Gebiet der instabilen Kerne aus den Uran- und Thoriumzerfallsketten. Die spannende Frage ist nun, wo der nächste Schalenabschluß oberhalb von Blei liegt, und welchen Einfluß er auf das obere Ende des Periodensystems hat.

Den ersten wichtigen Beitrag zu dieser Frage lieferte im Jahre 1966 der Frankfurter Theoretiker Heiner Meldner. Er machte als *Postdoc* an der Hochburg der Synthese neuer Elemente, dem *Lawrence Berkeley Laboratory*, LBL, in Berkeley Schalenmodellrechnungen mit der dortigen CDC6600. Diese führten weit über das Gebiet der bekannten Elemente hinaus. Die Rechnungen zeigten, daß der nächste doppelte Schalenabschluß oberhalb von Blei bei Element 114 liegt; weit im Gebiet der Instabilität gegen Spaltung nach dem Kerntröpfchenmodell, dessen Grenze bei etwa $Z = 100$ schon von Meitner und Frisch abgeschätzt worden war. Die spannende Frage war nun, ob allein aufgrund der Schalenstabilisierung in diesem Gebiet Kerne existieren können.

Die Frage nach der Stabilität gegen Spaltung zunächst theoretisch zu beantworten, ist äußerst schwierig. Im Gegensatz zu allen übrigen Zerfallsarten, bei welchen der Atomkern Gammastrahlung, Teilchen oder kleinere Aggregate, *Cluster* von Nukleonen, wie Helium- oder Kohlenstoffkerne, emittiert, im wesentlichen aber erhalten bleibt, ist die Spaltung ein kollektiver Prozess, welcher den gesamten Kern einbezieht. Zur Bestimmung der Spaltbarkeit muß man deshalb eine dynamische Rechnung durchführen, bei welcher sich der Kern verformt und solange streckt, bis er über den Gleichgewichtspunkt kommt, wo sich die anziehende Kernkraft und die abstoßende Coulombkraft gerade die Balance halten. Jenseits dieses Punktes wird die Deformation irreversibel und der Kern zerfällt in zwei Fragmente. Die für den Weg vom Grundzustand bis zur Separation der Fragmente notwendige Energie charakterisiert die Stabilität eines Kerns gegen Spaltung und wird dementsprechend Spaltbarriere genannt.

Der einfachste, semiempirische Lösungsansatz zur Berechnung der Stabilität der schweren und superschweren Kerne stammte von William D. (Bill) Myers und Wladyslaw J. Swiatecki. Im Jahre 1966 gelang es ihnen erstmals, die Spaltbarrieren für die Elemente des gesamten Periodensystems als direktes Maß für die Stabilität gegen Spaltung zu berechnen. Weit oberhalb der damals bekannten Elemente sagten sie eine „Insel" schalenstabilisierter Kerne mit 126 Protonen und 184 Neutronen voraus, welche der „Küste" unserer Nuklidkarte im „Nordosten" vorgelagert ist (Bild 11.1).

Wichtig für die weitere Entwicklung der Theorie der Kernspaltung waren die Arbeiten von Sven Gösta Nilsson und Ben Mottelsson zur Lösung der Schrödingergleichung für nicht kugelförmige, deformierte Kerne. Ein völlig neues Verständnis des Schalenbegriffs brachten die Ideen Vilen M. Strutinskis. Bisher konnte man Schalen von Kernen nur für sphärische Kerne definieren. Eine abgeschlossene Schale führt zu einer großen Energielücke, da das nächste verfügbare Kernniveau auf der weit darüberliegenden nächsten Schale liegt. Die Änderung eines Kernzustands ist nur möglich, wenn mindestens ein Nukleon seinen Zustand

Bild 11.1 Allegorische Darstellung des Kontinents der bekannten Kerne mit der Insel der superschweren Kerne bei Element 114, auf welcher eine Badenixe lockt. Segelschiffe werden zu Wasser gelassen und müssen gegen Sturm und Seeungeheuer ankämpfen. Sie symbolisieren die Versuche und Probleme, die Insel der Stabilität mit den unterschiedlichsten Kernreaktionen zu erreichen, hier dargestellt durch die verschiedenen Projektilstrahlen möglicher Experimente, als chemische Symbole in den Fähnchen der Segelschiffe (Zeichnung von G. N. Flerov aus Phys. Scr. 10A (1974), mit freundlicher Genehmigung von Yu. Ts. Oganessian).

ändert. Dazu benötigt es soviel Energie, daß es diese Lücke überspringen kann. Dieser einfache Mechanismus bewirkt die Schalenstabilisierung. Strutinski gelang es, diesen Schalenbegriff auf nicht kugelförmige Systeme auszudehnen. Wir werden dies im Kapitel über die Stabilität der schwersten Elemente noch genauer diskutieren.

Alle neuen Theorien sagten übereinstimmend eine Insel schalenstabilisierter, kugelförmiger Kerne um den doppelten Schalenabschluß bei $Z = 114$ und $N = 184$ voraus. Sie lag weit oberhalb des damaligen oberen Endes des Periodensystems im Meer der Instabilität, dem Gebiet, in welchem Kerne nach dem Tröpfchenmodell nicht existenzfähig sind. Das war die Geburt der Idee der **superschweren Elemente**.

Die theoretischen Voraussagen der Insel der Stabilität wurden in den folgenden Jahren durch die verbesserten Modelle der Frankfurter Theoretiker Ulrich Mosel und Walter Greiner (1969) und anderer Gruppen, wie E. O. Fiset und J. Rayford Nix (1972), von Bjørn Randrup (1974) sowie von Adam Sobiczewski (1978) untermauert. Die Lage der magischen Insel blieb im wesentlichen unverändert bei $Z = 114$ und $N = 184$. Die Unsicherheitsfaktoren in den Rechnungen waren wegen der oben angedeuteten Probleme sehr groß. Die für das vermeintlich stabilste Isotop $^{294}110$ vorausgesagten Halbwertszeiten reichten von zehntausend Jahren bis zu einer Milliarde Jahre, vergleichbar mit dem Alter des Sonnensystems.

Dies war eine riesige Herausforderung an die Experimentatoren. Es herrschte Aufbruchstimmung! Die Jagd nach superschweren Kernen begann zunächst erst einmal in der Natur. Wegen der großen Unsicherheiten in den Voraussagen der Halbwertszeit und der ungeklärten Frage, ob solche superschweren Elemente in der Natur entstanden sein könnten, startete man gleichzeitig Forschungsprojekte, superschwere Elemente künstlich im Labor zu erzeugen. Als die am besten geeignete Reaktion sah man die Verschmelzung von zwei schweren Kernen an. Sie tritt ein, wenn ein energiereicher Projektilkern auf einen Targetkern geschossen wird. Beide können sich zu einem neuen Kern, dem Compoundkern verbinden. Geht man vom schwersten damals verfügbaren Target Einsteinium der Ordnungszahl 99 aus, so mußte man mindestens Kerne der Ordnungszahl 15 beschleunigen, das entspricht Phosphor, um zu Element 114 zu gelangen. Es war sofort klar, daß derjenige das Rennen machen würde, der die besten experimentellen Voraussetzungen hatte. Dazu gehört vor allen Dingen ein leistungsfähiger Schwerionenbeschleuniger, aber auch die entsprechende Nachweistechnik.

Um 1966 gab es weltweit etwa zwanzig baureife Beschleunigerprojekte, in den USA allein elf. Wesentliche Konstruktionsziele waren die Beschleunigung aller Elemente einschließlich des Urans, hohe Teilchenströme und die Steigerung der Endenergie, um neue Bereiche der Schwerionenphysik zu erschließen, zu denen auch die superschweren

Elemente gehörten. Nur wenige der projektierten Beschleuniger wurden tatsächlich gebaut.

Element 104 – Das Element mit zwei Namen: Kurchatovium und Rutherfordium

Im Jahre 1964 kam die Nachricht der Entdeckung des Elements 104 aus Dubna. Erstmals meldeten Experimentatoren aus der UdSSR als erste den Anspruch auf die Entdeckung eines neuen Elements an. Es sollte das meistumstrittene aller Transuranelemente werden, dessen Geschichte ganz besonders widerspiegelt, wie weit sich der eskalierende Kalte Krieg auch auf die Forschung auswirkte.

Element 104 ist das letzte Element, dessen Nachweis sich auf einen chemischen Nachweis stützt. Chemisch und physikalisch steht es an der Schwelle zu Neuem. Nach der Serie von vierzehn Elementen der Actinoiden, deren letzte neun Mitglieder sehr ähnliche chemische Eigenschaften haben, beginnen mit Element 104 die Transactinoiden. Aus unserer derzeitigen Sicht ist Element 104 im Periodensystem in der vierten Gruppe angesiedelt, homolog zu Zirconium und Hafnium. Ob dies tatsächlich streng zutrifft, und ob dies auch für die Elemente 105 und 106 in den Gruppen fünf und sechs gilt, ist eine der interessanten derzeitigen chemischen Fragestellungen. Wir werden dies im Zusammenhang mit Element 105 noch detailliert diskutieren.

Auch die kernphysikalischen Eigenschaften ändern sich bei Element 104 dramatisch. Halbwertszeit und Bildungsquerschnitt nehmen weiter deutlich ab. Erstmals treten über die gesamte Isotopenreihe eines Elements verteilt Nuklide auf, deren Lebensdauern weit unterhalb von Sekunden liegen. Alle bekannten Isotope mit gerader Neutronenzahl, ausgenommen das neutronenreichste der Masse 262, spalten mit Halbwertszeiten unter einer Zehntelsekunde. Die Isotope ungerader Neutronenzahl sind stabiler. Sie zerfallen dominant über α-Emission mit Halbwertszeiten von Sekunden. Nur einige wenige Isotope besitzen eine

Halbwertszeit von mehr als einer Sekunde, der Grenze für schnelle, automatische chemische Trennmethoden. In der Synthesereaktion sinken die Bildungsquerschnitte in die Nanobarngegend, das heißt größenordnungsmäßig auf 10^{-33} cm^2. Von hier an sind neue Elemente nur noch an leistungsfähigen Beschleunigern und mit empfindlichen, sicheren und schnellen Nachweistechniken zugänglich und damit nur für wenige Labors auf der Welt erreichbar.

Kasten 11.1: Der Wirkungsquerschnitt

Der Wirkungsquerschnitt σ ist ein Maß für die Größe der Wechselwirkung eines Projektils mit einer bestrahlten Probe, dem Target.

$$\sigma = \frac{\text{Anzahl der Wechselwirkungen pro Zeiteinheit}}{\text{Anzahl der Projektile pro Zeit} - \text{ und Flächeneinheit}}$$

Die Einheit des Wechselwirkungsquerschnitts ist das *barn* (b), aus dem Englischen übersetzt: Scheunentor; 1 b = 10^{-28} m^2, entsprechend 10^{-24} cm^2. Kleinere Einheiten sind Millibarn (mb) für 10^{-3} b, Mikrobarn (μb) für 10^{-6} b, Nanobarn (nb) für 10^{-9} b und Picobarn (pb) für 10^{-12} b.

Der Radius der Atomkerne wird in der Einheit Femtometer (fm) angegeben; 1 fm = 10^{-15} m. Oft wird er durch die Anzahl der Nukleonen A ausgedrückt. Da Massenzahl und Nukleonenzahl identisch sind, gilt: $R = r_0 A^{1/3}$. Dabei ist r_0 der Nukleonenradius. Wir verwenden hier $r_0 \sim 1,4$ fm.

Zwei neue technische Entwicklungen waren es, welche es den Forschern aus Dubna unter der Leitung von Georgij N. Flerov ermöglichten, erstmals die Entdeckung eines neuen Elements zu beanspruchen: das schon erwähnte leistungsfähige neue Zyklotron und eine extrem empfindliche und schnelle chemische Nachweistechnik. Hinzu kamen die Erfahrungen aus sorgfältigen Experimenten zur Synthese schwerer Elemente durch Kernverschmelzung von schweren Ionen. Die ersten Experimente zur Synthese des neuen Elements 104 in Dubna zielten darauf, das Isotop der Masse 260 in einer Bestrahlung von ^{242}Pu mit

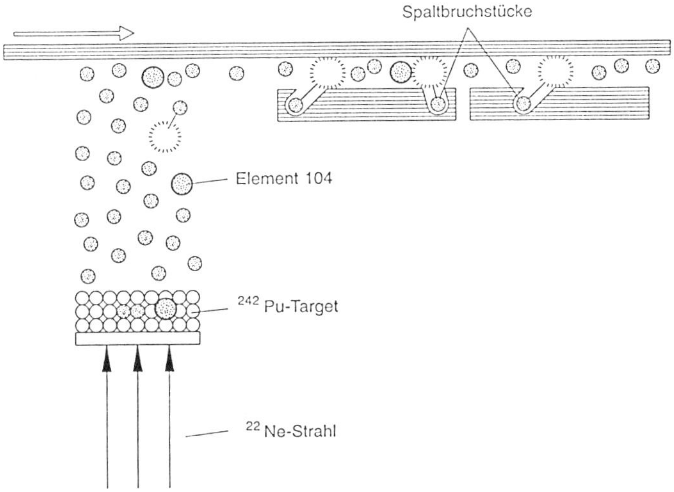

Bild 11.2 Das erste Experiment zum Nachweis des Elements 104 in Bestrahlungen von ^{242}Pu mit ^{22}Ne. Die durch den Energieübertrag vom Projektil aus dem Target herausgestoßenen Kerne des Elements 104 werden auf einem Nickelband gesammelt und zu Glasdetektoren transportiert. Die Spaltfragmente aus dem Zerfall der schweren Kerne zerstören auf dem Weg des Abbremsens die lokale Struktur des Glases und erzeugen so zunächst nicht sichtbare Spuren im Glas. Diese werden nach Beendigung des Experiments durch Ätzung mit Flußsäure sichtbar gemacht und unter dem Mikroskop ausgezählt (nach G. N. Flerov, *On the Way to Superheavy Elements*, MIR Publishers, Moskau 1982)

^{22}Ne zu erzeugen. Es wird aus dem Compoundkern ^{264}104 nach Abdampfung von vier Neutronen gebildet. Ein technisches Problem war, daß man dazu ^{22}Ne benötigte, das neutronenreichste Isotop des Neon. Es kommt nur mit 9,2 % Häufigkeit in der Natur vor. Um einen intensiven Projektilstrahl zu erzeugen, mußte man daher das ^{22}Ne als isotopenangereichertes Gas in die Ionenquelle des Zyklotrons einspeisen. Für die viele Stunden dauernden Bestrahlungen, welche über mehrere Wochen wiederholt wurden, benötigte man mehrere hundert Liter angereichertes Gas. Das Plutoniumtarget hatte eine Dicke von 0,35 μm. Es war auf einer dünnen Trägerfolie aus Aluminium aufgebracht und mit einer Nickelschutzschicht bedeckt. Das Target befand sich vor einem kontinuierlich bewegten Nickelband, auf welchem die aus dem Target herausgestoßenen Reaktionspodukte gesammelt und zu den Detektoren aus Phosphatglas transportiert wurden (Bild 11.2).

Diese Methode erlaubt die Messung der Lebensdauern einzelner Atomkerne. Immer, wenn ein Kern auf dem bewegten Band durch Spontanspaltung zerfiel, flog eines der beiden Spaltfragmente in die Glasdetektoren und erzeugte dort eine latente Spur, welche nach Beendigung des Experiments durch Ätzen sichtbar gemacht wurde. Der Abstand einer jeden Spaltspur vom Target ist durch die Bandgeschwindigkeit und die individuelle Lebensdauer des Atoms von seiner Bildung bis zum Zerfall bestimmt. Die Verteilung der Spuren auf den Glasplatten ergibt somit die Halbwertszeit, in diesem Experiment waren es 0,3 s. Das Ergebnis war ein erster interessanter Hinweis auf Element 104.

Um das Resultat zu untermauern und eine Zuordnung der Zerfälle zu einem bestimmten Isotop zu machen, variierte man die Energie des Projektilstrahls zur Bestimmung der Energieabhängigkeit der Kernreaktion in einer Anregungskurve. Man hatte gelernt, daß die Abdampfung von exakt vier Neutronen nach vollständiger Kernverschmelzung nur in einem sehr schmalen Energiefenster stattfindet. Wählt man die Projektilenergie zu niedrig, findet keine Fusion statt, es werden keine Kernreaktionsprodukte beobachtet. Wählt man die Energie zu hoch, wird zuviel Energie in den Compoundkern gepumpt, er wird heißer und emittiert mehr als vier Neutronen. Dies führt zu einem anderen Isotop als Endprodukt.

Bei der Bestrahlung von Actinoidentargets entsteht ein besonders schwer zu erfassender Untergrund von spontanspaltenden Kernen. Er stammt von Nukliden aus der direkten Nachbarschaft des als Targetmaterial verwendeten Isotops: Von Nukliden, die aus dem Grundzustand spontan spalten und von Spaltisomeren. Sie entstehen durch Übertragung einiger weniger Nukleonen zwischen Projektil- und Targetkern, also in Transferreaktionen. Dieser Untergrund ist gerade bei Plutoniumtargets sehr störend. Die Anregungskurven der Produktion von Spaltisomeren erstrecken sich über einen weiten Projektil-Energiebereich im Gegensatz zur charakteristischen schmalen Anregungskurve für vollständige Kernverschmelzung. In der Arbeitsgruppe von G. N. Flerov war man nach diesen Reaktionsstudien und der Diskussion aller Fehlermöglichkeiten fest davon überzeugt, das neue Element 104 gefunden zu haben.

Das äußerst schwierige Problem einer zweifelsfreien Identifikation wird sofort klar, wenn man sich vorstellt, daß der mit $2{\cdot}10^{-34}$ cm^2 abgeschätzte Bildungsquerschnitt nur der extrem kleine Bruchteil von weniger als einem milliardstel des gesamten Reaktionsquerschnitts aller möglichen Kernreaktionen ist. Die Bildungsrate von Element 104, bezogen auf die Gesamtrate aller in der Kernreaktion erzeugten Produkte, ist deshalb unvorstellbar klein. Alle möglichen anderen Reaktionen mit viel größeren Querschnitten können das Ergebnis verfälschen. Um das Untergrundproblem zu verstehen, muß man sich vorstellen, daß man, gelänge es 1 Gramm des neuen Elements herzustellen, gleichzeitig 10 000 Tonnen unerwünschter Kernreaktionsprodukte mit erzeugen würde. Es gilt hier tatsächlich, die Nadel im Heuhaufen zu finden. Das kann aber nur funktionieren, wenn man die Nadel auch wirklich vom Heu unterscheiden kann. Man braucht einen sehr empfindlichen und vor allem charakteristischen Nachweis.

Die Identifikation eines schweren Elements mithilfe der Spontanspaltung hat im Vergleich zur in Berkeley angewandten Korrelationsmethode mit α-Zerfällen eindeutige Schwächen. Die einzige mit der in Dubna benutzten Kernspurmethode sicher meßbare Größe ist die Halbwertszeit. Eine hinreichend zuverlässige Systematik von Spalthalbwertszeiten mit ausreichender Vorhersagekraft aufzustellen, ist praktisch nicht möglich. Deshalb ist bei den Voraussagen der Spalthalbwertszeiten für noch unbekannte Kerne am Ende des Periodensystems immer mit Überraschungen zu rechnen. Dies wird die weitere Entwicklung zeigen. In Dubna war man überzeugt, daß die Kerne oberhalb Element 104 spontan spalten. Man konzentrierte sich darauf, die Spurenätzung als wichtigste Nachweistechnik bei der Entdeckung neuer Elemente einzusetzen und weiter zu entwickeln. Sie erlaubt, kurze Halbwertszeiten zu messen und ist sehr empfindlich. Sie erfüllt aber nicht das unbedingt notwendige Kriterium der Eindeutigkeit. Das führte zu Problemen bei der Identifikation und damit auch bei den Prioritätsansprüchen.

Im Jahre 1966 wurde eine neue Serie von Experimenten zur Identifikation von Element 104 veröffentlicht. G. N. Flerov und Mitarbeiter schreiben dazu (Sov. At. Energy 21 (1966) 709): „In Anbetracht der Schwierigkeit, die Produkte von Kernreaktionen mit niedrigen Ausbeuten (ungefähr ein Atom pro fünf Stunden Beschleunigerbetrieb) zu untersuchen, unterstreichen die Autoren die Wichtigkeit, chemische Experimente zur zusätzlichen Identifikation durchzuführen, verbunden mit einer gleichzeitigen Studie der chemischen Eigenschaften des neuen Elements.“(Übersetzung aus der Originalveröffentlichung).

Die in Dubna arbeitenden Chemiker Ivo Zvara und Mitarbeiter waren überzeugt, eine chemische Trennmethode zu haben, welche imstande war, einzelne Atome mit einer mittleren Lebensdauer von weniger als einer Sekunde zu separieren. Jedes einzelne Atom mußte unmittelbar nach seiner Bildung chemisch abgetrennt und zum Detektor transportiert werden. Das erforderte eine völlig neue Technik. Der chemische Nachweis stützte sich auf die schon oben angedeutete Hypothese, nach welcher die Actinoidenreihe bei Element 103 endet und das Element 104 in der vierten Gruppe des Periodensystems als homologes Element zu Zirconium und Hafnium einzuordnen ist. Zvara und Mitarbeiter hatten sich für die Gaschromatographie als schnelles und kontinuierlich arbeitendes chemisches Trennverfahren entschieden. Der Trick bei der Gaschromatographie ist, daß man die unterschiedliche Flüchtigkeit gezielt ausgesuchter chemischer Verbindungen zur Trennung ausnutzt. In diesem Experiment sind es die Eigenschaften der Chloride. Die Chloride der Actinoiden sind schwer flüchtig. Das Chlorid von Element 104 hingegen ist, wie man richtig annahm, analog zu den Chloriden von Zirconium und Hafnium, leichtflüchtig (Bild 11.3).

Die Meßapparatur bestand aus einem Glasrohr, dessen Oberfläche als Austauschoberfläche für die Gaschromatographie diente. Es ist in dieser schematischen Darstellung als Filter dargestellt. Ein etwa 300 °C heißer, kontinuierlicher Stickstoffstrom diente als Trägergas zum Transport der Reaktionsprodukte vom Target zum Detektor. Die Chlorierung erfolgte mithilfe eines Gemisches aus gasförmigem Niobpentachlorid und Zirconiumtetrachlorid, das dem Stickstoff beigemischt wird. Die Temperatur der Austauschoberfläche wurde so gewählt, daß die schwerflüchtigen Chloride der Actinoiden abgeschieden werden, die leichtflüchtigen des Elements 104 hingegen passieren konnten. In Testexperimenten mit

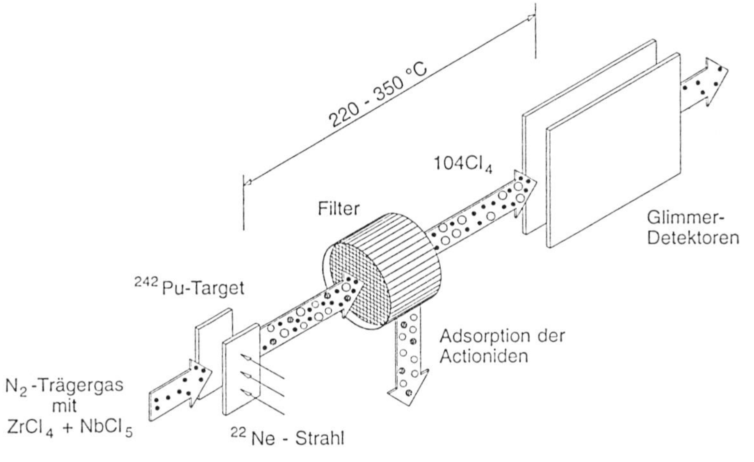

Bild 11.3 Aufbau zum Nachweis des Elements 104 mithilfe gaschemischer Methoden. Die Reaktionsprodukte werden als Chloride mit einem Gasstrom zu Spaltspurdetektoren aus dünnen Glimmerplättchen transportiert. Die chemische Trennung erfolgt gaschromatographisch in einem Glasrohr, hier als „Filter“ eingezeichnet (nach G. N. Flerov, *On the Way to Superheavy Elements*, MIR Publishers, Moskau 1982).

Chloriden radioaktiver Hafnium-Isotope wurde die Trennmethode überprüft und die für chemische Reaktion und Transport benötigte Zeit mit 0,5 Sekunden abgeschätzt. Am Ende der Meßapparatur waren Glimmerdetektoren zum Nachweis der Spaltfragmente angebracht. Im ersten Experiment wurde die Temperatur der Austauschoberfläche auf etwa 200 °C aufgeheizt. Nun wurde 600 Stunden lang, also mehr als drei Wochen, bestrahlt und experimentiert. Das Ergebnis waren vier Spaltspuren im Detektor. Nachdem die Temperatur im zweiten Experiment auf etwa 350 °C erhöht worden war, konnten nach „nur“ 90 Stunden weitere acht Spaltspuren registriert werden. Bei einer Temperatur der Austauschoberfläche von 350 °C wurden in einem neunzigstündigen Experiment 12 Spaltspuren in den Glimmerdetektoren gefunden. Die Autoren weisen darauf hin, daß die Verteilung der Spaltspuren entlang dem Detektor mit einer Halbwertszeit von 0,3 s verträglich ist und fanden somit das erste Experiment bestätigt.

Die Entdecker des Elements 104 erhielten mit dem Lenin-Staatspreis die höchste Auszeichnung der UdSSR. Zur Ehrung des russischen Wissenschaftlers Igor Wassiljewitsch Kurtschatow, des Lehrers von G. N. Flerov, schlugen sie den Namen Kurchatovium (Ku) vor. Kurtschatow war Bereiter des sowjetischen Atomprogramms und Leiter des Kernwaffenprojekts.

Drei Jahre später, im Jahre 1969, wollten Albert Ghiorso und Mitarbeiter in Berkeley die Resultate aus Dubna überprüfen. Sie suchten in Bestrahlungen von Curium-Isotopen mit Sauerstoff, die zu Isotopen der Masse 260 und 259 führten, nach einer Spaltaktivität mit 0,3 s Halbwertszeit. Ohne Erfolg! Damit sollte der heute noch nicht beendete Streit um die in Dubna gemessene Spaltaktivität und die Priorität der Entdeckung von Element 104 beginnen. Im gleichen Jahr veröffentlichte die Gruppe aus Berkeley eine Arbeit zur Identifikation zweier Isotope des Elements 104. In Bestrahlungen von ^{249}Cf mit ^{12}C beziehungsweise ^{13}C wurden die Isotope mit den ungeraden Massenzahlen 257 und 259 als α-Emitter identifiziert. Die Zuordnung basierte auf der schon früher bei der Identifikation einiger Nobelium-Isotope angewandten Doppelrückstoßmethode. Die Korrelation zwischen den Zerfällen der Mutter- und Tochterkerne machten die Zuordnung unabhängig von Hypothesen zum Zerfall des unbekannten, neuen Kerns und damit zuverlässig.

Im Jahre 1974 wurde dieses Ergebnis in einem anderen amerikanischen Labor, in Oak Ridge, von C. E. Bemis und Mitarbeitern mit einer sehr ausgefeilten Methode bestätigt: der Messung der charakteristischen Röntgenstrahlung. Auch diese Methode war schon beim Nobelium angewandt worden. Es ist ein interessanter Zufall, daß im Jahre 1922 das homologe Hafnium ebenfalls durch die Beobachtung seiner charakteristischen Röntgenstrahlung gefunden wurde. Die Weiterentwicklung dieser Technik durch Bemis und Mitarbeiter nutzt die Tatsache, daß bei einem α-Zerfall gleichzeitig mit dem emittierten α-Teilchen die charakteristische Röntgenstrahlung des Tochterkerns beobachtet werden kann. In der Bestrahlung von ^{249}Cf mit ^{12}C wurden insgesamt 3 000 Atome des Isotops ^{257}104 gebildet und etwa 1 000 α-Zerfälle registriert. Unter ihnen wurden 13 koinzidente, das heißt gleichzeitig mit den α-Zerfällen beobachtete, charakteristische Röntgenquanten gefunden. Zur Ehrung von Ernest Rutherford wurde von der Berkeley-Livermore Gruppe der Name Rutherfordium (Rf) für Element 104 vorgeschlagen.

In der Folgezeit wurden in Berkeley und Dubna zahlreiche Experimente durchgeführt mit dem Ziel, die in Dubna gemessene, dem Isotop $^{260}104$ zugeordnete Spaltaktiviät zu finden beziehungsweise auszuschließen. Die Kontroverse eskalierte, als 1975 in Dubna eine neue Halbwertszeit von 80 ms für dieses Isotop gemessen und in einem Kontrollexperiment in Berkeley nur Spontanspaltungen mit 20 ms Halbwertszeit beobachtet wurden. Interessanterweise konzentrierten sich die Experimente in Dubna auf Bestrahlungen von ^{246}Cm mit ^{18}O. In Berkeley hingegen benutzte man ein möglichst schweres Target, ^{249}Bk, welches bei Bestrahlung mit ^{15}N zum gleichen Compoundkern $^{264}104$ führt.

Auf internationalen Konferenzen gab es heftigste Diskussionen zwischen den Gruppen aus Berkeley und aus Dubna, welche besonders zwischen Ghiorso und Flerov geführt und zum Teil nur dadurch abgemildert wurden, daß Flerov seine Vorträge auf russisch hielt – obwohl er die englische Sprache beherrschte – und die Übersetzer, oft Physiker aus anderen Ostblockstaaten, die Reden stark abgemildert übersetzten. Unterstützt durch Klopfen mit dem Zeigestock, tat er seinen Unmut darüber kund. Für die Zuhörer der Vorträge war sehr schwer zu beurteilen, wo die Wahrheit lag, da die Daten beider Gruppen, insbesondere die Zerfallskurven zur Bestimmung der Halbwertszeit – der 80 ms aus Dubna und der 20 ms aus Berkeley – sehr überzeugend wirkten. Als Beispiel für die Heftigkeit, mit welcher diese Diskussion geführt wurde, sei die Konferenz „Nuclei far from Stability“ 1976 in Cargèse angeführt, der dritten in einer der wichtigen, heute noch fortgeführten Konferenzserie.

Der Vortrag A. Ghiorsos „*Final Resolution of the Element 104 Question*“ beginnt mit der Geschichte der langen Kontroverse zwischen Dubna und Berkeley in der Entdeckung des Elements 104 und fährt fort: „Insbesondere geben wir einen Überblick über die Schwierigkeiten, welche mit der Benutzung der Spontanspaltung zur Entdeckung neuer Elemente führen, im Gegensatz zur Messung von α-Aktivitäten zur Definition der Ordnungszahl. Neue Experimente in Dubna und Berkeley, welche die Bestrahlung von ^{246}Cm mit ^{18}O, ^{248}Cm mit ^{18}O und ^{249}Bk mit ^{15}N betreffen, werden verglichen. Wir ziehen den kategorischen Schluß, daß die Behauptung aus Dubna, daß das Isotop $^{260}104$ mit einer Halbwertszeit von 0,1 s zerfällt, nicht zu halten ist." (Übersetzung der Autoren aus dem Originaltext). Es folgt eine detaillierte Gegenüberstellung aller Daten aus Berkeley und Dubna. Der Vortrag stand in starkem Kontrast zum vorausgegangenen Vortrag Flerovs, der in „*The Dubna Programme on Heavy and Superheavy Elements*" das Forschungsprogramm in Dubna zur Synthese neuer Elemente beschreibt, welches ausschließlich auf der Messung von Spaltaktivitäten basiert. Verwendet wurden die schon erwähnten Techniken der Spurenätzung im Glimmerdetektoren zum Nachweis der Spaltfragmente.

Im gleichen Jahr erschien in der renommierten Zeitschrift *Science* ein Artikel „*Criteria for the Discovery of Chemical Elements*", mit ausschließlich westlicher Beteiligung. Die Autoren stammten vorwiegend aus USA, aber auch aus Frankreich und der Bundesrepublik Deutschland. In diesem Artikel wird versucht, allgemeine Kriterien für die Entdeckung eines Elements aufzustellen; aber auch damit konnte die Frage der Entdeckung von Element 104 nicht für alle Beteiligten befriedigend gelöst werden. Sicher nicht zuletzt deshalb, weil die Kriterien sich überwiegend an den amerikanischen Experimenten orientierten.

Wegen der Kontroverse Dubna – Berkeley ist Element 104 sicher das Element, dessen Entdeckung mit den meisten Experimenten untermauert wurde. Nicht alle haben in gleichem Maße zur Erweiterung unserer physikalischen Kenntnis der schwersten Elemente beigetragen. Schließlich werden 1980 in Berkeley im Rahmen einer Dissertation die Spaltaktivitäten im Bereich der Transfermium-Elemente untersucht. Die 80 ms-Aktivität wird nicht gefunden. In Folgeexperimenten in Dubna konnte weder die 0,3 s noch die 80 ms-Aktivität reproduziert werden!

Gleichzeitig baute die Gruppe von Kenneth (Ken) Hulet vom *Lawrence Livermore National Laboratory* am 88-Inch-Zyklotron in Berkeley ein Experiment auf, um die Spalteigenschaften von $^{260}104$ genauer zu studieren. Dies war von besonderem Interesse, da dieser Kern in einem Gebiet liegt, wo die Systematik der Spalthalbwertszeiten sich dramatisch ändert. Halbwertszeit und Spalteigenschaften von $^{260}104$ konnten genau gemessen werden. Etwa gleichzeitig gab es neue Messungen aus Dubna, die mit den Ergebnissen aus Berkeley in Einklang waren. Diese wurden jedoch nur zögernd veröffentlicht. Heute ist man sich einig, daß das Nuklid $^{260}104$ durch Spontanspaltung mit 21 ms Halbwertszeit zerfällt. Für den chemischen Nachweis, auf welchen sich der Dubna-Anspruch auf Element 104 stützt, ist dies zu kurz. Nach unserer heutigen Kenntnis kann unter den Isotopen mit einer Masse unter 262 nur eines mit einer ungeraden Massenzahl eine genügend lange Halbwertszeit haben, um in einem Chemie-Experiment noch beobachtet zu werden. Die Erklärung von I. Zvara und Mitarbeitern ist heute, daß nach neuerer Analyse, die auf einem besseren Verständnis der Thermochromatographie basiert, das Experiment mit einer Halbwertszeit von zwei Sekunden vereinbar ist. Somit kommt das Nachbarisotop $^{259}104$ mit einer Halbwertszeit von 3 s als mögliche Quelle für die Spaltaktivität in Frage. Unklar ist, wie sicher das erste Chemie-Experiment tatsächlich war und ob das Isotop $^{259}104$, das uns heute als α-Emitter bekannt ist, auch mit einem genügenden Prozentanteil über Spontanspaltung zerfällt.

Die Geschichte dieses Elements zeigt, daß nur der korrelierte α-Zerfall eine eindeutige Identifikation erlaubt. Das Problem des chemischen Nachweises eines neuen Elements ist, daß die chemischen Eigenschaften der Transactinoiden nicht mehr einfach aus dem Periodensystem extrapoliert werden können. Somit ist auch nach chemischer Trennung, wenigstens in Entdeckungsexperimenten, der Nachweis eines eindeutigen Zerfallssignals, wie des α-Zerfalls, unabdingbar. Die Spontanspaltung, aus damaliger russischer Sicht physikalisch interessanter, da sie unmittelbar Auskunft über die Stabilität des Atomkerns gibt, ist zu unspezifisch, um allein zur Identifikation neuer Elemente zu dienen. Diese Frage wird uns auf dem Weg zur heutigen Grenze des Periodensystems noch mehrfach begegnen und zu Überraschungen führen. Die Namensfrage ist für Element 104 noch ungeklärt, da zwei Namensvorschläge vorliegen, über welche noch keine Einigung erzielt werden konnte. Wir werden die eingehende Namensdiskussion einem späteren Kapitel vorbehalten.

Element 105 – Hahnium

Das erste Experiment zur Synthese von Element 105 wurde 1968 ebenfalls in Dubna von der Arbeitsgruppe um G. N. Flerov durchgeführt. Diesmal wurden in Bestrahlungen von ^{243}Am mit ^{22}Ne-Ionen α-Aktivitäten gemessen, welche den Zerfällen von Element 105 und dem Tochterelement 103 zugeordnet wurden. Der Versuchsaufbau entsprach einer vereinfachten Version des *Vertical Wheel* in Berkeley. Die aus dem Target herausfliegenden Reaktionsprodukte wurden in Helium abgebremst und mit dem Gasstrom zu einem Rad transportiert. Die auf dem Rad aufgesammelte Aktivität wurde zum Nachweis des α-Zerfalls durch Drehung vor Halbleiterdetektoren gebracht. Dabei wurden α-Zerfälle mit Energien bei 9,4 MeV und 9,7 MeV beobachtet, welche man den Isotopen ^{261}105 und ^{260}105 zuordnete. Sobald α-Zerfälle im Detektor registriert wurden, wurde der Beschleunigerstrahl für 160 s abgeschaltet. Auf diese Weise suchte man nach korrelierten Tochterzerfällen. Ungefähr zehn Zerfälle wurden beobachtet und den Isotopen der Massen 260 und 261 zugeordnet. Das Ergebnis stellte sich später als falsch heraus. Möglicherweise stammte die α-Aktivität aus Kernreaktionen mit Bleiverunreinigungen im Target. Zwei Jahre später wurde das Experiment in Dubna von V. A. Druin und Mitarbeitern unter verbesserten Versuchsbedingungen wiederholt. Man fand eine 9,1 MeV-α Linie mit 1,4 s Halbwertszeit in Korrelation zu Tochterzerfällen und ordnete sie dem Isotop ^{260}105 oder ^{261}105 zu, da man nicht sagen konnte, ob die Tochterzerfälle von ^{256}103 oder ^{257}103 stammten. Kurz zuvor war in Berkeley von Ghiorso und Mitarbeitern die gleiche α-Aktivität in Bestrahlungen von ^{249}Cf mit ^{15}N beobachtet worden, sie stammt vom Isotop ^{260}105. Die Identifikation erfolgte wie bei Element 104 mit dem *Vertical Wheel*.

Der ursprüngliche Namensvorschlag für Element 105 aus Dubna ist Nielsbohrium (Ns) zu Ehren von Niels Bohr. Der Namensvorschlag aus Berkeley ist Hahnium (Ha) zur Würdigung von Otto Hahn. Die Gruppen aus Darmstadt und Dubna haben sich im Jahre 1992 darauf geeinigt, den Namen Niels Bohrs auf das Element 107 zu übertragen, welches in den α-Ketten die Mutter zu Element 105 ist. Da es aus diesem Grunde zu

Element 105 derzeit keine kontroverse Namensdiskussion gibt, hat sich in den letzten Jahren die Benutzung des Namens Hahnium weitgehend durchgesetzt.

Kapitel 12
Chemie mit einzelnen Atomen – Auf der Suche nach dem Ende des Periodensystems der Elemente

Aus der Sicht eines Atomphysikers läßt sich die Frage nach den Grenzen der denkbaren Elemente relativ leicht beantworten. Schon 1923, nicht lange nach der Aufstellung seines Atommodells, rechneten Niels Bohr und andere aus, bei welcher zentralen Ladung des Atomkerns die innersten Elektronen eines sehr schweren Elements in den Kern stürzen würden. Danach würde bei einer Kernladung von 137 Protonen das Ende der stofflichen Welt prinzipiell erreicht. Bei heute durchgeführten Rechnungen, welche die Ladungsverteilung im Atomkern nicht mehr als punktförmig annehmen, sondern deren räumliche Ausdehnung berücksichtigen, und den relativistischen Massenzuwachs der Elektronen einbeziehen, wird diese Grenze bis zum Element 150 hinausgeschoben. Für einen Kernchemiker und Kernphysiker, vor die Aufgabe gestellt, ein solches Element zu synthetisieren, ist dies eine absolut utopische Zahl. Warum dies so ist, soll in den nächsten Kapiteln deutlich werden.

Für den Kernchemiker stellt sich heute die Frage nach dem Ende des Periodensystems der Elemente ganz anders: Wie weit lassen sich die schwersten Elemente auch in ihren chemischen Eigenschaften studieren? Wie weit ordnen sich die Transactinoidenelemente 104, 105 und 106 in die Gruppen 4, 5 und 6 des Periodensystems als erste Transactinoiden ein, und wie weit ähneln sie ihren leichteren homologen Elementen Zirkonium, Hafnium – in Gruppe 4 –, Niob, Tantal – in Gruppe 5 – und Molybdän, Wolfram – in Gruppe 6?

Dies war die Arbeitshypothese, als in der zweiten Hälfte der achtziger Jahre eine Gruppe von Kernchemikern der Gesellschaft für Schwerionenforschung (GSI) Darmstadt, des Instituts für Kernchemie der Universtität Mainz, des Paul Scherrer Instituts (PSI) in Villigen und des

Lawrence Berkeley Laboratory (LBL) detaillierte Studien zur Chemie der Transactinoiden begannen. Die von den gleichen Arbeitsgruppen kurz vorher durchgeführten, oben schon erwähnten Untersuchungen am Lawrencium hatten, neben einigen überraschenden Eigenschaften, ergeben, daß Lawrencium sich ähnlich verhält wie Lutetium, das letzte Element der Lanthanoiden. Die spannende Frage war nun, ob sich Element 104 wie Hafnium und Element 105 wie Tantal verhalten würde; Element 106 war für die Chemiker noch nicht in greifbare Nähe gerückt. Noch viel mehr als beim Lawrencium sollten sich die mit zunehmender Kernladung stark zunehmenden relativistischen Effekte auch in den chemischen Eigenschaften niederschlagen.

Schon in den ersten Übersichtsexperimenten der Kernchemiker um Ivo Zvara in Dubna, die um 1975 die Flüchtigkeit der Chloride und Bromide des Hahniums (Ha, $Z = 105$) in einem Thermochromatographierohr untersuchten, deuteten sich unerwartete Eigenschaften des Elements 105 an. Ähnlich wie bei den ersten chemischen Experimenten zum Element 104 wurden auch hier die Kernreaktionsprodukte mit einem Trägergasstrom, dem zusätzlich ein Reaktivgas zugemischt worden war, durch ein Glasrohr geblasen. Die Temperatur war etwa 260 °C am Eingang des Rohres und fiel auf Raumtemperatur bis zum Ende des etwa 180 cm langen Rohres. Bei solch einer Anordnung scheiden sich die schwerer flüchtigen Verbindungen schon im Bereich der hohen Temperaturen ab, während die leichter füchtigen Verbindungen um so weiter wandern, je flüchtiger sie sind.

Die entlang des Glasrohres beobachteten Spaltspuren des Zerfalls von ^{260}Ha oder ^{261}Ha mit Halbwertszeiten knapp unter zwei Sekunden zeigten eine deutlich geringere Flüchtigkeit der Hahnium-Verbindungen im Vergleich zum leichteren homologen Element Niob. Die Abscheideposition des Niob war vorher mit dem radioaktiven Tracer ^{90}Nb, das eine Halbwertszeit von 14,6 Stunden besitzt, getestet worden. Unter Tracern versteht man radioaktive Isotope eines Elements, mit denen das Verhalten eines Elements bei einer bestimmten chemischen Operation quantitativ verfolgt werden kann. Bei den Experimenten zur Chemie schwerster Elemente dienen Tracer zur Optimierung aller Parameter der chemischen Trennung und auch zur Kontrolle laufender Versuche.

Die in Dubna zur Chemie des Hahniums durchgeführten thermochromatographischen Experimente sind aus zwei Gründen problematisch; zum einen ist die Spontanspaltung als beobachtete Zerfallsart unspezifisch bezüglich Element oder Nuklid, und zum anderen sind die beobachteten Abscheidetemperaturen von der Halbwertszeit der Nuklide abhängig. Kurzlebige Nuklide scheiden sich bei höherer Temperatur ab als längerlebige, die durch ihre Lebensdauer die Möglichkeit haben, ein wenig weiter in die kälteren Zonen des Chromatographierohres zu wandern. Das macht den Vergleich der Flüchtigkeiten zwischen zwei Elementen dann sehr schwierig und modellabhängig, wenn die Untersuchungen mit solchen Nukliden durchgeführt werden, die stark unterschiedliche Halbwertszeiten besitzen.

Während die Dubna-Gruppe die beobachtete Flüchtigkeit der Halogenide des Hahniums als die erwartete Eigenschaft ansahen, diskutieren die amerikanischen Kernchemiker O.L. Keller und G.T. Seaborg diese Beobachtung als eine Umkehr des Trends chemischer Eigenschaften innerhalb der Gruppe 5 des Periodensystems.

Mehr als zehn Jahre später machten sich in Berkeley Ken Gregorich und Mitarbeiter aus der Arbeitsgruppe von Darleane Hoffman und Glenn T. Seaborg daran, das Verhalten von Hahnium erstmals in wässriger Lösung zu studieren. Durch einen gleichzeitigen Gastaufenthalt des Mainzer Kernchemikers Günter Herrmann in Berkeley konnten frühere, in Mainz gewonnene Erfahrungen ausgenutzt werden. Dort war die selektive Adsorption von Niob an Glasoberflächen aus konzentrierter Salpetersäure zur schnellen chemischen Trennung von Niob aus Spaltprodukten eingesetzt worden. Ken Gregorich und Mitarbeiter transportierten die in der Reaktion

$$^{249}_{97}\text{Bk} + ^{18}_{8}\text{O} \longrightarrow ^{262}_{105}\text{Ha} + 4^{1}_{0}\text{n}$$

gebildeten Reaktionsprodukte mit einem He(KCl)-Jet in einen Laborabzug. In einem He(KCl)-Jet werden die Kernreaktionsprodukte in der Rückstoßkammer, siehe Bild 7.1, an Aerosolteilchen aus Kaliumchlorid angelagert, die dem He vorher zugegeben werden, und die mit dem fließenden Gas schnell durch Kapillarschläuche transportiert werden können. Nach kurzer Zeit bildet sich an der Sammelposition ein kleiner weißer Fleck von einigen Mikrogramm Kaliumchlorid, der auch das Hahnium enthält. Zu Sammelende wird das Salz in einem kleinen Tropfen von wenigen Mikrolitern Salpetersäure gelöst. Dieser Tropfen wird auf eine Glasoberfläche übertragen, um die $^{262}_{105}$Ha-Nuklide dort zu adsorbieren. In 801 anstrengenden chemischen Trennungen, die wegen der kurzen Halbwertszeit von nur 35 Sekunden im Minutentakt in Handversuchen durchgeführt wurden, konnte das Isotop ^{262}Ha durch 24 charakteristische α-Zerfälle eindeutig auf dem Glas identifiziert werden. Damit war ein starker Hinweis dafür erbracht, daß sich Hahnium analog zu seinen leichteren homologen Elementen Niob und Tantal verhält. Was allerdings fehlte, war eine detailliertere chemische Charakterisierung, um zu entscheiden, ob sich die Trends der chemischen Eigenschaften innerhalb der Gruppe 5 von Niob über das Tantal zum Hahnium stetig entwickeln.

Um dies zu prüfen, benutzten Ken Gregorich und Mitarbeiter das organische Extraktionsmittel Methylisobutylketon (MIBK), das unter bestimmten Bedingungen Verbindungen des Tantals extrahiert, nicht aber die Niobverbindungen. Zu ihrer Überraschung konnten sie das Hahnium nicht in den untersuchten MIBK-Fraktionen finden.

Bevor wir unsere Experimente zur Chemie des Hahniums und ihre überraschenden Ergebnisse beschreiben, möchten wir nochmals kurz die Randbedingungen ansprechen, die die Kernphysik diesen Experimenten auferlegt, nämlich die Produktionsrate in der Kernreaktion und die Halbwertszeit.

Die Synthese einzelner Atome

Wie wir schon gesehen haben, sind in unserer modernen Alchemie Kernreaktionen mit Schwerionenstrahlen eines Beschleunigers der einzige Weg zu Elementen jenseits des Fermiums (Fm, $Z = 100$). Wie in Bild 12.1 gezeigt, sinken dabei die Wirkungsquerschnitte, die ein Maß für die Bildungswahrscheinlichkeit sind, sehr schnell ab. Der wesentliche Grund dafür, die zunehmende prompte Spaltung der aus Projektil- und

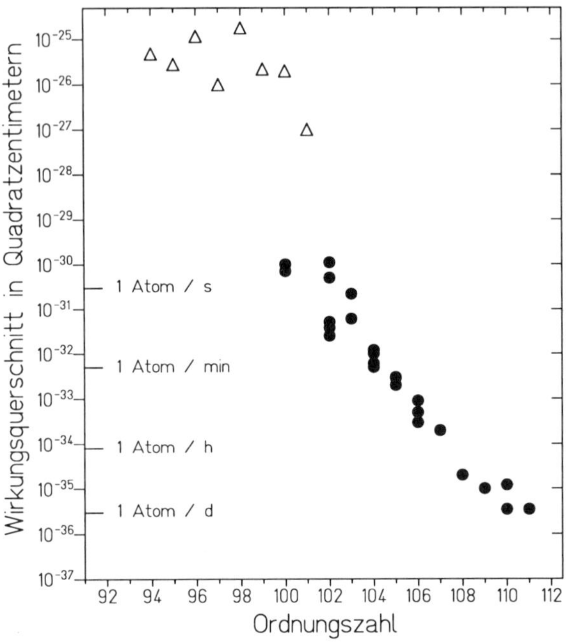

Bild 12.1 Wirkungsquerschnitte der Produktion schwerer Elemente in Kernreaktionen mit α-Teilchen (Dreiecke) und Schwerionen (Punkte). Die einzelnen Datenpunkte stellen die Ergebnisse unterschiedlicher Experimente mit unterschiedlichen Kombinationen von Projektilen und Targets dar. Auch die Produktionsraten unter typischen experimentellen Bedingungen für die Schwerionenreaktionen sind angegeben.

Targetkern entstandenen Compoundkerne, wird uns in anderen Kapiteln weiter interessieren.

Wie schwierig die Synthese auch nur eines einzigen überlebenden ^{262}Ha-Kerns ist, wollen wir uns schnell an einem Zahlenbeispiel klarmachen. Mit einem modernen Schwerionenbeschleuniger kann heute ein $^{249}_{97}$Bk-Target mit $2 \cdot 10^{14}$ Projektilen pro Minute $^{18}_{8}$O-Ionen bestrahlt werden. Da nur ein ganz geringer Anteil der durch das Target hindurchfliegenden $^{18}_{8}$O-Kerne auf einen $^{249}_{97}$Bk-Kern trifft – etwa eines von 10 Millionen Projektilen –, werden innerhalb einer Minute durch die Fusion von Projektil- und Targetkernen „nur" $3 \cdot 10^7$ Compoundkerne $^{267}_{105}$Ha gebildet. In dem Abregungsprozeß der heiß gebildeten Compoundkerne spalten – im statistischen Mittel – alle wieder prompt bis auf einen ^{262}Ha- Kern, der durch die Verdampfung von fünf Neutronen aus dem Compoundkern entsteht. Daraus ergibt sich eine Produktionsrate von etwa einem ^{262}Ha-Atom pro Minute.

Kurze Halbwertszeiten stellen ein weiteres Problem bei der Chemie der schwersten Elemente dar. Wie wir schon früher in Bild 1.5 sehen konnten, sinken die Halbwertszeiten der am längsten lebenden Isotope eines Elements von etwa dem Alter unseres Sonnensystems beim Uran hin zu Millisekunden, für die schwersten uns derzeit bekannten Elemente. Alle Transactinoiden haben kurze Halbwertszeiten im Bereich von Bruchteilen einer Minute und darunter.

Da gleichzeitig die Produktionsraten auf etwa ein Atom pro Minute und darunter abgesinkt, ist im Mittel jedes frisch gebildete Atom schon wieder zerfallen, bevor auch nur ein neues Atom dieses Elements synthetisiert werden kann. Für diese Sitution, die bei chemischen Trennungen der Transactinoiden immer vorliegt, wurde im Englischen der Begriff *atom-at-a-time* geprägt. Dieser bringt zum Ausdruck, daß man es immer nur mit einzelnen Atomen eines Elements zu tun hat. Dies gilt naürlich auch für die Hahnium-Chemie, und es führt zu ganz besonderen Anforderungen an die verwendbaren Methoden.

Die Chemie einzelner Atome

Wir wollen uns hier vor Augen halten, was es bedeutet, von einzelnen Atomen zu sprechen. Wenn Spurenanalytiker mit ihren weit entwickelten Methoden heute nach einem Spurenelement suchen, das zu nur einem *part per trillion* (ppt, 1: 10^{12}) in einem kleinen Salzkorn enthalten ist, so suchen sie immer noch nach etwa 10 Millionen Atomen. Bei solchen Zahlen fragt man sich natürlich, ob es überhaupt möglich ist, einzelne Atome chemisch zu untersuchen, und ob das Ergebnis dann noch eine Aussage über das Verhalten vieler Atome zuläßt, die ja in unserem Verständnis die Chemie darstellen.

Die Chemie in unserem Alltag ist bestimmt durch das sehr grundlegende Konzept, daß alle Reaktionen bestrebt sind, den Zustand eines chemischen Gleichgewichts einzunehmen. In ständig ablaufenden, dynamischen und reversiblen Prozessen strebt eine große Anzahl von Atomen oder Molekülen einen Gleichgewichtszustand an, der durch die dabei erreichten Gleichgewichtskonzentrationen beschrieben wird.

So wird zum Beispiel ein Metall M und ein Nichtmetall X die Verbindung MX bilden, die dann wieder in M und X zerfallen kann. Unabhängig von den Ausgangsbedingungen, ob nun von den getrennten Komponenten M und X oder von der Verbindung MX ausgegangen wird, ist das Gleichgewicht dann erreicht, wenn sich die Konzentrationen von M, X und MX nicht mehr ändern. Die Reaktion ist dabei keineswegs zu einem Stillstand gekommen, sie läuft in beide Richtungen mit gleicher Geschwindigkeit. Dadurch ändern sich die Konzentrationen der in großer Anzahl vorhandenen Atome nicht mehr. Das Schicksal eines einzelnen Atoms läßt sich allerdings dabei nur noch im statistischen Mittel vorhersagen. Nicht vorhersagbar ist, wann es sich in dem einen, M, und wann in dem anderen Zustand, MX, befindet.

Für die Betrachtung der Chemie eines einzelnen Atoms ist ein solches Konzept nicht mehr sinnvoll. Diesen Fall müssen wir anders betrachten. Angenommen, in unserem Beispiel ist die Gleichgewichtskonzentration von MX viermal größer als die von X. Wären wir jetzt in der Lage, ein ganz bestimmtes Atom zu markieren und dessen Schicksal innerhalb der großen Anzahl anderer Atome zu verfolgen, so würden wir beobachten, daß es sich viermal häufiger im gebundenen Zustand MX befindet als als nacktes Atom M. Diese Tatsache gilt immer, auch dann, wenn nur ein einzelnes Atom M vorliegt.

Soll nun das Verhalten eines einzelnen Atoms charakteristisch sein für das Verhalten auch einer großen Anzahl dieser Atome, so muß ein chemisches System ausgewählt werden, in dem das Atom M von diesem atomaren Zustand zu seinem gebundenen Zustand MX schnell genug hin- und wieder zurückwechseln kann. Bei der Anwesenheit makroskopischer Mengen des Reaktionspartners X kann dieser Wechsel in geeigneten Systemen viele Tausend oder Millionen Male pro Sekunde erfolgen. Bestimmt man nun für ein einzelnes Atom, wie oft es als M und wie oft als MX auftritt, bekommt man ein gutes Bild von der „wahren“ Chemie, abgeleitet vom Verhalten eines einzigen Atoms.

Verhalten dieser Art sind in chromatographischen Trennungen häufig nahezu ideal erfüllt. Hierbei handelt es sich um den Transport des einzelnen Atoms M zusammen mit der Makrokomponente X durch ein Rohr oder eine Säule, wie man in der Chromatographie sagt. Die Säule ist dabei so ausgewählt, daß sie nur die Komponente MX, nicht aber M alleine festhält. Immer dann, wenn die Komponente MX im fließenden Medium gebildet wurde, wird sie bald einmal an die Wand gelangen und wird dort festgehalten. Zerfällt MX nach einiger Zeit wieder, so wird die Komponente M ein Stück weiter im Rohr wandern, bis sich das adsorbierbare MX wieder bildet. Das einzelne Atom wechselt hin und her zwischen mobilem M und stationärem MX. Je mehr es den Zustand MX bevorzugt um so langsamer wird es durch das Rohr wandern. Diese Zeit spiegelt das chemische Gleichgewicht in dem chromatographischen System wider. Sind gleichzeitig auch noch homologe Elemente anwesend, so kann aus dem Erscheinen der einzelnen Elemente am Säulenausgang ihr Verhalten miteinander verglichen werden.

Zur schnellen chemischen Trennung einzelner Atome der Transactinoiden ist es nicht nur notwendig, daß die benutzte chemische Reaktion schnell genug abläuft, sondern es müssen auch die eingesetzten Methoden in ihrer Durchführung schnell genug sein, um das frisch gebildete Atom chemisch zu untersuchen und danach nachweisen zu können. Stets ist es das charakteristische Signal des radioaktiven Zerfalls des einen Atoms, das gerade einer chemischen Prozedur unterworfen wurde, das über dessen Schicksal in der Chemie Aufschluß gibt. Die chemischen Verfahren müssen weiterhin entweder kontinuierlich ablaufen oder zyklisch sehr häufig wiederholt werden, damit eine genügend große Anzahl von Atomen untersucht und ihr Verhalten eindeutig nachgewiesen werden kann. Hierzu eignen sich automatisierte Chemieapparaturen, wie sie in Abwandlung konventioneller chemischer Verfahren speziell zur Untersuchung der schwersten Elemente entwickelt wurden.

Hahnium-Chemie –
Der Einfluß relativistischer Effekte

Um die Frage nach den chemischen Eigenschaften des Hahniums und dem Einfluß der relativistischen Effekte auf das chemische Verhalten genauer studieren zu können, begannen gemeinsame Anstrengungen der Kernchemiegruppe der GSI und der Gruppe um Jens Volker Kratz an der Mainzer Universität. Dazu mußte die computer-gesteuerte automatische Trennapparatur ARCA (*Automated Rapid Chemistry Apparatus*) für Hahnium-Trennungen mit kleinen Volumina von wenigen Mikrolitern wässriger Lösungen miniaturisiert werden. Daneben wurden chemische Vorversuche für die geplanten Untersuchungen am Hahnium mit Traceraktivitäten durchgeführt. Die Modellelemente waren einerseits leichte Lanthanoide, Zirkonium und Hafnium, um die Abtrennung möglicherweise störender Actinoiden und des Elements 104 zu überprüfen, und andererseits Radionuklide der Elemente Niob und Tantal als leichte homologe Elemente in der fünften Gruppe. Protactinium wurde in diese Reihe mit aufgenommen, da es typischerweise fünfwertige Ionen bildet, die sich dem Tantal sehr ähnlich verhalten. Nach einer Vielzahl von Vorexperimenten, auch am Mainzer TRIGA-Forschungsreaktor, waren Bedingungen gefunden worden, die es erlauben sollten chemisch klar zwischen den Elementen der fünften Gruppe zu unterscheiden und das Verhalten des Hahniums demgegenüber einzuordnen. In dem chromatographischen Verfahren konnte die Bildung von negativ geladenen Verbindungen aus verschieden stark konzentrierter Salzsäure studiert werden. Das wasserunlösliche organische Extraktionsmittel Triisooctylamin (TIOA) diente als stationäre Phase in den winzigen Chromatographiesäulen der ARCA, um diese Verbindungen der Elemente Niob, Tantal, Protactinium und Hahnium durch Extraktion zurückzuhalten.

Nach den Vorexperimenten verschickten wir unsere gesamte Ausrüstung nach Berkeley. Innerhalb einer Woche hatten wir ARCA aufgebaut. Die letzten Tests der Chemie liefen noch bis kurz vor Beginn der eigentlichen Strahlzeit zur Produktion von ^{262}Ha am *88-inch cyclotron* des Lawrence Berkeley Laboratory. Dort hatte Ken Gregorich das so kostbare und besondere Target durch elektolytische Abscheidung eines sechs

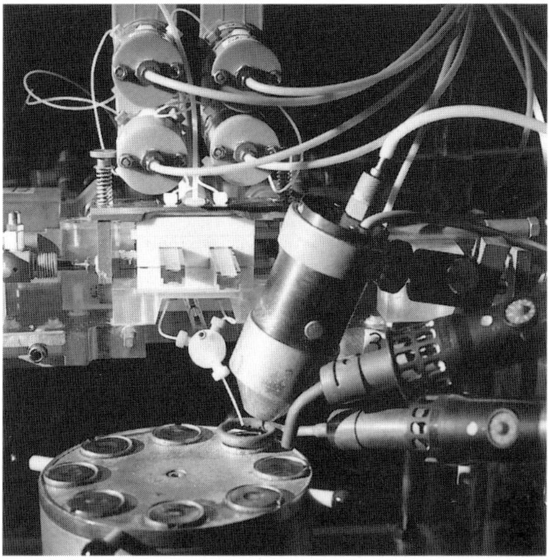

Bild 12.2
Die durch einen Computer gesteuerte automatische Chemieapparatur ARCA, wie sie zu Untersuchungen der Chemie einzelner Atome des Elements 105, Hahnium (Ha), eingesetzt wurde. (Foto: A. Zschau)

Millimeter großen Flecks von ^{249}Bk auf einer 0,01 Millimeter dicken Berylliumfolie – das Targetbacking – hergestellt. Die dazu verfügbare Menge von etwa 0,2 Milligramm ^{249}Bk, mit 327 Tagen Halbwertszeit ein relativ kurzlebiges Isotop, ist für Kernreaktionsexperimente weltweit einmalig und kann derzeit nur mit sehr hohem Aufwand in dem Hochflußreaktor in Oak Ridge erbrütet und in dort installierten Labors abgetrennt werden. Zur Bestrahlung wurde das Target in eine Kammer am Beschleuniger eingebaut, die von einem Helium-Gasstrom durchströmt wurde, der mit Aerosolteilchen aus Kaliumchlorid versetzt worden war.

Das Target, das bei einer Materialmenge von nur 0,2 Milligramm ^{249}Bk immerhin eine eigene Aktivität von etwa 10^{10} β^--Zerfällen pro Sekunde zeigt, wurde mit $3 \cdot 10^{12}$ Ionen pro Sekunde ^{18}O bestrahlt. Die durch Rückstoß aus dem Target herausfliegenden Hahnium-Atome, etwa eines pro Minute, wurden in der Rückstoßkammer innerhalb von Sekundenbruchteilen im Helium abgebremst, an den Aerosolteilchen angelagert und dann innerhalb weniger Sekunden im Gasstrom durch einen Kapillarschlauch zur acht Meter entfernten ARCA transportiert. Bild 12.2 zeigt ein Photo des zentralen Teils des ARCA.

Die chemischen Trennungen in ARCA laufen typischerweise wie folgt ab: Ein von Zeit zu Zeit in der Kernreaktion gebildetes Hahnium-Atom wird in Helium, das mit Aerosolteilchen aus Kaliumchlorid versetzt ist, gestoppt und durch eine Kunststoffkapillare (im Bild 12.2 von oben kommend zwischen den beiden runden Zylindern) zu dem zentralen Teflonblock transportiert. Dort werden die Aerosolteilchen, auf denen gelegentlich auch ein Hahnium-Atom sitzt, auf einem Filter aufgesammelt. Dieser Filter ist in einen Gleiter eingebettet, der im Minutentakt pneumatisch von der zentralen Sammelposition wechselseitig nach rechts oder links geschoben wird. In dieser Position werden die aufgesammelten Produkte vom Filter auf eine Chromatographiesäule gespült. Jedes der zwei Magazine, die, wie in Bild 12.2 sichtbar, aus dem zentralen Block herausragen, trägt 20 dieser kleinen Säulen mit einem Innendurchmesser von 1,6 mm und einer Höhe von 8 mm. Nach jeder Trennung wird das Magazin um eine Position vorwärts geschoben, damit die nächste Trennung auf einer frischen Säule durchgeführt werden kann. Zwei Gleiter unterhalb der Säulen erlauben es, unerwünschte Elutionsmittelfraktionen in den Abfall laufen zu lassen und nur die gewünschten Fraktionen auf Tantalplättchen, die auf einer Heizplatte liegen, tropfenweise aufzusammeln. Dort werden sie unter einem Gasstrom von heißem Helium mit Hilfe einer Lampe innerhalb von einigen Sekunden zur Trockne eingedampft. Vier Zylinder, in Bild 12.2 oberhalb des eigentlichen Herzstückes der Apparatur sichtbar, beherbergen pneumatisch betriebene Gleitventile, die den Fluß von drei verschiedenen Elutionsmitteln aus Chromatographiepumpen zur Trennapparatur steuern. Die Zuleitungen sind Teflonschläuche mit 0,3 mm Innendurchmesser, und innerhalb des zentralen Teils der Apparatur sorgen Bohrungen dieser Größe für den Fluß der Lösungen. Durch eine Sequenz aus Befehlen, die mit den jeweils richtigen Pausenzeiten dazwischen vom ARCA-Computer aus abgesetzt werden, wird der Ablauf der Trennungen gesteuert.

In den Experimenten zur Chemie des Elements 105 wurden die in der ARCA gesammelten Aerosole im Minutenrhythmus mit Salzsäure von der Fritte abgespült. Ein möglicherweise ebenfalls angekommenes Hahnium-Atom wird dabei auf die Chromatographiesäule überführt. Um die chemische Reaktion des Hahniums mit Chlorid-Ionen zu studieren, wurden einzelne Fraktionen von weniger als 100 Mikroliter tropfenweise am Säulenausgang gesammelt. Die Aufgabe war nun festzustellen, in welcher Fraktion das charakteristische Signal des α-Zerfalls eines Hahnium-Atoms zu finden ist. Zur Messung wurden diese Fraktionen schnell auf Tantalscheibchen eingedampft. Diese Präparate wurden nach kurzen Glühen in evakuierbare Vakuumkammern eingebaut, die mit Silicium-Halbleiterdetektoren zur Spektroskopie von α-Strahlen ausgerüstet waren.

Die beiden spannenden Fragen am Anfang unserer Experimentserie waren: Werden überhaupt extrahierbare, negativ geladene Verbindungen des Hahniums gebildet, und wenn ja, welchem der homologen Elemente ist das Hahnium dieser chemischen Eigenschaft am ähnlichsten? Gespannt beobachteten wir die Computerschirme unseres Meßsystems und begrüßten die ersten Ereignisse im α-Spektrum mit einem Jubel, in den sich am Anfang immer noch etwas Skepsis hineinmischte, bis wir ein statistisch signifikantes Ergebnis erhalten hatten. Nach den ersten 340 Trennungen im Minutentakt hatten wir neun eindeutige α's beobachtet; Hurra, Hahnium war extrahiert worden! Ein weiterer klarer Hinweis darauf, daß sich Hahnium analog zu den leichteren Homologen in Gruppe 5 des Periodensystems verhält, war erbracht worden.

Jetzt kam die Frage nach der Differenzierung der chemischen Eigenschaften des Hahniums. In der nächsten Experimentserie, mit mehr als 700 Einzeltrennungen, wurde zuerst eine gemeinsame Fraktion aus Niob und Protactinium eluiert, gefolgt von einer Tantalfraktion. Die Überraschung war groß, als wir das Hahnium nicht bei seinem direkten Homologen Tantal, sondern zusammen mit Niob und Protactinium fanden. Das unter gleichartigen Bedingungen mit Traceraktivitäten gemessene Chromatogramm ist in Bild 12.3 gezeigt. Unter weiterhin modifizierten Bedingungen konnten wir dann sogar feststellen, daß Hahnium in stärker verdünnter Salzsäure eine besonders große Ähnlichkeit mit Protactinium hat und nicht mehr dem Niob oder gar Tantal folgt.

Mehr als 6500 Einzeltrennungen sind inzwischen mit ARCA zur Untersuchung der Hahnium-Chemie durchgeführt worden. Diese und viele Untersuchungen der Gaschemie durch Heinz Gäggeler und Mitarbeiter haben uns ein vielfältiges Bild der Chemie von Element 105 geliefert. Es ist voller Überraschungen, denn nahezu alle bisher gefundenen Ei-

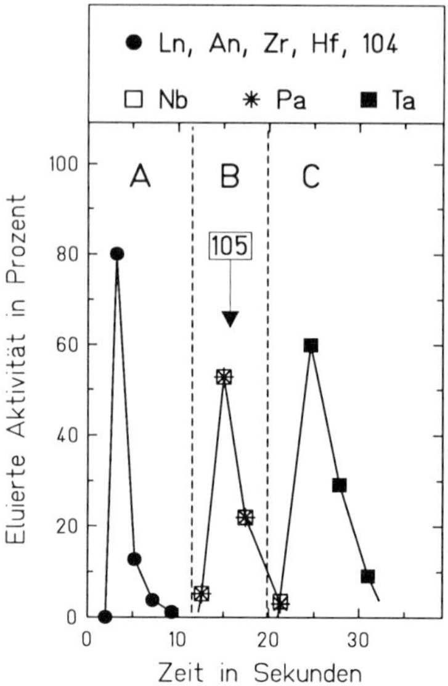

Bild 12.3
Chromatographische Trennung zur Charakterisierung des chemischen Verhaltens von Hahnium, $Z = 105$. Die Elutionskurven der Traceraktivitäten zeigen das Verhalten einiger drei- und vierwertiger Elemente und das der leichteren homologen Elemente Niob, Nb, Tantal, Ta, und Protactinium, Pa, mit den jeweils unterschiedlichen Elutionsmitteln A (12 M HCl mit 0,02 M HF), B (4 M HCl mit 0,02 M HF) und C (6 M HNO_3 mit 0,015 M HF). Hier steht „M" für Molarität, einem Maß der Säurekonzentration. Die Chromatographiesäulen der ARCA waren mit dem organischen Extraktionsmittel Triisooctylamin (TIOA) beladen. 88% aller Hahnium-Zerfälle traten in der Fraktion B auf. Hahnium verhält sich somit unter diesen Bedingungen völlig analog zu Niob und Protactinium und folgt nicht dem Tantal.

genschaften sind nicht so, wie wir sie aus einfachen Extrapolationen innerhalb des Periodensystems der Elemente erwartet hätten.

Neuere Rechnungen von Valeria Pershina bei GSI, die zusammen mit der an der Universität Kassel ansässigen Theoriegruppe von Burkhardt Fricke Verbindungen des Hahniums theoretisch untersucht, zeigen mögliche Erklärungen für das beobachtete Verhalten auf. Wie erwartet, liegen diese zumindest teilweise in der Zunahme relativistischer Effekte begründet. Die von Valeria Pershina und Mitarbeitern benutzten Rechenprogramme, die relativistische Effekte mit berücksichtigen, zeigen für das Hahnium zum Beispiel eine stark erhöhte Tendenz, nicht die reinen Halogenidkomplexe, wie $HaCl_6^-$, zu bilden, sondern eher sauerstoffhaltige Verbindungen des Typs $HaOCl_4^-$. Diese sind den Chemikern von Niob und Protactinium wohlbekannt, während das Tantal die reinen Halogenidkomplexe bevorzugt.

Wie hier deutlich wird, lassen sich die chemischen Eigenschaften der schwersten Elemente nicht mehr durch einfache Extrapolationen innerhalb des Periodensystems der Elemente bestimmen. Welche Überraschungen wird die Chemie des nächsten Elements, des Seaborgiums (Sg, $Z = 106$), für uns bereithalten? Derzeit bereiten wir uns auf diese noch schwierigeren Experimente vor.

Kapitel 13
Element 106: Die kalte Fusion schwerer Ionen – Das Rezept für superschwere Kerne?

Im Jahre 1974 machte Yuri Ts. Oganessian aus dem JINR Dubna einen bahnbrechenden Vorschlag, der für die Erzeugung neuer Elemente von entscheidender Bedeutung sein sollte. Während man bisher versucht hatte, schwere Elemente durch Bestrahlung möglichst schwerer Actinoidentargets herzustellen, schlug er vor, Targets aus Blei oder Bismut zu verwenden, um in den Transactinoidenbereich vorzustoßen. Die Grundidee ist, Kerne höchster Spaltbarkeit mit möglichst geringer Anregungsenergie durch kalte Schwerionenfusion[1] zu erzeugen. Dann haben diese die größte Chance, den Erzeugungsprozess zu überleben.

Die kalte Schwerionenfusion ist nur bei bestimmten Target- Projektilkombinationen möglich. Die Verschmelzung zwischen einem Targetkern und einem Projektilkern kann man in der Modellvorstellung vom geladenen Flüssigkeitströpfchen behandeln, welches wir schon bei der Spaltung benutzt haben. Damit Target und Projektil miteinander verschmelzen können, müssen beide die Coulombabstoßung überwinden und so dicht zusammenkommen, daß die Kernkräfte zu wirken beginnen, um die beiden Kerntröpfchen zu einem einzigen Tropfen, den Compoundkern, zusammenzuziehen. Die kurzreichweitigen Kernkräfte wirken erst dann, wenn die Kernoberflächen sich berühren.

Diese untere Grenze für das Einsetzen einer Kernreaktion ist die Coulombbarriere. Da schwere Elemente nur in zentralen Stößen gebildet werden – periphere Stöße führen zu einer Rotation des Systems und damit zur prompten Spaltung durch die Wirkung der Zentrifugalkraft –

[1] Die kalte Schwerionenfusion hat nichts mit der vor einiger Zeit diskutierten „kalten Fusion“ von Deuterium zur Energieerzeugung zu tun!

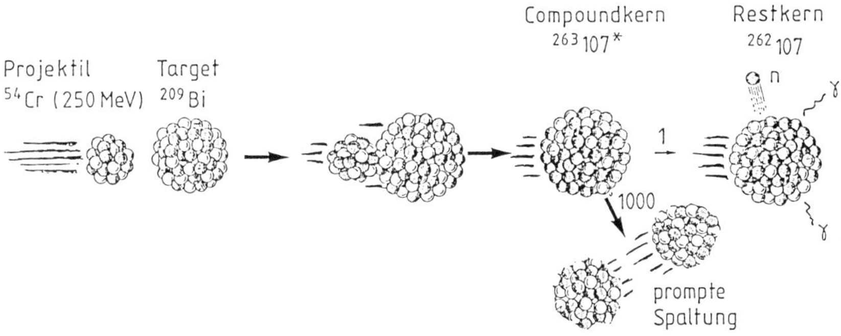

Bild 13.1 Die kalte Schwerionenfusion am Beispiel der Erzeugung von Element 107 in der Bestrahlung von Bismut mit Chrom-Ionen. Die ^{54}Cr-Projektile treffen mit einer Energie von 250 MeV auf das ^{209}Bi Target. Sobald Target und Projektil sich berühren, beginnen die Kernkräfte zu wirken, die Kerne fusionieren, und es entsteht der Compoundkern ^{263}107 mit einer Anregungsenergie von etwa 15 MeV. Der angeregte Compoundkern kühlt durch Abdampfung von nur einem Neutron ab, es entsteht der Endkern ^{262}107. Diesen Weg nimmt das angeregte System nur in jedem tausendsten Fall, in allen anderen Fällen spaltet der Compundkern prompt.

ergibt sich die entsprechende Projektilenergie aus dem Coulombgesetz zu:

$$E_\mathrm{C} = f\,\frac{Z_\mathrm{P} Z_\mathrm{T}}{R_\mathrm{T} + R_\mathrm{P}}.$$

Dabei sind Z_P und Z_T die Ordnungszahl beziehungsweise die Kernladung von Projektil und Target; R_T und R_P sind die entsprechenden Kernradien (Diese Formel nimmt aus Gründen der Einfachheit die gesamte Kernladung als punktförmige Ladung im Mittelpunkt der Atomkerne an). Wenn Target und Projektil sich berühren, haben ihre Mittelpunkte genau den Abstand $R_\mathrm{P} + R_\mathrm{T}$ voneinander. Da der Radius der dritten Wurzel des Volumens entspricht kann man ihn durch die Massenzahl A und den Nukleonenradius r_0 ausdrücken: $R_\mathrm{P} = r_0 A_\mathrm{P}^{1/3}$. Dann ist die Mindestenergie für das Einsetzen der Fusionsreaktion, die Coulombbarriere:

$$E_\mathrm{C} = f\,\frac{Z_\mathrm{P} Z_\mathrm{T}}{r_0\left(A_\mathrm{T}^{1/3} + A_\mathrm{P}^{1/3}\right)}$$

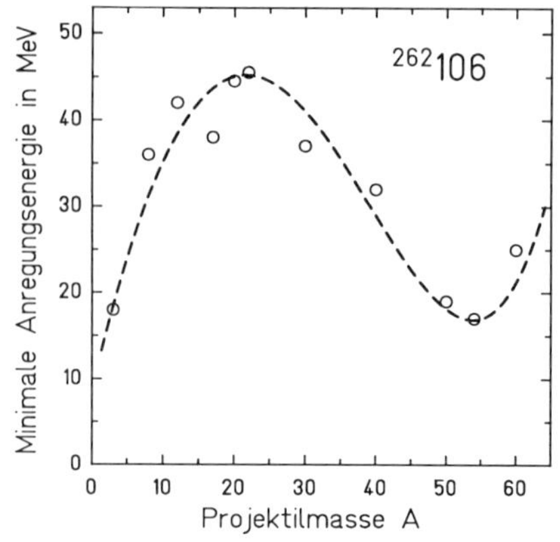

Bild 13.2 Minimale Anregungsenergie für Reaktionen, die mit verschiedenen Target- Projektilkombinationen zum gleichen Compoundkern von Element 106 führen. Zu Projektilen der Massen um 20 gehören die Actinoidentargets um ^{242}Cm, die Anregungsenergie an der Barriere liegt bei 45 MeV. Die kalte Fusion mit ^{54}Cr Projektilen und ^{208}Pb als entsprechendem Target führen zu Anregungsenergien um 18 MeV (nach: Yu. Ts. Oganessisan, Lecture Notes in Physics No. 33, 2 „*Classical and Quantum Mechanical Aspects of Heavy Ion Collisions*“, Springer, Heidelberg (1974), Seite 221 ff).

Ersetzt man noch Kernladung und Kernmasse durch die Kernladungszahl beziehungsweise die Massenzahl, wird der Faktor f = 1,44 MeV fm. Der Wert für r_0 wird an experimentelle Daten angepaßt und ist für die schwersten Elemente ungefähr 1,40 fm.

Die Coulombbarriere liegt für alle schweren Target- Projektil Kombinationen bei ungefähr 5 AMeV, für Kerne der Massenzahl A = 50 beträgt sie damit 250 MeV. Diese Energie bringt das Projektil in das Compoundsystem ein. Ein Teil davon wird aufgebraucht, um den neuen Kern zu bilden. Der Überschuß an Projektilenergie, die nicht als Bindungsenergie für den neuen Kern verbraucht wird, verbleibt als die Anregungsenergie im Compoundkern. Die Lage der Coulombbarriere bestimmt die minimal mögliche Anregung des Compoundkerns.

Die Natur ist so eingerichtet, daß Compoundkerne aus symmetrischen Target- Projektilkombinationen an der Coulombbarriere kalt gebildet werden und die Anregungsenergie mit der Asymmetrie der Kombination zunimmt. Die Idee Yuri Oganessians war, zur kalten Erzeugung der schwersten Elemente statt der sehr asymmetrischen Kombinationen aus Actinoidentargets und leichten Projektilen wie Stickstoff, Sauerstoff oder Neon zu den mehr symmetrischen Systemen Blei oder Bismut plus Titan oder Chrom überzugehen. Das Blei ist als doppelt magischer Kern zudem stark gebunden. Dies bewirkt einen zusätzlichen Kühleffekt. Während die typische Anregungsenergie für Reaktionen mit Actinoidentargets bei 40 bis 50 MeV liegt, beträgt sie für das Bleirezept nur 10 bis 20 MeV (vgl. Bild 13.2).

Der Vorteil dieses neuen Konzepts wird sofort klar, wenn man den Abkühlungsprozeß des angeregten Zwischenkerns betrachtet, bei welchem die Abdampfung eines jeden Neutrons mit der zehn- bis tausendmal wahrscheinlicheren Spaltung konkurrieren muß. Als Folge nimmt die Überlebenswahrscheinlichkeit des Compoundkerns mit jedem abgedampften Neutron um einen Faktor 10 bis 1000 ab. Da ein Neutron den Zwischenkern um ungefähr 10 MeV abkühlt, werden bei der Fusion mit Actinoidentargets vier bis fünf Neutronen abgedampft, bei Bleitargets dagegen nur ein bis zwei Neutronen. Man erwartet nach dieser einfachen Betrachtung für die kalte Schwerionenfusion einen beträchtlichen Gewinn im Produktionsquerschnitt.

Das neue Rezept hatte einen weiteren, für die Experimentiertechnik der Gruppe in Dubna sehr wesentlichen Vorteil. Der bei Bestrahlungen von Actinoidentargets stark störende Untergrund spontan spaltender, durch Nukleonentransfer gebildeter Kerne aus der Nachbarschaft des Targetkerns, tritt bei der Bestrahlung von Bleitargets nicht auf. Hier sind die Transferprodukte α-Strahler. Die in Dubna angewandte Ätztechnik ist unempfindlich für die Spuren von α-Teilchen. Damit ist sie für diesen Reaktionstyp besonders geeignet. Der grundsätzliche Nachteil, neue Kerne über Spontanspaltung zu identifizieren, ist damit allerdings nicht aufgehoben.

Der α-Untergrund macht dagegen den Einsatz der auf α-Zerfall spezialisierten Korrelationstechnik der Berkeley-Gruppe zur Suche nach neuen Elementen in Bleibestrahlungen unmöglich, da die α-Energien der Transferprodukte um Blei zum Teil so hoch sind, daß sie in den Bereich der α-Energien der Transactinoide reichen und wegen der hohen

Produktionsraten für Transferprodukte die korrelierten α-Zerfälle der schweren Elemente maskieren.

Element 106 – Seaborgium

Element 106 wurde 1974 in Berkeley von A. Ghiorso, J. M. Nitschke, J. R. Alonso, C. T. Alonso, M. Nurmia und G. T. Seaborg im *Lawrence Berkeley Laboratory* in Zusammenarbeit mit E. K. Hulet und R. W. Lougheed vom benachbarten *Lawrence Livermore Laboratory* entdeckt. Es wurde mit der Reaktion

$$^{249}_{98}\mathrm{Cf} + ^{18}_{8}\mathrm{O} \longrightarrow ^{263}106 + 4\mathrm{n}$$

hergestellt. Identifiziert wurde Element 106 wiederum mit der Methode der α-α Mutter-Tochter Korrelationen, mit dem jetzt zur äußersten Perfektion entwickelten *Vertical Wheel* (Bild 13.3), dessen Prinzip in Kapitel 10 im Detail beschrieben ist. Die Bewegungen des Rades und der Detektoren wurden durch einen Computer gesteuert. In diesem Experiment konnten 73 Zerfälle des Isotops $^{263}106$ mit einer α-Energie von (9,06 $\pm$ 0,04) MeV und einer Halbwertszeit von (0,9 $\pm$ 0,4) s beobachtet werden. Der Produktionsquerschnitt betrug 0,3 Nanobarn. Damit war die Grenze für die damalige Technik der heißen Fusion mit Actinoidentargets in Verbindung mit dem Helium- Gastransportsystem erreicht.

Da zu dieser Zeit der Streit um die Prioritäten der bei der Entdeckung der Elemente 104 und 105 und besonders auch die Diskussion um die entsprechenden Namen nahezu aussichtslos verhärtet schien, entschloß sich die Berkeley- Livermore Kollaboration, keinen Namen für des neue Element 106 vorzuschlagen, obwohl die experimentellen Ergebnisse eindeutig waren. In einem späteren Experiment in Dubna wurde in der gleichen Reaktion von Druin und Mitarbeitern nach Spontanspaltung gesucht und eine Spaltaktivität von 0,64 Sekunden beobachtet, welche ebenfalls dem Nuklid $^{263}106$ zugeordnet wurde, ein Ergebnis, das im

Bild 13.3 Photographische Aufnahme des *Vertical Wheel* (freundlicherweise von A. Ghiorso zur Verfügung gestellt).

Lichte der jüngsten experimentellen Ergebnisse allerdings fraglich erscheint.

Fast gleichzeitig wurde in Dubna durch die Arbeitsgruppe von Yuri Oganessian die kalte Schwerionenfusion erstmals zur Synthese eines neuen Elements eingesetzt. In Bestrahlungen von ^{208}Pb mit ^{54}Cr fand man eine Spaltaktivität mit einer Halbwertszeit zwischen 4 und 10 Millisekunden, welche man dem Isotop ^{259}106 zuordnete. Der Nachweis erfolgte mithilfe der rotierenden Trommel, bei uns damals salopp „Russisches Rad“ genannt. Bei dieser einfachen, in Bild 13.4 skizzierten Anordnung ist das Targetmaterial, Blei oder Bismut, auf dem Umfang eines Zylinders aufgedampft. Der schnell rotierende Zylinder wird tangential unter kleinem Einfallswinkel der Projektile bestrahlt, so daß die Reaktionsprodukte nahe der Oberfläche des Targetmaterials stecken bleiben. Glimmerdetektoren dienen zum Nachweis der Spaltprodukte,

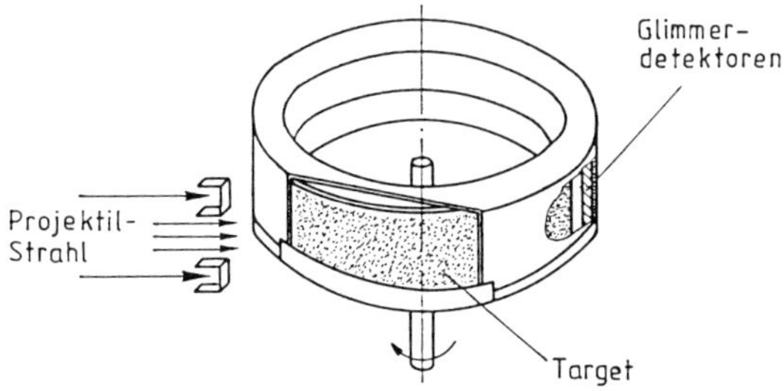

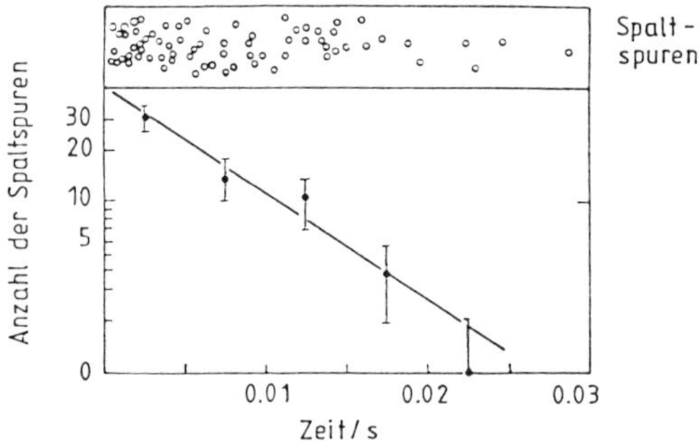

Bild 13.4
Die rotierende Trommel (oben) mit Spaltspuren (unten). Die hier als Beispiel gezeigte Spurenverteilung wurde in einem Experiment zur Synthese von Element 104 beobachtet (nach Yu. Ts. Oganessian Nucl. Phys. A239 (1975) 163).

welche aus der Trommeloberfläche herausfliegen. Die Anordnung wurde innerhalb des Zyklotrons bestrahlt, wo Strahlstromintensitäten von 10^{13} Teilchen pro Sekunde zu Verfügung standen, etwa fünfmal mehr als in Berkeley. Nach der Bestrahlung wurden die Spaltspuren durch Ätzen sichtbar gemacht und am Mikroskop ausgezählt. Spurenverteilung und Drehzahl der Trommel ergaben die Halbwertszeit.

Zehn Jahre später stellten Alexander Demin und Mitarbeiter in neuen und sehr sorgfältigen Experimenten fest, daß die Isotope $^{259}106$, $^{260}106$ und $^{261}106$ α-Emitter sind und allenfalls der Kern $^{260}106$ mit einer geraden Anzahl von Protonen und Neutronen einen Spaltzweig hat. Dazu wurde eine umfangreiche Experimentserie mit der rotierenden Trommel durchgeführt. Da mit dieser Anordnung α-Zerfall nicht direkt nachgewiesen werden konnte, beruhte das Ergebnis auf der Messung von Spaltaktivitäten in einer Serie von Bestrahlungen der Blei-Isotope ^{206}Pb, ^{207}Pb und ^{208}Pb mit ^{54}Cr. Mit diesem Resultat war die bei den Experimenten in Dubna vorgenommene Zuordnung der Spaltaktivitäten zu Element 106 falsch. Sie stammten mit großer Wahrscheinlichkeit von

Element 104. Dies wurde dann von uns am SHIP bei GSI durch direkte Messung der α-Zerfälle bestätigt.

Tatsächlich war dieses Ergebnis eine Sensation, deren wahre Bedeutung bei den Experimenten zu Element 108 erst vollständig klar wurde; nicht nur, weil es alle mit der rotierenden Trommel in Dubna gemessenen Spaltaktivitäten, insbesondere zur Identifikation von Element 106 und, wie wir sehen werden, auch des Elements 107 in Frage stellte, sondern weil es ganz unerwartet ein völlig neues Verständnis der Stabilität der schwersten Elemente lieferte. Plötzlich war die Spontanspaltung aus dem Bereich der schwersten Elemente verschwunden! Der α-Zerfall gewann oberhalb Element 104 wieder an Bedeutung. Damit kündigte sich für die allerschwersten Elemente völlig unerwartet eine Stabilisierung gegen Spaltung an. Diese wichtige Erkenntnis wurde 1993 erneut erhärtet. In Experimenten einer Kollaboration aus Wissenschaftlern des *Lawrence Livermore National Laboratory* und des *Flerov Laboratory* – so heißt jetzt das früher von Flerov geleitete *Laboratory of Nuclear Reactions* am JINR Dubna – mit einem gasgefüllten Separator wurden in Bestrahlungen von ^{248}Cm mit ^{22}Ne zwei weitere α-emittierende Isotope des Elements 106 mit den Massen 265 und 266 als α-Emitter identifiziert.

In Berkeley wurde zwanzig Jahre nach seiner Entdeckung das Isotop ^{263}106 in einem neuen Experiment von Ken Gregorich und Mitarbeitern bestätigt. Die Entdecker des Elements 106, die Berkeley-Livermore Gruppe, schlug daraufhin den Namen Seaborgium (Sg) für Element 106 vor. Abweichend von der bisherigen Tradition wurde erstmals ein schweres Element nach einem lebenden Forscher, Glenn T. Seaborg, benannt. Er ist der unbestrittene Pionier der Synthese neuer Transuranelemente und der Vater des Aktinoiden- Konzepts, welches zur Entdeckung zahlreicher neuer chemischer Elemente geführt hatte.

Kapitel 14
Aufbruch zu den Grenzen des Periodensystems

Der UNILAC – Ein universeller Schwerionenbeschleuniger in Darmstadt

Am 12. Dezember 1969 wurde die „Gesellschaft für Schwerionenforschung (GSI) mbH“ in Darmstadt gegründet. Anteilseigner sind die Bundesrepublik Deutschland mit 90 % Beteiligung und das Land Hessen mit einem Anteil von 10 %. Das Ziel dieser Gesellschaft ist die „Errichtung und der Betrieb eines Schwerionenbeschleunigers für Forschungsarbeiten auf den Gebieten Kernphysik, Kernchemie, Festkörperforschung, Strahlenbiologie und anderen Gebieten, für welche die Erforschung der Wirkung schwerer Ionen auf belebte und unbelebte Materie von Bedeutung ist“. Damit konnten die Wissenschaftler in Deutschland hoffen, endlich auch in die Schwerionenphysik und die Jagd nach superschweren Elementen einzugreifen.

Tatsächlich war die Gründung der GSI das Ergebnis eines langen Ringens. Die Idee des UNILAC eines *UNIversal Linear ACcelerators*, der das Herz des Schwerionenlabors GSI ist, stammt von Christoph Schmelzer. Schmelzer wollte schon als Mitarbeiter Walther Bothes im Jahre 1949 das Heidelberger Zyklotron für Schwerionen umkonstruieren. Bothe und Jensen enschieden sich jedoch gegen diesen Vorschlag, da die Zeit „wegen des mangelnden theoretischen Fundaments für die Schwerionen- Kernphysik“ noch nicht reif sei. Eine ähnliche Antwort erhielten Heinz Maier-Leibnitz, erster Direktor des Instituts Laue-Langevin in Grenoble, und Peter Armbruster, zu jener Zeit am Institut für Neutronenphysik der Kernforschungsanlage Jülich, noch 1965 von C. Schmelzer auf ihre Anregung, einen Schwerionenbeschleuniger als deutsche Forschungseinrichtung in Ergänzung zum französischen Forschungsreaktor in Grenoble zu bauen. Schmelzer hielt die damalige Forschungslandschaft noch nicht für geeignet, ein solches Projekt anzugehen.

Schon im Jahre 1963 hatte C. Schmelzer die Gründung einer Studiengruppe für einen Linearbeschleuniger vorgeschlagen, mit der Begründung: „Es ist wünschenswert, die durch den Tandem van de-Graff-Generator (in Heidelberg, Anm. d. Verf.) gegebenen Möglichkeiten zum Studium der Reaktionen zwischen schweren Kernen durch den Bau eines anderen Beschleunigers auszudehnen, welcher die Beschleunigung schwerer Ionen mit Massenzahlen oberhalb ungefähr 40 auf Energien über 6 MeV pro Nukleon ermöglicht (Diese Energie entspricht der Coulombbarriere für Reaktionen mit Uran)." Im folgenden Jahr gründete Schmelzer in Heidelberg die UNILAC-Gruppe mit zunächst fünf Mitgliedern. Ziel war der Bau eines Linearbeschleunigers für sehr schwere Ionen. Zur Erinnerung: In den Vereinigten Staaten arbeiteten schon seit 1957 an der *Yale University* und am *Radiation Laboratory* der *University of California* in Berkeley die ersten Linearbeschleuniger für schwere Ionen. Der *HILAC* in Berkeley war bereits für die Erzeugung der Elemente 102 und 103 erfolgreich eingesetzt worden.

Von den zahlreichen Initiativen zum Bau eines Schwerionenbeschleunigers in der Bundesrepublik Deutschland sei hier nur die „Kernphysikalische Arbeitsgemeinschaft Hessen (KAH)" erwähnt, da sie ganz wesentlich zur Realisierung des UNILAC-Projekts und des damit verbundenen Forschungsprogramms beigetragen hat. Die KAH, zusammengesetzt aus Kernphysikern der Universitäten Frankfurt: W. Greiner und H. Dänzer, und Marburg: R. Bock und W. Walcher, sowie der Technischen Hochschule Darmstadt: F. Beck, P. Brix und E. Kankeleit, trat 1966 erstmals zusammen. Im Laufe der Zeit wurde die Arbeitsgemeinschaft erweitert. Es kamen die Gießener Physiker: H. Ewald und H. Wollnik hinzu, sowie als Mitglieder außerhalb Hessens, die Mainzer Kernchemiker G. Herrmann und F. Straßmann. Der Ausschuß faßte den Beschluß, einen Beschleuniger zu bauen, welcher an die Front der physikalischen Forschnung führen sollte. Besonders Walter Greiner vertrat leidenschaftlich die Schwerionenphysik als aussichtsreiches Forschungsgebiet und setzte sich dafür ein, einen Beschleuniger für alle Ionen einschließlich Uran zu bauen. Das war für Peter Brix der Anlaß, den Schmelzerschen UNILAC ins Spiel zu bringen. Im Jahre 1969 legte die KAH einen Bericht „Gesichtspunkte zu Errichtung und Nutzung eines Schwerionenlaboratoriums für Schwerionenforschung SILAB“ vor, welcher bereits Organisationsform, Forschungsvorhaben und die wesentlichsten experimentellen Einrichtungen sowie eine Kostenabschätzung enthält und als Standort Darmstadt vorschlägt.

Die Gruppen von C. Schmelzer aus Heidelberg und H. Klein aus Frankfurt legten fast gleichzeitig Entwürfe zur technischen Planung des Schwerionenbeschleunigers vor. Dessen Spezifikationen gingen weit über die Leistungsfähigkeit der damals vorhandenen Beschleuniger hinaus:

- Beschleunigung aller Ionen einschließlich Uran bis auf eine maximale Endenergie von 10 MeV/u. Damit sollten erstmals Ionen aller Elemente des Periodensystems auf Energien bis weit über die Schwelle für Kernreaktionen beschleunigt werden;
- kontinuierliche Einstellung der Endenergie, um Fusionsprodukte mit optimaler Energie knapp über der Fusionsschwelle „kalt“ zu erzeugen;
- Ströme von mindestens 10^{11} Teilchen pro Sekunde, um in Bereiche kleinster Reaktionsquerschnitte vorzudringen.

Diese Spezifikationen machen den UNILAC auch heute noch zu einem Spitzenbeschleuniger.

Bereits im Herbst 1971 begannen die Bauarbeiten, 1975 wurden die ersten Strahlen an die Experimente abgegeben, und schließlich wurde am 1. April 1976 als Weltpremiere Uran auf Energien oberhalb der Coulombbarriere beschleunigt.

Das Experimentierprogramm

Der SILAB-Bericht entwirft im Jahre 1969 das GSI Forschungsprogramm einschließlich der experimentellen Großgeräte schon in seinen wesentlichen Zügen. Das weitgespannte Experimentierprogramm mit schweren Ionen umfaßte Atomphysik, Festkörperphysik, Kernreaktionsstudien, Kernchemie sowie die Untersuchung exotischer Kerne. Wesentlich wurde es von der Suche nach schweren und superschweren Elementen geprägt. Der Chemie schwerer und superschwerer Elemente wird ein großes Gewicht zugemessen, insbesondere durch den Einfluß der Mainzer Gruppe mit Günter Herrmann. Auch C. Schmelzer hatte schon in seinen frühen Überlegungen die Synthese neuer Elemente als zentrales Forschungsziel gesehen. Als technische Neuheit wird ein Schwerionen-Spektrometer vorgeschlagen, welches Kernreaktionsprodukte im Fluge abtrennen und somit auch die kürzesten Halbwertszeiten bis hinunter zu Mikrosekunden erfassen kann. Derartige Spektrometer waren bei der Erforschung von Spaltprodukten an Kernreaktoren erfolgreich eingesetzt worden.

In der Zeit der Vorbereitungen der Experimente am UNILAC ging die Diskussion über superschwere Kerne ihrem Höhepunkt entgegen; die Suche in der Natur wurde intensiv betrieben. Im GSI-Seminar, veranstaltet von Hochschullehrern der Umgebung, besonders aus Frankfurt, brachte man den zukünftigen GSI-Wissenschaftlern – den jungen Forschungsnachwuchs eingeschlossen – in Vorlesungen und Seminaren das neue Gebiet der Schwerionenphysik nahe. Beherrscht wurde die Diskussion von den Fragen nach der Produktion und der Stabilität der superschweren Elemente:

- dem Bildungsquerschnitt und
- der Halbwertszeit.

Spannend wurde es, wenn Besucher wie Glenn T. Seaborg oder Georgij N. Flerov aufregende Kunde von aktuellen Experimenten zur Synthese neuer Elemente überbrachten. Dabei war natürlich auch die Suche in der Natur wichtig. Besonderes Aufsehen erregten die schon erwähnten

Halbwertszeitberechnungen von Fiset und Nix, wonach man von der Existenz superschwerer Kerne in der Natur ausgehen konnte.

Zu den Produktionsquerschnitten gab es keine hinreichend verläßliche n Voraussagen. Man hoffte, die Insel der Stabilität in kalter Schwerionenfusion mit möglichst symmetrischen Target- Projektil Kombinationen zu erzeugen, wie

$$
\begin{array}{cccccc}
{}^{84}\mathrm{Kr} & + & {}^{238}\mathrm{U} & \longrightarrow & {}^{322}128 \\
{}^{136}\mathrm{Xe} & + & {}^{238}\mathrm{U} & \longrightarrow & {}^{374}146 \\
{}^{76}\mathrm{Ge} & + & {}^{232}\mathrm{Th} & \longrightarrow & {}^{308}122
\end{array}
$$

Nach äußerst optimistischen Abschätzungen von Torbjørn Sikkeland aus dem Jahre 1966 lagen die Bildungsquerschnitte für die superschweren Kerne weit oberhalb der für die schwersten Elemente bekannten Werte. Es gab allerdings schon 1974 Überlegungen von Bill Myers sowie Wladyslaw Swiatecki zur Dynamik des Fusionsprozesses, nach welchen die Verschmelzung schwerer Kerne problematisch ist, da die starken Coulombkräfte die Fusion zwischen schweren Targets und schweren Projektilen behindern und die Erzeugung schwerer Elemente durch Fusion symmetrischer Systeme unmöglich machen. Der massive Transfer zwischen zwei sehr großen Kernen, wie zum Beispiel ^{238}U als Projektil und ^{238}U oder sogar ^{248}Cm als Target wurde ebenfalls als Methode zur Synthese neuer Elemente diskutiert.

An die Grenzen der Stabilität mit neuen Techniken: SHIP – Separation schwerer Elemente im Fluge

Wegen der Unsicherheiten in den Voraussagen der Bildungsquerschnitte und Halbwertszeiten für die superschweren Elemente sollten die Nachweisapparaturen bei GSI möglichst große Empfindlichkeits- und Halbwertszeitbereiche erfassen. Die Grenzen der damaligen Techniken zum Nachweis der schwersten Elemente, Helium-Gastransport und chemische Trennung, lagen im Bereich von Sekunden und waren schon für die damals bekannten schwersten Kerne erreicht. Lediglich die rotierende

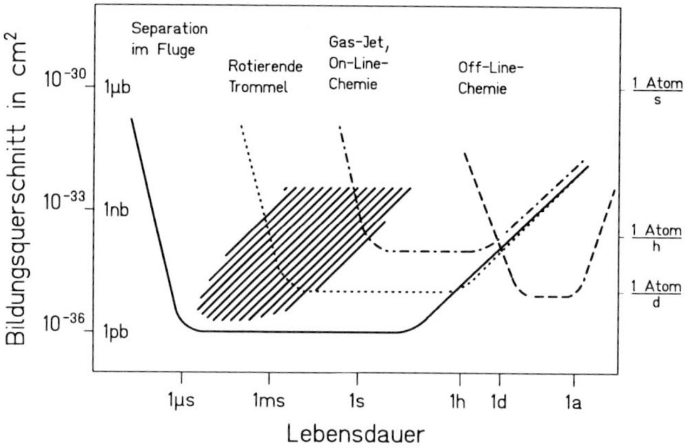

Bild 14.1 Empfindlichkeitsbereiche der Nachweismethoden für schwere Elemente, bezogen auf Produktionsquerschnitte und Lebensdauern der nachzuweisenden Atomkerne. Zum Vergleich sind die experimentellen Bildungsquerschnitte und Halbwertszeiten der bekannten Transactinoide als schraffierte Fläche markiert. Die schnellste und empfindlichste Methode ist die Separation im Fluge. Sie überdeckt den größten Empfindlichkeitsbereich und schließt den Transactinoidenbereich voll ein. Die den Querschnitten entsprechenden Produktionsraten in Atomen pro Sekunde (s), Stunde (h) und Tag (d) sind auf der rechten Skala aufgetragen.

Trommel erschloß den sub-Sekundenbereich. Sie war jedoch wegen ihrer Einschränkung auf den Nachweis von Spaltprodukten nur bedingt zur Suche nach neuen Elementen geeignet. Zudem sind rotierende Trommeln und Gasjets lediglich Transporttechniken für die entstandenen Reaktionsprodukte, ohne Separation der interessanten schweren Kerne.

Die schnellste und empfindlichste Methode war die neue Technik der Separation im Fluge (Bild 14.1). Ausführliche Überlegungen hierzu existierten bereits in einem Projektvorschlag für ein amerikanisches Laboratorium, das HILAB, aus dem Jahre 1968 welches die Synthese superschwerer Kerne als Forschungsschwerpunkt haben sollte. Dort werden die unterschiedlichen, für eine Separation im Fluge geeigneten, ionenoptischen Trennmethoden verglichen. Als bester Separator wird ein Geschwindigkeitsfilter vorgeschlagen.

Der theoretische Hintergrund ist einfach: Bei der Fusion zweier Kerne zu einem einzigen Kern wird der gesamte Impuls des Projektils $M_P v_P$ auf den neuen Kern übertragen. Nach dem Gesetz der Impulserhaltung ergibt sich für die Geschwindigkeit des Compoundkerns:

$$v_C = v_P \frac{M_P}{M_C}$$

M_C und M_P sind die Massen von Compoundkern und Projektilkern, v_P ist die Projektilgeschwindigkeit. Die Fusionsprodukte werden mit einer wohldefinierten Geschwindigkeit in Vorwärtsrichtung emittiert. Alle anderen Kernreaktionsprodukte fliegen mit Geschwindigkeiten verschieden von v_C. Die Projektile sind wesentlich schneller als die Compoundkerne; der Geschwindigkeitsunterschied steigt mit zunehmender Massendifferenz. In der Vorbereitungsphase arbeiteten Hochschulgruppen aus Darmstadt, Gießen und München an einer Vielfalt von Konzepten für das Separatorprojekt. Schließlich bekam die Gießener Gruppe unter Heinz Ewald den Zuschlag. Sie hatte traditionell Erfahrung in der ionenoptischen Konzeption von Spektrometern und schon an Spaltproduktseparatoren an Reaktoren in München, Jülich und Grenoble mitgearbeitet.

Der Schwerionenseparator wurde nach einem neuen ionenoptischen Konzept gebaut: Ein Geschwindigkeitsfilter sollte möglichst viele der aus dem Target herausfliegenden Reaktionsprodukte erfassen und gleichzeitig untergrundfrei vom Projektilstrahl und unerwünschten Kernreaktionsprodukten trennen. Der klassische Typ des ionenoptischen Geschwindigkeitsfilters ist das „Wienfilter", ein Dipolmagnet, in dessen Luftspalt sich ein Plattenkondensator befindet, so daß elektrisches und magnetisches Ablenkfeld senkrecht aufeinander stehen. Abhängig vom Verhältnis der magnetischen zur elektrischen Feldstärke können nur Teilchen einer bestimmten Geschwindigkeit passieren. Im Gegensatz zu diesem konventionellen Filter wurden die Ablenkfelder des Schwerionenfilters aus technischen Gründen räumlich getrennt angeordnet. Um eine extrem gute Separation zu erreichen, wurden zwei Filterstufen gekoppelt. Zur Fokussierung der Reaktionsprodukte auf den Detektor dienen magnetische Quadrupollinsen. Die maximalen Stärken aller Felder wurden so ausgelegt, daß man die schwersten denkbaren Reaktionsprodukte, Compoundkerne aus der Fusion von zwei Urankernen, gerade noch separieren konnte.

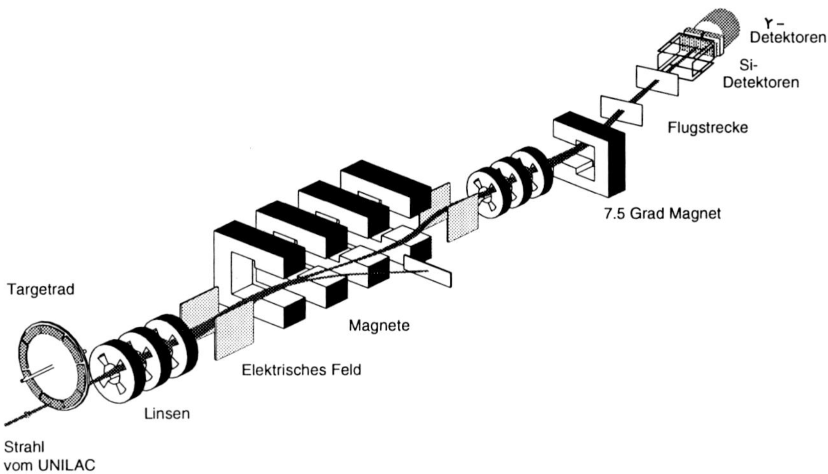

Bild 14.2 Das Geschwindigkeitsfilter SHIP am Schwerionenbeschleuniger UNILAC der GSI Darmstadt in seiner heutigen Konfiguration mit einem zusätzlichen kleinen Ablenkmagneten am Ausgang. Die Gesamtlänge des Systems ist 13 m.

Ob das Filter eine ausreichende Separationsgüte und Empfindlichkeit für den Nachweis schwerster Elemente haben würde, war die große, spannende Frage. Tatsächlich wurde dies von vielen Kollegen bezweifelt. Ein wichtiges Problem war die Abschätzung des Untergrundes am Ausgang des Separators, der die Nachweisempfindlichkeit begrenzt, im Extremfall durch Zerstörung der Halbleiterdetektoren, mit welchen die neuen Elemente nachgewiesen werden sollen. So ist zum Beispiel zur Erzeugung eines einzigen Atoms von Element 104 eine Dosis von 10^{14} Projektilen auf dem Target notwendig. Dabei entsteht eine Milliarde Kernreaktionsprodukte mit einem breiten Massen- und Geschwindigkeitsspektrum. Beides, den Projektilstrahl und die unerwünschten Reaktionsprodukte muß der Separator unterdrücken, ein bei der Konzipierung nicht detailliert zu berechnendes und fast unlösbar erscheinendes Problem.

Das Geschwindigkeitsfilter SHIP, *Separator for Heavy Ion reaction Products* (Bild 14.2), welches heute noch das Herzstück beim Nachweis der schwersten Elemente ist, wurde in den Jahren 1972 bis 1975 in Zusammenarbeit des Zweiten Physikalischen Instituts der Universität Giessen und der GSI aufgebaut. Die kleine Gruppe aus dem Giessener Institut von Heinz Ewald mit Wolfgang Faust, der bei GSI angesiedelt war, und Klaus Güttner wurde von Gottfried Münzenberg geleitet. Sie war für das ionenoptische und technische Konzept des neuen Schwerionenseparators sowie die Koordination des Aufbaus zuständig. Auf der Seite der GSI war Peter Armbruster als Leiter des Bereichs Kernchemie II verantwortlich. Einer der ersten GSI-Mitarbeiter war Sigurd Hofmann mit der Aufgabe, eine neuartige Nachweistechnik für den neuen Separator zu entwickeln.

Kapitel 15
Element 107 – Auf dem Weg zu superschweren Kernen

Erste Versuche zur Synthese von Element 107

Es war 1976, die neue Anlage der GSI war gerade fertiggestellt; unter der Leitung von Christoph Schmelzer entwickelte sich eine fruchtbare Forschungsatmosphäre. In allen Bereichen konnten erste wissenschaftliche Erfolge verzeichnet werden. In dem von G. Herrmann geleiteten Forschungsbereich Kernchemie I hatten Jens Kratz und seine Mitarbeiter angefangen, mit chemischen Methoden nach überschweren Kernen zu suchen. Dazu bestrahlten sie Urantargets mit schweren Projektilen bis hinauf zum Uran. Gleichzeitig wurden Reaktionsquerschnitte für die Bildung von Actinoiden durch Transferreaktionen systematisch studiert und der Mechanismus dieser Kernreaktion erforscht. Am neuen Schwerionenseparator SHIP im von P. Armbruster geleiteten Bereich Kernchemie II waren die ersten neuen exotischen Kerne entdeckt worden. Da kam aus Dubna die Meldung von der Entdeckung des Elements 107. Die Kunde von Experimenten zur Synthese eines neuen Elements hatte uns schon auf Umwegen erreicht. In Bestrahlungen der mit einer dünnen ^{209}Bi-Schicht als Targetmaterial beschichteten rotierenden Trommel mit ^{54}Cr-Strahlen hatte man 81 Spaltspuren in den Glimmerdetektoren beobachtet und aus deren Verteilung eine Halbwertszeit von 1-2 Millisekunden ermittelt. Diese Spaltaktivität wurde dem Zerfall des Nuklids ^{261}107 zugeordnet. Der Bildungsquerschnitt war nur 0,1 Nanobarn, das entspricht 10^{-34} cm^2.

Zur Messung der extrem kurzen Halbwertszeit mußten die sowjetischen Physiker die in dem Polschuhspalt des Dubnaer Zyklotrons montierte, mit Gallium-Indium-Flüssigmetall gekühlte, rotierende Trommel auf eine Drehzahl von dreitausend Umdrehungen pro Minute bringen. In Kontrollexperimenten mit reduzierter Drehzahl fand man in der gleichen Reaktion eine Spaltaktivität mit fünf Sekunden Halbwertszeit, die man schon in Bestrahlungen von Bismut mit Titan gefunden und dem Element 105 zugeordnet hatte. Diese wurde als Tochteraktivität des neuen Elements interpretiert, hervorgerufen durch einen α-Zerfallszweig des Isotops $^{261}107$. Sie war die Basis für die Identifikation des neuen Elements der Ordnungszahl 107.

Das Dubna-Resultat wurde sehr skeptisch aufgenommen, weil bei so kleinen Bildungsquerschnitten praktisch jeder auch noch so unwahrscheinliche Effekt, beispielsweise geringste Targetverunreinigungen oder neue, unerwartete Kernreaktionen zu falschen Schlüssen führen können. Ganz besonders kritisch standen die Kollegen in Berkeley diesem Ergebnis gegenüber, da alle in Dubna beobachteten Spaltaktivitäten vergleichbare Halbwertszeiten hatten, welche entweder im Sekunden- oder im Millisekundenbereich lagen. In Berkeley nahm man an, daß in den Dubna-Experimenten immer die gleichen, beispielweise durch Nukleonentransfer gebildeten, Nuklide beobachtet wurden. Man war überzeugt, daß schwere Target- Projektilkombinationen nur sehr schlecht fusionieren und nicht zur Synthese neuer Elemente eingesetzt werden können, die kalte Fusion schwerer Ionen also nicht möglich ist. Tatsächlich gab es noch im Jahre 1980 Arbeiten amerikanischer Wissenschaftler, welche alle in Dubna beobachteten Spaltaktivitäten als Transferprodukte interpretierten, obwohl wir am SHIP in Bestrahlungen von ^{208}Pb mit ^{50}Ti das Isotop $^{257}104$ nachgewiesen hatten welches durch Abdampfung von nur einem Neutron gebildet wird und damit die Möglichkeit, schwere Elemente durch kalte Fusion zu erzeugen, klar unter Beweis gestellt hatten.

Intermezzo: Superschwere Kerne in der Natur?

Während man an Beschleunigern daran arbeitete, das Periodensystem der Elemente schrittweise zu erweitern und auch die direkte Landung auf der Insel der superschweren Kerne versuchte, wurde gleichzeitig in der Natur intensiv nach diesen vorhergesagten neuen Elementen um die Ordnungszahl 114 gesucht. Eine zusammenfassende Diskussion der aktuellen Ergebnisse fand 1978 auf einer Konferenz in Lubbock (Texas) statt.

Die Suche in der Natur erstreckte sich auf Mineralien, vorzugsweise aus der Tiefe der Erde, da man annahm, daß die superschweren Elemente sich wegen ihrer hohen Masse dort abgelagert haben könnten. So wurde in heißen Quellen und in Manganknollen vom Meeresboden geforscht. Da das Element 114 nach dem Periodensystem der Elemente homolog zu Blei sein sollte, suchte man auch in Bleierzlagerstätten und sogar im Blei aus der Verglasung alter Kirchenfenster, weil die damals überall vorhandenen radioaktiven Produkte aus den oberirdischen Atombombentests die empfindliche Suche behinderten. Eine andere Quelle waren Meteoriten. Besonders eine bestimmte Klasse von Steinmeteoriten, die kohligen Chondrite, waren heiße Kandidaten. Die Zusammensetzung dieses kohlestoffhaltigen Meteoritentyps gleicht der Urmasse stellarer Nebel, aus welchen sich die Galaxien bildeten. Die kohligen Chondrite enthalten ungewöhnlich viel an ^{136}Xe, dem schwersten stabilen Xenonisotop, welches als Relikt aus der Spaltung superschwerer Kerne angesehen wurde.

Die Suche nach den superschweren Kernen in der Natur war technisch schwierig, denn man erwartete äußerst geringe Konzentrationen. So mußten entweder sehr große Probenmengen gemessen werden oder durch chemische Trennungen aus großen Mengen des Ausgangsmaterials die Proben hergestellt werden, in welchen man vorwiegend nach spontanspaltenden Kernen suchte. Zum Nachweis der Spaltfragmente diente häufig die schon erwähnte Technik der Spurenätzung. Man versuchte auch, die bei der Spaltung freigesetzten Neutronen nachzuweisen. Spaltet ein superschwerer Kern, so entsteht eine höhere Anzahl von Neutronen, als für Kerne bekannter Elemente, beipielsweise aus der Urangegend. Man ging davon aus, daß die Neutronenzahl von 2,4 bei Uran bis auf über 10 für die superschweren Elemente ansteigt. Der Nachweis von Neutronen hatte zusätzlich den Vorteil, daß große Materialmengen ohne die aufwendige chemische Aufarbeitung im Detektor gemessen werden können, da die Neutronen eine große Reichweite in Materie besitzen. So wurden beispielsweise im Neutronendetektor des Institus für Kernchemie in Mainz große Mengen an kostbaren Edelmetallen wie Platin und Gold untersucht.

Die Empfindlichkeit der Suchexperimente mußte so groß sein, daß man noch ein einziges superschweres Atom unter 10^{16} anderen nachweisen konnte. Das entspricht einer Empfindlichkeit von einem millionstel Gramm pro zehntausend Tonnen. In einigen Fällen wurde diese Empfindlichkeit durch besondere Trennverfahren, beispielsweise mit Massenseparatoren, noch erhöht. Um störenden Untergrund aus der kosmischer Höhenstrahlung zu vermeiden, wurden die Messungen teilweise in tiefliegenden Bergwerksstollen ausgeführt. Eine regelrechte Kampagne, die sich über alle hier aufgezählten Möglichkeiten erstreckte, wurde von G. N. Flerov und Mitarbeitern in Dubna durchgeführt. Auch in deutschen Labors wurde an dieser Suche fieberhaft gearbeitet.

Große Aufregung gab es 1976. Robert V. Gentry, der sich für eine amerikanische Sekte in religiösem Zusammenhang mit der Frage nach dem Alter der Erde beschäftigte, hatte in Monazitsanden aus Madagaskar *giant halos* gefunden und sie als Hinweis auf Spuren besonders energiereicher α-Teilchen aus dem Zerfall superschwerer Elemente gedeutet. Die *giant halos* als solche waren nicht neu, wohl aber die Interpretation durch Gentry: zerfallen im durchsichtigen Glimmer eingeschlossene Materialien durch α-Emission, so können sich um diese Einschlüsse herum ringförmige Höfe, die Halos, bilden. Sie sind das sichtbare Zeichen der Strahlenschädigung des Materials durch die Alphateilchen, welche am Ende der Bahn besonders stark ist. Die Größe dieser Halos ergibt sich aus der Reichweite der α-Teilchen im Glimmer. Sie ist ein Maß für deren Energie. Riesenhalos deuten auf hohe α-Zerfallsenergien, die unter den natürlichen α-Strahlern nicht vorkommen, bei superschweren Elementen dagegen sehr wohl auftreten können.

Gentrys Riesenhalos hatten Durchmesser bis zu 70 μm, woraus er auf eine α-Zerfallsenergie von 14 MeV schloß. Diese hätte zu Elementen um $Z = 126$ gepaßt. Wir erinnern uns: dort vermutete man ursprünglich die nächste magische Protonenzahl bevor 114 ins Spiel kam. Gentry und seine Kollegen, die ihm beisprangen, stützten diese Hypothese durch eine Analyse der Halos mit protoneninduzierter Röntgenstrahlung, einer gängigen mikroanalytischen Technik zur Identifikation von Elementen. Die Entdeckung war so brisant, daß sie, entgegen dem guten wissenschaftlichen Brauch einer renommierten Zeitschrift, sofort in den amerikanischen *Physical Review Letters* ohne das sonst übliche Gutachterverfahren veröffentlicht wurde. Es war das besonders gekennzeichnete *Bicentennium*-Heft. In amerikanischen Labors hatte man auch schon einen Namensvorschlag für das Element: *Bicentennium*, in Erinnerung an die amerikanische Unabhängigkeitserklärung vom 4. Juli 1776, zweihundert Jahre zuvor. Die Unruhe unter den Wissenschaftlern war groß, weil die Monazitsande keine Seltenheit sind und damit die superschweren Elemente in nicht abschätzbarer Menge zu gewinnen wären: spaltbares Material, schwerer als Plutonium! Das klang aufregend, aber auch bedrohlich. Sofort stürzten sich zahlreiche Arbeitsgruppen, aus der GSI-Umgebung die Mainzer Kernchemiker unter G. Herrmann und die Heidelberger Kernphysiker, auf dieses Thema. Nach einer kurzen und äußerst hektischen Arbeitsperiode im Labor stellten diese und andere Gruppen mit der gleichen Methode fest, daß die Behauptung Gentrys ein Fehlalarm durch eine wissenschaftlich nicht haltbare Arbeit war.

Element 107 – Nielsbohrium

Nach fünf Jahren SHIP-Betrieb war es endlich soweit: Mit der Synthese von Element 107 wollten wir die Spitze des Periodensystems erreichen und ernsthaft in die Jagd nach neuen Elementen eingreifen.

Das was nur nach langen und gründlichen Vorarbeiten und Testexperimenten möglich. Eines der vielen Probleme bildete das Targetsystem. Zur Vermeidung störender Teilchenstreuung mußten die Targets im Vakuum bestrahlt werden. Die nur 0,5 μm dicken, leicht schmelzbaren Bismuttargets waren zwischen zwei hauchdünnen Kohleschichten eingebettet. Diese spezielle Targettechnologie war eine Neuentwicklung des GSI-Targetlabors von Helmut Folger und seinen Mitarbeitern. Die einzige Kühlmöglichkeit für die Targets im Vakuum war Wärmeabstrahlung, da in so dünnen Schichten Wärmeleitung keine Rolle mehr spielt.

Die technische Lösung des Problems war ein schnell rotierendes Rad von 30 cm Durchmesser, auf dem die dünnen Targets montiert sind. Das Rad läuft synchron zum gepulsten Beschleunigerstrahl mit etwa 1 000 Umdrehungen in der Minute. Dadurch bestrahlt der Ionenstrahl nicht nur einen kleinen Fleck des Targets, sondern wird über eine große Fläche verteilt.

Eine weitere wichtige Voraussetzung für das Gelingen des Experiments war ein empfindliches Nachweissystem. Es sollte ermöglichen, ein neues Element eindeutig zu identifizieren, auch wenn man von diesem nur einzelne Atome herstellen konnte. Dazu mußte man, falls diese Kerne α-Strahler sind, die α-Zerfallsketten einzelner Atome, beginnend beim Mutterkern, über die schnell nachfolgenden Zerfälle mehrerer Tochtergenerationen verfolgen können. Die Lösung dieses Problems war im schon erwähnten *HILAB Report* angedeutet. Der Mutterkern wird in einen Siliciumdetektor implantiert. Er bleibt dort an seiner Position stecken, so daß man alle seine Zerfälle über viele Generationen hinweg lückenlos über Stunden oder sogar Tage verfolgen kann. Nach anfänglichen Versuchen mit konventionellen Halbleiterdetektoren wurden schließlich sieben ortsempfindliche Silicium-Halbleiterzähler zu einem großflächigen, hochauflösenden Detektorsystem kombiniert. Durch die große Detektorfläche werden alle von SHIP separierten Kerne gesammelt. Die Ortsauflösung erlaubt die sichere Zuordnung der Tochterzerfälle zum Mutterkern. Die gute Energieauflösung ermöglicht eine sichere Identifikation der Tochterzerfälle durch Vergleich der gemessenen Zerfallsenergien und Lebensdauern mit den entsprechenden Daten für bekannte Nuklide. Die Zerfallsketten einzelner Atome werden auf diese Weise charakteristisch und unverwechselbar wie Fingerabdrücke.

Diese Methode zum Nachweis seltener Isotope wurde bereits 1978 von Sigurd Hofmann entwickelt. Diese Entwicklungsarbeiten, in deren Verlauf eine Anzahl neuer Isotope durch ihren α-Zerfall identifiziert wurde, fanden im Bereich der Elemente Tantal und Rhenium statt. Schließlich gelang es, in Testexperimenten Isotope des Elements Fermium mit der Ordnungszahl 100 in Bestrahlungen von Bleitargets mit Argon nachzuweisen. Der Bildungsquerschnitt betrug etwa zwanzig Nanobarn. Damit war erstmals ein schweres Element am SHIP beobachtet worden. Bald darauf wurde Element 104 synthetisiert – das Tor zu den Transactinoiden war aufgestoßen.[1]

Für Element 107 war noch eine weitere Hürde zu überwinden. Man benötigt das neutronenreichste Chrom-Isotop mit der Masse 54 als Projektilstrahl. Dieses hat eine natürliche Häufigkeit von nur 2,4 %. Die Ionenquelle des UNILAC Beschleunigers mußte deshalb mit angereichertem Material betrieben werden, um die benötigten Intensitäten von etwa 10^{12} Projektilen pro Sekunde zu liefern. Das Material war wegen seines hohen Preises für uns nur in begrenzter Menge verfügbar, gerade ausreichend für das Experiment von etwa zwei Wochen Dauer. Die Ionenquellen des UNILAC mußten auf niedrigen Materialverbrauch gezüchtet werden.

Endlich, im Februar 1981, begann die Synthese von Element 107. In der Bestrahlung von ^{209}Bi ($Z = 83$) mit ^{54}Cr ($Z = 24$) erwartete man das Isotop mit der Masse 261, gebildet durch Abdampfung zweier Neutronen aus dem Compoundkern. Die α-Zerfälle dieses Kerns führen zu damals unbekannten Tochter- und Enkelisotopen der Elemente 105 und 103. Um die α-Kette von unten her aufzubauen, mußten diese Kerne vorher hergestellt und gemessen werden. Diese Notwendigkeit für eine zweifelsfreie Identifikation des neuen Elements war dem Experimentausschuß der GSI, einem aus Wissenschaftlern besetzten internationalen Gremium, welches alle Experimente genehmigt, nicht einfach klar zu machen. Er wäre das neue Element 107 lieber direkt angegangen. Die Synthese von Element 105 wurde als Begleitexperiment durch Bestrahlung des gleichen Targets, ^{209}Bi, mit ^{50}Ti ($Z = 22$) durchgeführt. Dieses Projektil ist gerade um ein α-Teilchen leichter als ^{54}Cr und führt damit genau zum Tochterkern, falls der Compoundkern ebenfalls zwei Neutronen abdampft.

Die neue Strategie, Mutter- und Tochterelement in Begleitexperimenten zu erzeugen, bewährte sich. Sie wurde auch für die folgenden Experimente zur Synthese der schwereren Elemente beibehalten, da sie Fehlermöglichkeiten ausschließt. Ein besonderer Vorteil, leichtere Toch-

---

[1] Komponenten des hier beschriebenen Versuchsaufbaus sind im Deutschen Museum in Bonn ausgestellt

terelemente in Begleitexperimenten mit zu untersuchen, ist, daß sie mit erheblich größeren Querschnitten gebildet werden.

Die Synthese dieses neuen Elements führte an die Grenze des Machbaren. Sie war spannend und schwierig. Einmal treten bei einem solchen Experiment immer Probleme auf, weil alle technischen Möglichkeiten bis an die Grenzen ausgenutzt sind. Zum andern waren wir gespannt, ob es uns gelingen würde, an das obere Ende des Periodensystems vorzudringen. Das Experiment lief, wie üblich, Tag und Nacht ohne Pause. Wir erwarteten etwa ein Atom pro Tag als statistischen Mittelwert. Das bedeutet, daß nach den Gesetzen der Wahrscheinlichkeit auch mehrere Tage Nichts passieren kann. Die damals vorhandenen Datenaufnahmerechner erlaubten nicht, die Zerfallsketten während des laufenden Experiments auszuwerten. Deshalb wurden die α-Zerfälle mit einem Fernschreiber ausgedruckt. Jedesmal, wenn der Fernschreiber klapperte, wurde voll Spannung nach dem Protokoll gesehen. Aufregend wurde es, wenn das Gerät mehrmals hintereinander ansprach: dies deutete auf korrelierte Zerfälle hin! Die Überprüfung des Ausdrucks zeigte, ob die Zerfälle am gleichen Ort stattfanden. Wenn ja, dann wurde das bis dahin schon beschriebene Magnetband mit den kompletten Meßdaten zum Großrechner gebracht und ausgewertet.

Tatsächlich gelang es P. Armbruster und seiner von G. Münzenberg geleiteten SHIP-Arbeitsgruppe mit S. Hofmann, F. P. Heßberger, W. Reisdorf und K. H. Schmidt in sieben Tagen sechs Atome des Elements 107 eindeutig zu identifizieren. Sie stammten von dem Isotop der Masse 262. Das war insofern eine große Überraschung, als dieses Isotop durch die Abdampfung nur eines einzigen Neutrons vom Compoundkern entsteht. Bisher hatte man sich nicht vorstellen können, daß man die schwersten Elemente so kalt fusionieren kann. Die α-Zerfallsenergie des Isotops $^{262}107$ ist 10,38 MeV, die Halbwertszeit 4,7 ms. Ein einziger α-Zerfall hatte eine Energie von nur 9,7 MeV und eine Korrelationszeit von 115 ms, lag also weitab von den anderen Zerfällen. Er gehörte aber eindeutig zu dem gleichen Isotop, wir deuteten ihn vorsichtig als isomeren Zustand – was wir später bestätigen konnten.

Die Entdeckung eines Elements

Bild 15.1 veranschaulicht die Schritte auf dem Wege zur Entdeckung eines neuen Elements. Links ist der während des laufenden Experiments auf dem Fernschreiber mitgeschriebene Protokollausdruck für den Teil der Messung zu sehen, in welchem der erste Hinweis auf das neue Element 107 gefunden wurde. Er beginnt am 25. Februar nachts um 1:03 Uhr, am dritten Tag nach Beginn des Experiments. Da der Fernschreiber gleichzeitig die Bedienungskonsole für den Datenaufnahme-Rechner war, beginnt der Ausdruck mit dem Befehl, die Daten der Messung auf Magnetband zu schreiben. Es folgen im wesentlichen Befehle zum Darstellen von Spektren auf einem Bildschirm. Die beiden Zahlenfolgen am unteren Blattrand geben schließlich den ersten Hinweis auf einen korrelierten α-Zerfall und damit auf das neue Element. Jeder registrierte Zerfall ist durch eine Folge von drei Zahlen gekennzeichnet: sie charakterisieren (in der Reihenfolge auf dem Audruck) die registrierte Energie, den Ort und die Zeit. Die ausgedruckten Werte sind noch nicht geeicht. Die erste Ziffer des Ortes steht für die Nummer des Halbleiterdetektors, in welchem das Ereignis beobachtet wurde. Die Zeiteinheit ist 0,16 Sekunden. Der Ausdruck zeigt zwei Zerfälle im gleichen Detektor Nummer drei und nahezu am gleichen Ort (338 und 340) im Zeitabstand von 219 s.

Die in der Bildmitte dargestellte Korrelationsauswertung am Großrechner gibt die vollständige Kette wieder. Der Ausdruck beginnt mit der Meldung, daß die entsprechenden Daten eingelesen werden. Die nun folgenden, vom Rechner gefundenen, korrelierten Ereignisfolgen sind jeweils durch waagerechte Striche abgetrennt. Die Zahlenkolonnen zeigen von links nach rechts: die geeichte α-Energie in kilo-Elektronvolt, den Ort, die Detektornummer, die übernächste Kolonne gibt die Zeit seit Beginn der Messung in Hundertstelsekunden, dann kommt eine Zeitangabe in Millionstelsekunden und schließlich die ungeeichte Energie, wie im vorherigen Ausdruck. Element 107 erscheint ab der sechsten Zeile. Als erstes findet die Analyse die Korrelation des α-Zerfalls von 10 395 keV mit dem Verdampfungsrestkern (ER), im nächsten Schritt den später auf das Band geschriebenen Tochterzerfall von 9 198 keV

```
:
25FEB81 01:02:59 FILE 3 OPENED ON PDP-TAPE R71AT4
*GO
GO 25FEB81 01:03:08
   LIST MODE DATA WILL BE DUMPED ON PDP TAPE
*DLI
*D 2
 D/LIVE
*ACL 2 1
CLEAR ANALYZER 2 OF EVENT 1 (Y/N)?:Y
CLEARED AT 01:04:44
 D/LIVE
 D/LIVE
*DLI 2 1

2120., 216., 1212.,
*D 28
*DLI 26 1
*D 26
*DSC 100
*DLI 2 1
*DLI 22 1
*D 35
*DLI 35 1
*SD 1

!GOCO: UNKNOWN COMMAND!
*D 1
*D 28
 DWSUM
 :5056-5559=1
*D 40
DSPL:SPECIFIED SPECTRUM RANGE IS EMPTY
*D 5
*D 26
*DSC 100
*D 35

2466., 338., 12820.,
*D 40
DSPL:SPECIFIED SPECTRUM RANGE IS EMPTY
*D 37
DSPL:SPECIFIED SPECTRUM RANGE IS EMPTY
*D 5
*D 30
*D 28
 DEXP
*D 31

2075., 340., 14194.,
*D 28
 DEXP #
*D 5
*D 28
```

ΔT = 219 s

```
2  ENTER DATASET NAME : C96126
   FILE#  26 TAPELBL: R71ATA DATE: 25FEB81 TIME:01.02.58
   RUN: 209CR495    NAME: T4F3
   COMMENT:
   YA AB JETZT UEBER LIN. GATE....
9  RIGHT FILE ? :
1  ENTER COMMAND : W
    EVENT LOOP INITIALISATION DONE,START RESET
   ----------------------------------------------------------------------------
       ENERGY    POS DETNR PAUSE 1/100 SEC MICROS CHANNEL TER_D PILU
   ALPH  8357    699     6    0       3520   62860   2254     0    11
   ER            -16     6               0   60675   3706     0     9
   ----------------------------------------------------------------------------
   ALPH  7835    229     2    1      19392    9510   2120     0     9
   ER            -24     2               0    2220   5115     0    10
   ----------------------------------------------------------------------------
   ALPH  5997    600     6    1     120000   99245   1605     0     9
   ----------------------------------------------------------------------------
   ALPH 10395    554     3    1     205104   13700   2788     0     9
   ER            -16     3               0    1385   5214     0    10
   ----------------------------------------------------------------------------
   ALPH  9198    555     3    1     205120  134790   2466     0     9
   ER             -1     3              16   13700   2788     0     9
   ER            -17     3              15    1385   5214     0    10
   PAR  10395     -1     3    1         16   13700   2783     0     9
   ----------------------------------------------------------------------------
   ALPH  7745    567     3    1     227104   27110   2075     0    10
   ----------------------------------------------------------------------------
   ALPH  7455    640     2    1     230592   73345   2001     0    12
8  ENTER COMMAND :
   ENTER COMMAND :
   ----------------------------------------------------------------------------
```

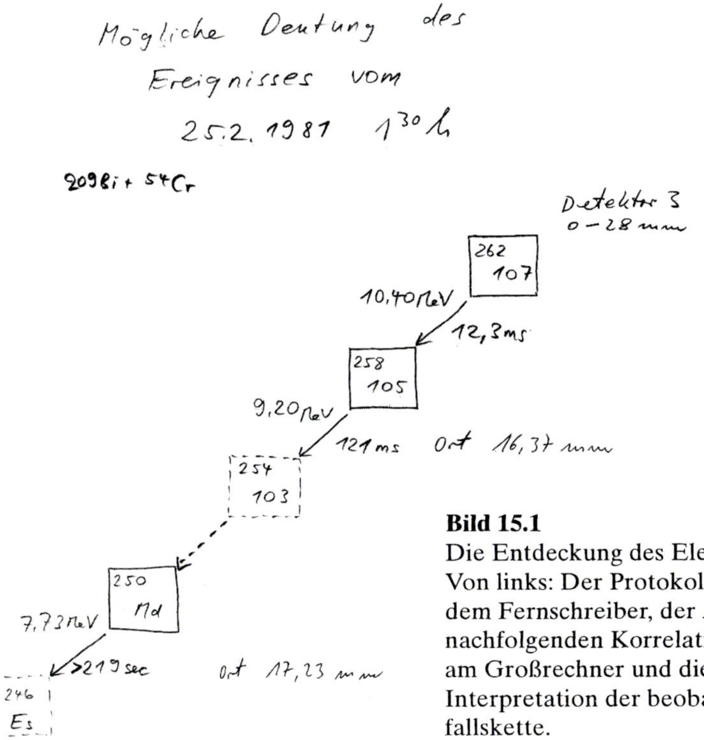

Bild 15.1
Die Entdeckung des Elements 107. Von links: Der Protokollausdruck aus dem Fernschreiber, der Ausdruck der nachfolgenden Korrelationsanalyse am Großrechner und die vorläufige Interpretation der beobachteten Zerfallskette.

und nachfolgend den dazugehörigen Mutterzerfall mit Verdampfungsrestkern. Die in der Ortsspalte stehenden Zahlen der Muttereereignisse geben die Ortsdifferenz zum Ort der Tochter an. Das Energiesignal der Verdampfungsrestkerne stammt vom Einschlag in den Halbleiterzähler und tritt nicht in der Eichspalte auf.

In unsere Kette hat sich ein weiterer Verdampfungsrestkern eingeschmuggelt, der aber wegen zu großer Ortsabweichung verworfen wird. Den letzten Zerfall mit 7735 keV in dieser Kette hat das Programm wegen der vorgegebenen Zeitfenster für die Suche nicht gefunden.

Die vorläufige Interpretation der Zerfallskette im rechten Bild ist der vorerst letzte Schritt während des Experiments. Die Zuordnung der Zerfallskette basiert auf den bekannten α-Zerfallsenergien und Halbwertszeiten der beiden letzten Kettenglieder, $^{258}105$ und ^{250}Md.

Die neue Anordnung war so erfolgreich, daß in einem anderen Experiment, fast gleichzeitig mit der Identifikation von Element 107, eine wichtige Entdeckung im Bereich der leichteren Kerne gemacht wurde: Sigurd Hofmann und Mitarbeitern gelang der Nachweis der Grundzustands-Protonenemission am ^{151}Lu. Nach dieser neuen Zerfallsart, bei welcher Kerne spontan Protonen emittieren, hatte man schon jahrzehntelang gesucht.

Später wurde die Synthese von Element 107 in der gleichen Reaktion ^{54}Cr + ^{209}Bi am SHIP wiederholt. Die Projektilenergie wurde variiert, um auch das durch die Emission von zwei Neutronen gebildete Isotop der Masse 261 zu untersuchen, welches nach den Ergebnissen aus Dubna spalten sollte. Unsere Resultate aus dem ersten Experiment, einschließlich des vermuteten Isomers, konnten voll bestätigt werden. Spaltungen fanden wir keine. Damit war der Anspruch aus Dubna auf die Entdeckung von Element 107 stark erschüttert.

Zur Ehrung Niels Bohrs schlugen wir 1992, über zehn Jahre nach dem ersten Experiment, den Namen Nielsbohrium (Ns) vor. Um Verwechslungen mit dem Element Bor zu vermeiden, wurde der Vorname diesmal in den Namen des Elements einbezogen. Dieser Namensvorschlag wurde gemeinsam mit unseren Kollegen aus Dubna gemacht. Die Hintergründe werden wir im Kapitel über die Namensgebung erörtern.

Kapitel 16
Element 109

Ersetzt man den für die Herstellung des Elements 107 benutzten ^{54}Cr-Strahl ($Z = 24$) durch ^{58}Fe ($Z = 26$), das gerade zwei Protonen und zwei Neutronen mehr enthält, und benutzt wieder ein ^{209}Bi-Target, so landet man bei Element 109, das in der schon bekannten α-Kette genau eine Stufe weiter oben liegt.

Es gab ein aus damaliger Sicht sehr wichtiges Argument, bei der Suche nach dem nächsten Element direkt von Element 107 nach Element 109 zu gehen und Element 108 zu überspringen. Nach den damaligen Voraussagen sanken die Spalthalbwertszeiten für Kerne gerader Neutronen- und Protonenzahl, die doppelt geraden Kerne, bei Element 108 in den Mikrosekunden- und bei Element 110 sogar in den Nanosekundenbereich. Das hätte bedeutet, daß alle Isotope von Element 108 spalten und wir bereits nahe dem Ende des Periodensystems waren. Dies ließ auch der Blick auf die Gegend um Element 104 der damaligen Nuklidkarte vermuten. In diesem Falle wäre unsere Nachweistechnik über korrelierte α-Zerfälle nicht mehr einsetzbar gewesen.

Die Spaltung von Kernen mit ungerader Neutronen- oder Protonenzahl ist gegenüber doppelt geraden Kernen erschwert, da das ungepaarte Nukleon die Kernform stabilisiert, es möchte auf seiner Bahn bleiben. Dadurch ist die zur Spaltung notwendige Deformation des Atomkerns behindert. Die Behinderung kann man theoretisch nur schwer abschätzen. Aus experimentellen Ergebnissen schlossen wir, daß ein unpaariges Proton oder Neutron die Halbwertszeit im Mittel um einen Faktor tausend verlängert. Deshalb planten wir nach der Synthese des Elements 107 gleich zu Element 109 zu gehen, um das doppelt ungerade Isotop $^{266}109$ mit 157 Neutronen zu erzeugen.

Im Sommer 1982 waren wir so weit. Am 29.8.1982 um 16:10 Uhr konnte die gleiche SHIP-Mannschaft, die schon Element 107 entdeckt

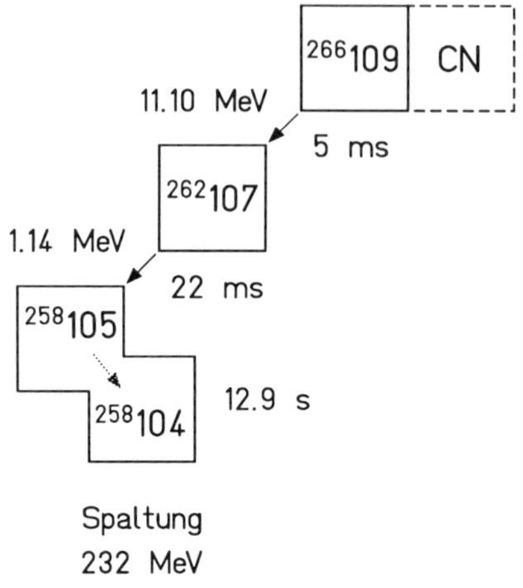

Bild 16.1 Die Zerfallskette des ersten Atoms von Element 109. Fünf Millisekunden nach der Implantation des Verdampfungsrestkerns emittiert das erste Atom des neuen Elements ein α-Teilchen. Die Energie beträgt 11,1 MeV. Es folgt der Zerfall des Tochter-Isotops. Das α-Teilchen fliegt rückwärts aus dem Detektor und zeigt deshalb nur einen Teil seiner tatsächlichen Energie, es ist ein *escape*. Dann erfolgt ein von uns nicht beobachtbarer Elektronen-Einfang, welcher zum spontanspaltenden Nuklid $^{258}104$ führt. Die Kette endet mit einer Spontanspaltung. Die Zuordnung dieser Zerfallskette zum Nuklid $^{266}109$ erfolgte nach einer sehr eingehenden statistischen Analyse der gemessenen Zerfallskette.

hatte, ihr erstes und – in diesem Experiment – einziges Atom des neuen Elements beobachten. Zur Erzeugung dieses einzigen Atoms benötigten wir in unserem 250 Stunden langen Experiment eine Dosis von 10^{18} Projektilen, tausendmal so viel, wie zur Herstellung eines Atoms von Element 104. Diese Menge von Projektil-Atomen ist schon wägbar, sie entspricht einem Gewicht von 0,1 Milligramm.

Die in Bild 16.6 gezeigte Zerfallskette von Element 109 bot wieder eine Überraschung, denn sie hat eine interessante, für unsere späteren Erkenntnisse wichtige Besonderheit: Sie zeigt die Sequenz α-Zerfall – α-Zerfall – Spaltung. Sie sieht damit genauso aus, wie man es für die Zerfallskette eines superschweren Kerns erwartet hätte.

Diesmal waren es die Kollegen aus Dubna, welche unser Resultat nicht bestätigen konnten. Mit ihrer Experimentiertechnik der rotierenden Trommel gelang es ihnen nicht, die Spontanspaltung am Ende der von uns gefundenen Kette nachzuweisen. Hier ist anzumerken, daß der Kern $^{258}105$ in unserer Kette nur in 30 % aller Fälle den Weg über den Elektronen-Einfang zum spontanspaltenden Isotop $^{258}104$ geht, in den übrigen 70 % dagegen ein α-Teilchen emittiert. Deshalb änderte man schließlich das Konzept in Dubna. Man ging zu kernchemischen Methoden über. Da die chemische Trennung zum direkten Nachweis der Kerne an der Spitze des Periodensystems zu langsam ist, wies man ein langlebiges Tochterisotop in der bei Element 109 startenden α-Kette nach. Es ist ^{246}Cf mit einer Halbwertszeit von 36 Stunden.

In Bestrahlungen von Bismuttargets mit ^{50}Ti, ^{54}Cr und schließlich ^{58}Fe arbeiteten sich die Kernchemiker und -physiker Yu. Ts. Oganessian, A. G. Demin, Yu. P. Kharitonov, und andere aus Dubna, M. Hussonnois aus Orsay (Frankreich), H. Bruchertseifer aus Rossendorf (DDR) und O. Constantinescu aus Bukarest (Rumänien) systematisch entlang der α-Kette über die Elemente 105 und 107 bis zu Element 109 herauf. Sie konnten in allen Bestrahlungen die α-Zerfälle des chemisch separierten Californiums nachweisen. Die sehr schwierigen Trennvorgänge wurden mit konventionellen kernchemischen Methoden in wäßriger Lösung durchgeführt, bis man schließlich die Californiumfraktion mit einem elektrostatischen Sprühverfahren auf den Halbleiterzähler aufbringen konnte, um die α-Zerfälle des ^{246}Cf nachzuweisen. In der zu Element 109 führenden Bestrahlung fanden sie schließlich – zu unserer Beruhigung und Bestätigung – sieben Atome von ^{246}Cf.

In einem späteren Experiment im Jahre 1988 konnten wir die Identifikation des neuen Elements 109 in der gleichen Reaktion, $^{58}Fe + {}^{209}Bi$ nochmals am SHIP wiederholen. Zu Ehren der Physikerin Lise Meitner schlugen wir den Namen Meitnerium mit dem chemischen Symbol Mt vor. „Lise Meitner ist eine der herausragenden Frauen in der Kernphysik, der wir uns besonders verpflichtet fühlen. Sie war eine der führenden Persönlichkeiten der Kernphysik in Deutschland vor dem Kriege und mußte 1938 aus Deutschland emigrieren, kurz vor der Entdeckung der Kernspaltung durch Hahn und Straßmann, deren Arbeiten sie anregte", so der Text im Brief an die IUPAC mit dem Namensvorschlag (Übersetzung der Verfasser aus dem Original).

Kapitel 17
Element 108 – Die große Überraschung

Nach der erfolgreichen Synthese von Element 109 konnte das übersprungene Element 108 in Angriff genommen werden. Um die Elemente gerader Ordnungszahl mit den gleichen Projektilstrahlen herzustellen wie die darüberliegenden Elemente ungerader Ordnungszahl, ersetzten wir das ^{209}Bi Target mit $Z = 83$ durch ^{208}Pb mit $Z = 82$. Diesmal mußten wir uns entlang der Zerfallskette der Elemente gerader Ordnungszahl, 104 106 und 108, in Bestrahlungen mit ^{50}Ti, ^{54}Cr und ^{58}Fe Element für Element hocharbeiten. Die in der Zerfallskette von Element 108 erwarteten Tochterisotope bei Element 106 waren damals noch unbekannt. Neben dem Ziel, ein neues Element zu entdecken, und dessen Zerfallseigenschaften zu bestimmen, waren diese Tochterisotope für sich schon wichtig und interessant, da wir in unseren Experimenten bisher für kein Isotop oberhalb von Element 104 Spontanspaltung gesehen hatten. Die Elemente gerader Ordnungszahl mußten uns jetzt Aufschluß über die Stabilität der schwersten Elemente gegen Spaltung geben.

In unserem Begleitexperiment konnten wir gleich die drei neuen Isotope ^{259}106, ^{260}106 und ^{261}106 erzeugen. Alle, auch das doppelt gerade Isotop ^{260}106, zeigten α-Zerfall. Für diesen doppelt geraden Kern konnten wir zusätzlich Spontanspaltung messen. Die Halbwertszeit für ^{260}106 war 3,6 ms. Das war eine echte Sensation, denn vorausgesagt war eine Spalthalbwertszeit von 0,1 ms. Damit zeigte das neue Isotop, der schwerste bis dahin gemessene Kern mit gerader Protonen- und Neutronenzahl, eine unerwartet große Stabilität gegen Spaltung. Er lebte über dreißigmal länger als erwartet. Nur deswegen konnte man seinen α-Zerfall beobachten. Bei der vorausgesagten Spalthalbwertszeit von nur 0,1 ms wäre die Spaltung erheblich schneller und damit viel wahrscheinlicher gewesen als der α-Zerfall und wir hätten im Experiment nur Spaltung gefunden. Diese Überraschung hatte sich in den schon oben diskutierten Experimenten von A. G. Demin in Dubna angekündigt. Sie waren aber eher als Hinweis zu werten, da sie mit der rotierenden Trommel gemessen wurden. Jetzt hatten wir die absolut sichere Bestätigung!

Neben der Überraschung, bei Element 106 auch für das doppelt gerade Isotop $^{260}106$ α-Zerfall zu finden, blieb die spannende Frage, ob die Stabilisierung gegen Spaltung sich bei Element 108 fortsetzen würde. Zumindest erwarteten wir nach diesen neuen experimentellen Ergebnissen, daß die Atome von Element 108 wenigstens die Flugdauer von einer Mikrosekunde durch SHIP überleben würden. In einem zehntägigen Experiment im März 1984 konnten wir schließlich drei Atome von Element 108, und zwar des Isotops $^{265}108$, durch ihre α-Zerfallsketten identifizieren. In einer weiteren Bestrahlung des um eine Masseneinheit leichteren ^{207}Pb wurde ein einziges Atom des doppelt geraden Isotops $^{264}108$ gefunden. Auch dieses emittierte bei seinem Zerfall ein α-Teilchen. Das war eine sensationelle Beobachtung, denn entgegen allen Voraussagen war dieser schwerste bekannte Kern mit gerader Protonen- und Neutronenzahl ebenfalls ein α-Emitter!

Die Erklärung lag auf der Hand: Peter Armbruster schaute sich die gemessenen α-Zerfallsenergien genauer an und fand, daß die Schaleneffekte im Bereich der Transactinoiden zunehmend größer werden. Dadurch wird die Spaltung dieser Kerne verhindert; ein Grund für die Theoretiker, ihre Modelle zu verbessern und ihre Computer erneut anzuwerfen. Doch das ist ein gesondertes Kapitel.

Fast gleichzeitig mit den GSI-Experimenten lief eine Experimentserie in Dubna, Element 108 indirekt über das langlebige Nuklid ^{253}Es am Ende seiner α-Zerfallskette nachzuweisen. Die Methode war die gleiche, wie sie schon bei Element 109 angewandt worden war. An diesen Experimenten, die ein Meisterwerk der chemischen Experimentierkunst mit einzelenen Atomen darstellen, waren unsere befreundeten Kollegen aus der damaligen DDR mit Horst Bruchertseifer maßgeblich beteiligt. Sie hatten bis zu diesem Zeitpunkt schon zahlreiche wichtige Beiträge zur Kernchemie der schwersten Elemente in Dubna geleistet.

Zeitlich war das Wettrennen um Element 108 zwischen den Gruppen in Dubna und Darmstadt eine äußerst knappe Angelegenheit. Nach vielen Jahren intensiver Vorbereitung war die Frage, welches Team zuerst Erfolg hat. Die Resultate aus Dubna wurden sofort nach der Datenanalyse als interner Laborbericht auf russisch veröffentlicht. A. Demin war erster Autor. Das Eingangsdatum bei der Redaktion in Dubna lag neun Tage vor dem Eingang unserer *Short Note* mit den Autoren G. Münzenberg, P. Armbruster, H. Folger, F. P. Heßberger, S. Hofmann, J. Keller, K. Poppensieker, W. Reisdorf, K.-H. Schmidt, W. Reisdorf und H. J. Schött von GSI, M. E. Leino von der Universität Helsinki und R. Hingmann von der Universität Gießen bei der *Zeitschrift für Physik.* Weitere zehn Tage später gab es in Dubna einen englischen Laborbericht, diesmal interessanterweise mit geänderter Autorenfolge. Dieser wurde dann an die *Zeitschrift für Physik* eingesandt. Nach gutem wissenschaftlichen Brauch hat derjenige eine Entdeckung zuerst gemacht, der sie in einer wissenschaftlichen Zeitschrift als erster zur Veröffenlichung einreicht. Es zählt das Eingangsdatum. Die Zeitschrift muß „referiert“ sein, das bedeutet, daß alle Beiträge vor ihrem Druck internationalen Gutachtern vorgelegt werden. Meist sind dies zwei bis drei Wissenschaftler aus dem entsprechenden Fachgebiet.

Während der zeitliche Ablauf so aussieht, als ob die SHIP Gruppe der GSI das Rennen um Element 108 nur ganz knapp gewonnen hat, darf man dabei die unterschiedliche Qualität der Experimente nicht vergessen. Dem direkten Nachweis des α-Zerfalls des neuen Elements steht der indirekte Nachweis über den Ur-Ur-Urenkel in der α-Kette, das Nuklid ^{253}Es, gegenüber.

Der Namensvorschlag der Entdecker ist Hassium (Hs). Hassia ist die lateinische Bezeichnung für das Land Hessen, das Land, in welchem das neue Element entdeckt wurde. Der Name soll auch an die wichtige Rolle der benachbarten hessischen und rheinhessischen Hochschulen für die GSI und die Schwerionenphysik erinnern. Zehn Jahre später, im Jahre 1994, wurde das Experiment am SHIP wiederholt, im Zusammenhang mit der Synthese von Element 110. Diesmal wurden 75 Zerfallsketten des Isotops $^{265}108$ gemessen. Unsere alten Daten wurden bestätigt.

Kapitel 18
Eine Weltkollaboration zum Angriff auf die Insel der superschweren Kerne

Über viele Jahre hinweg waren zahlreiche Versuche, superschwere Kerne in unterschiedlichen Kernreaktionen nachzuweisen, ohne Erfolg geblieben. Eine Vielzahl von Experimenten mit unterschiedlichen Target-Projektil Kombinationen galt der Erzeugung superschwerer Kerne durch vollständige Kernverschmelzung. Man hatte auch ein umfangreiches Programm zur Synthese superschwerer Kerne durch nukleare Transferreaktionen abgearbeitet. Möglichst schwere Kombinationen von Projektil und Target wie Xenon plus Uran, Uran plus Uran und Uran plus Curium waren untersucht worden, ohne daß Anzeichen für die Produktion eines superschweren Elements gefunden wurden. Wir wollen hierüber nicht im Detail berichten, sondern nur ein Experiment herausgreifen, welches wohl als der bisher umfassendste gemeinsame „Angriff" von Chemikern und Physikern auf die superschweren Elemente angesehen werden kann.

Bei der Fusion schwerer Ionen ragt eine Reaktion mit ganz besonders hohen Produktionsquerschnitten heraus: die Verschmelzung der beiden doppelt magischen Kerne ^{208}Pb und ^{48}Ca zu ^{256}No. Hier werden Querschnitte von einigen Mikrobarn für Nobelium-Isotope gemessen. Sie liegen mehr als drei Größenordnungen über denen für die Erzeugung der Nachbarkerne in kalter Fusion. Deshalb lag es nahe, nach unseren guten Erfahrungen mit der Synthese neuer Elemente durch kalte Fusion und auch wegen der neuen Experimentiertechniken, ein Experiment zu wiederholen, welches schon immer als die aussichtsreichste Möglichkeit zum direkten Sprung auf die Insel der superschweren Elemente angesehen wurde: Die Fusion von ^{48}Ca mit ^{248}Cm. Der Landepunkt bei Element 116 ist nahe der abgeschlossenen Neutronenschale $N = 184$.

Die benötigten Curiumtargets standen in der westlichen Hemisphäre nur in den Labors der USA zur Verfügung. Technische Neuentwicklungen wie SHIP und automatische chemische Trennmethoden waren aber nur in Deutschland vorhanden. Um alle experimentellen Möglichkeiten auszuschöpfen, entschloß man sich zu einer großen westlichen internationalen Kollaboration, in deren Rahmen alle modernen Methoden zum Nachweis neuer Elemente eingesetzt werden sollten: neben SHIP der gasgefüllten Separator SASSY von A. Ghiorso in Berkeley, welcher mit einer anderen Technik als SHIP die schweren Kerne im Fluge abtrennt, sowie verschiedene schnelle chemische Trennmethoden. Die breite Palette der chemischen Methoden umfaßte Trennungen in der Gasphase mit dem *On-Line Gaschromatography Apparatus* OLGA, von Heinz Gäggeler bei GSI entwickelt, mit einem Mainzer Kryodetektor zum Nachweis gasförmiger Produkte und in flüssiger Phase mit dem *Automated Rapid Chemistry Apparatus* ARCA von M. Schädel, W. Brüchle und Mitarbeitern bei GSI zur Ionenaustauschchromatographie wäßriger Systeme.

Die erste Runde der Experimente fand am *Lawrence Berkeley Laboratorium* in Berkeley statt, fast unmittelbar nach unserer Entdeckung des Elements 109 bei GSI. Für uns am SHIP war wichtig gewesen, die Synthese von Element 109 zuvor durchzuführen, da wir nicht wußten, wie die Calcium auf Curium-Experimente ausgehen würden. Ein noch so kleiner Hinweis auf die Erzeugung eines superschweren Kerns hätte leicht zu einer umfangreichen Experimentserie führen können, welche die Suche nach Element 109 in unbekannte Ferne gerückt hätte.

Die Experimente in Berkeley, und die darauffolgenden Experimente bei GSI gaben keinen Hinweis auf die Produktion superschwerer Kerne. Heute gehen wir davon aus, daß diese Experimente mit Sicherheit nicht empfindlich genug waren.

Kapitel 19
Die Transfermium Working Group – Wann ist ein neues Element entdeckt?

Nachdem der Streit um die Priorität der Entdeckung der Transactinoide und der eng damit verbundenen Namensgebung jahrzehntelang angedauert hatte, entschlossen sich im Jahre 1985 die *International Union of Pure and Applied Chemistry*, IUPAC, welche auch die Nomenklaturen und Namen der chemischen Verbindungen festlegt, und die *International Union of Pure and Applied Physics*, IUPAP, auf Anregung der IUPAP, gemeinsam eine internationale Kommission einzusetzen, die *Transfermium Working Group*, TWG. Aufgabe dieser neunköpfigen, von dem englischen Physiker Sir Denys H. Wilkinson geleiteten Gruppe, war es, für die Elemente oberhalb des Fermium:

- in einem ersten Schritt die Kriterien für die Entdeckung eines neuen Elements zu erarbeiten und
- im zweiten Schritt die Prioritäten der Entdeckungen nach diesen Kriterien festzulegen.

Die Frage der Namensgebung war nicht die Aufgabe dieser Kommission, sie sollte später von der IUPAC behandelt werden.

Da Ansprüche auf die Entdeckung von Transfermiumelementen vom *Lawrence Berkeley Laboratorium* in Berkeley, dem *Joint Institute for Nuclear Research* in Dubna und der *Gesellschaft für Schwerionenforschung* in Darmstadt vorlagen, durften der TWG keine Mitglieder aus den USA, der UdSSR und Deutschland angehören. Dies sollte Objektivität und Neutralität der Bewertungen gewährleisten.

Die Namen der ersten elf Transuranelemente bis einschließlich Lawrencium sind von der IUPAC akzeptiert und werden international benutzt. Dennoch gibt es hier Probleme, weil die IUPAC sehr früh die Namensvorschläge „Nobelium“ für Element 102 und „Lawrencium“ für Element 103 ohne eine endgültige Klärung der Prioritätenfrage und ohne Beteiligung der UdSSR akzeptiert hat. Aus diesem Grund untersuchte die TWG die Prioritäten der Entdeckung für alle Transfermiumelemente. Die Namen der Elemente 104 bis 109 existieren zur Zeit (1995) nur als Vorschläge an die IUPAC.

Wem die Priorität der Entdeckung zukommt, ist für die Elemente an der Spitze des Periodensystems extrem schwierig zu entscheiden. Diese Elemente sind wegen des großen experimentellen Aufwands nur von wenigen oder gar nur einem einzigen Labor herstellbar. Die mühsam produzierten einzelnen Atome können nur von ihren Entdeckern gesehen werden, da sie unmittelbar nach ihrer Entstehung zerfallen. Auf höchste Empfindlichkeit gezüchtete chemische oder physikalische Nachweistechniken werden eingesetzt. Die komplizierten Versuchsaufbauten und elektronischen Meßanordungen sind für Außenstehende im Detail sehr schwer zu verstehen. Deshalb ist es nicht verwunderlich, daß die Diskussion um die Prioritäten sehr lange ergebnislos geführt wurde.

Die TWG sichtete nicht nur die gesamte umfangreiche Literatur zu den Transfermiumelementen, sondern besuchte auch die drei beteiligten Labors, um die Experimentaufbauten, soweit noch vorhanden, zu besichtigen und die Forschergruppen zu befragen. Diskutiert wurden die Probleme der Nachweismethoden und die Solidität der Resultate, sowie die neu gewonnenen physikalischen Erkenntnisse. Der Besuch bei GSI vom 12. bis 16. Dezember 1988 war ein kleines Arbeitstreffen mit Vorträgen von den Mitgliedern der SHIP-Gruppe, P. Armbruster, F. P. Heßberger, S. Hofmann, G. Münzenberg, K.-H. Schmidt, W. Reisdorf und M. E. Leino, unserem Gruppenmitglied aus Finnland. Die Vorträge betrafen technische Fragen wie die Separation mit SHIP, das Detektorsystem, die Nachweiselektronik, die Statisik weniger Ereignisse und die neuen physikalischen Ergebnisse.

Obwohl wir uns sehr sicher fühlten, stand für uns viel auf dem Spiel – immerhin mußten wir unsere Ansprüche auf die Entdeckungen der

Elemente 107, 108 und 109 begründen und die Leistungsfähigkeit der neuen, von uns entwickelten Nachweistechnik, der Separation im Fluge mit anschließender Identifikation über Zerfallsketten einzelner Atome, verteidigen. Hier gab es wesentliche und prinzipielle Probleme zu klären:

- Kann ein neues Element tatsächlich anhand der Zerfallskette eines einzigen Atoms identifiziert werden?
- Muß das Experiment von einem anderen Labor wiederholt werden?

Die Chemie-Experimente aus Dubna zu den Elementen 107, 108 und 109 unterstützen zwar unsere Experimente hinsichtlich der Reproduzierbarkeit. Genau betrachtet haben sie jedoch nur eingeschränkte Beweiskraft, da in diesen Experimenten die neuen Elemente selbst nicht beobachtet worden waren.

Beide Fragestellungen hängen eng mit einer ganz fundamentalen Anforderung an ein naturwissenschaftliches Experiment zusammen: der Wiederholbarkeit. Allein die Reproduzierbarkeit an jedem Ort und zu jeder Zeit garantiert die allgemeine Gültigkeit der Ergebnisse und führt schließlich zu Gesetzmäßigkeiten. Nun wissen wir, daß es Ereignisse in der Natur gibt, welche trotz ihrer Einmaligkeit als gesichert gelten. Das gilt in besonderer Weise für astronomische Ereignisse wie beispielsweise die Supernova 1987A oder die Einschläge der Bruchstücke des Kometen Shoemaker-Levi 9 auf dem Jupiter im Juli 1994. Hier wird ein einzigartiges Ereignis durch die Vielzahl unabhängiger Beobachtungen gesichert. Diese Philosophie haben wir uns bei der Verteidigung unserer Experimente zu eigen gemacht: Hat man nur ein einziges Atom zur Verfügung, muß man es möglichst oft beobachten, das heißt man muß eine hohe Redundanz in das Experiment einbauen.

Trotz der sehr schwierigen Diskussion war die Atmosphäre der Seminare und Interviews sehr angenehm. Wir spürten, daß die Mitglieder der TWG wirklich genau und ohne vorgefaßte Meinung wissen wollten, wie die neuen Elemente gemacht worden waren. Nur wenige Mitglieder der Gruppe hatten selbst auf dem Gebiet der schweren und superschweren Elemente gearbeitet, wie beispielsweise das französische Mitglied der Gruppe, Marc Lefort. Besonders der Vorsitzende Sir Denys stellte sehr gezielt fundamentale Fragen, in so perfektem Englisch, daß wir, an das amerikanisch-deutsche Konferenzenglisch gewöhnt, bisweilen Probleme hatten, ihm zu folgen.

Die *Transfermium Working Group* legte ihren Abschlußbericht über die Kriterien für die Entdeckung eines neuen Elements: *Criteria that Must be Fulfilled for the Discovery of a New Element to be Recognized* im Jahre 1991 der IUPAC und IUPAP vor. Der Bericht beginnt mit dem Satz:

"*Discovery of a chemical element is the experimental demonstration, beyond reasonable doubt, of the existence of a nuclide with an atomic number Z not identified before, existing for at least* 10^{-14} *s*" (Progress in Particle and Nuclear Physics 29 (1992) 453).

Das heißt übersetzt: „Die Entdeckung eines chemischen Elements ist der zweifelsfreie experimentelle Beweis der Existenz eines Nuklids mit einer bisher nicht nachgewiesenen Ordnungszahl Z mit einer Lebensdauer von mindestens 10^{-14} s". Die minimale Lebensdauer ist die abgschätzte Zeit, welche nötig ist, damit der Atomkern seine äußeren Elektronen einfangen kann. Natürlich macht es keinen Sinn, von einem „chemischen Element" zu sprechen, wenn die Elektronenhülle als Sitz der chemischen Eigenschaften nicht vorhanden ist.

Als besonders zuverlässige Identifikationsmethoden nennt der Bericht den chemischen Nachweis, die charakteristische Röntgenstrahlung und die Mutter- Tochter Korrelationen aufeinanderfolgender α-Zerfälle. Auch die Frage der Reproduzierbarkeit wird angesprochen. Obwohl eine Bestätigung in einem anderen Labor und möglichst mit einer anderen Technik prinzipiell wünschenswert ist, kann diese Forderung in Anbetracht der technischen Schwierigkeiten der Synthese neuer Elemente nicht aufrecht erhalten werden. Voraussetzung für die Anerkennung ist, daß das Experiment zuverlässig ist und die Daten eine hohe Redundanz aufweisen.

Auf der Basis dieser Kriterien wurden dann „Entdeckungsprofile" für jedes Element erarbeitet, nach welchen die Prioritäten der Entdeckungen festgelegt wurden. Die TWG kam zu folgendem Ergebnis:

Element	Entdeckungsort
101	Berkeley
102	Dubna
103	Berkeley/Dubna
104	Berkeley/Dubna
105	Berkeley/Dubna
106	Berkeley
107	Darmstadt
108	Darmstadt mit Berücksichtigung von Dubna
109	Darmstadt

Die Entscheidung der Kommission ist trotz einiger immer noch strittiger Punkte nach unserer Meinung ausgewogen, da sie die etwa gleichen Beiträge der drei beteiligten Labors zur Erforschung der Transfermium-Elemente würdigt. Sie hat jedoch den entscheidenden Nachteil der geteilten Prioritäten bei der Entdeckung der Elemente 103, 104 und 105. Insbesondere löst sie nicht das lang andauernde Element-104-Problem. Das einzige, Dubna allein zugesprochene Element mit der Ordnungszahl 102 (hierzu gibt es Kritik aus Berkeley) hat schon einen akzeptierten Namen, welcher ohne Beteiligung von Dubna angenommen wurde. Die im Zusammenhang mit Element 108 an uns gegebene Empfehlung, Dubna bei der Benennung der schwersten Elemente mit zu berücksichtigen, fanden wir gerechtfertigt, da zweifelsfrei große Beiträge zur Physik der schwersten Elemente aus Dubna kommen.

Die Entscheidung der *Tranfermium Working Group* wurde von der IUPAC und IUPAP angenommen und von der Arbeitsgruppe in Dubna und von uns im wesentlichen akzeptiert, nicht von den Leitern der Forschergruppe in Berkeley.

Die Namensgebung der schwersten Elemente

Nachdem uns die Priorität der Entdeckung der Elemente 107, 108 und 109 bestätigt worden war, setzte sich die SHIP-Gruppe zusammen, Namensvorschläge für die neuen Elemente zu finden. Bindende Vorschriften oder Regeln gibt es dazu keine. Wir wollten die bei den Transuranen herrschende Tradition fortsetzen, die Namen von bedeutenden Wissenschaftlern beziehungsweise Entdeckungsorte zu wählen. So waren wir uns sofort einig, daß Lise Meitner auf diese Weise geehrt werden sollte. Klar war auch, daß die Namen Niels Bohr wegen seiner großen Beiträge zur Physik, besonders der schweren Elemente, und Otto Hahn erhalten bleiben sollten. Diese waren bei Element 105 mit den Namensvorschlägen Hahnium aus Berkeley und Nielsbohrium aus Dubna doppelt besetzt. Auch das Land Hessen sollte als „Fundort" in die Namensliste eingehen. Bei der Namensdiskussion wurde klar, daß eine separate Benennung der drei schwersten Elemente durch uns so einfach nicht möglich war. Wir kamen zu dem Schluß, mit unseren Kollegen aus Berkeley und Dubna Kontakt aufzunehmen, um auf eine gemeinsame Namensliste für die Transfermiumelemente hinzuarbeiten.

Es begann eine aufregende Zeit mit einer Serie von Verhandlungen. Sie bagannen auf der Konferenz *Nuclei Far Off Stability* 1992 in Bernkastel-Kues, bei welcher Michael (Mike) Nitschke aus Berkeley, Yuri Ts. Oganessian aus Dubna und die SHIP-Gruppe anwesend waren. Die Verhandlungen wurden im Anschluß bei der GSI fortgesetzt und zum Teil sehr heftig, auch konstruktiv geführt. Der damalige GSI-Direktor Paul Kienle engagierte sich stark. Er sollte eine Vermittlerrolle zwischen Berkeley und Dubna spielen. Nach Abreise von M. Nitschke und Yu. Ts. Oganessian gingen die Diskussionen weiter, unterstützt durch Telefongespräche, Computermails und Telefax. Listen mit Namensvorschlägen wurden aufgestellt und ausgetauscht. In nächtlichen Anrufen aus Berkeley von Sitzungen in Glenn Seaborgs Büro versuchten wir gemeinsam, Lösungen zu finden. Vorsorglich hatten wir schon eine abschließende Sitzung der drei beteiligten Labors in Paris als neutralem Ort vorbereitet, um dort die abschließende Namensliste zu erarbeiten. Dann kam die ernüchternde Nachricht aus Berkeley, daß bei Element 104 kein Konsens zu erzielen sei. Mit unseren Kollegen aus Dubna einigten wir uns, den Namen Nielsbohrium für Element 107 zu übernehmen.

Die Benennung der Elemente 107, 108 und 109 fand dann bei der GSI am 7. September 1992 statt, fast genau zehn Jahre, nachdem das erste

Atom des Elements 109 entdeckt worden war. Unter den Gästen waren Repräsentanten unserer befreundeten Gruppen aus Berkeley und Dubna sowie Angehörige von Niels Bohr und Lise Meitner. Yuri Oganessian benannte Element 107. Die Elemente 108 und 109 erhielten ihre Namen durch den Bundesminister für Forschung und Technologie, sowie durch die hessische Ministerin für Wissenschaft und Kunst.

Da vor allem bei Element 104 immer noch keine Einigung herrscht, existieren gegenwärtig folgende Vorschläge an die IUPAC:

Element	**Namensvorschlag**
101	Mendelevium
102	Nobelium
103	Lawrencium
104	Rutherfordium
	Kurchatovium
105	Hahnium
106	Seaborgium
107	Nielsbohrium
108	Hassium
109	Meitnerium

Die Namensvorschläge wurden mit den Antwortbriefen der drei Beschleunigerlaboratorien auf die Beschlüsse der TWG an die IUPAP und IUPAC wiederholt. Diese sind ebenfalls in der Zeitschrift *Progress in Particle and Nuclear Physics*, 1993, Band 31 veröffentlicht. Sie wurden von der Nomenklaturkommission der *Inorganic Chemistry Division* der IUPAC im Jahre 1994 verhandelt. Zur Verblüffung aller Wissenschaftler, die auf dem Gebiet der schwersten Elemente arbeiten, formulierte diese Kommission eigene Namensvorschläge an die IUPAC. Namen von Elementen sollten nach Ansicht der Kommission nur nach historischen Persönlickeiten gegeben werden, deren Lebenszeit hinreichend weit zurückliegt.

Mit dieser Vorlage hatte die IUPAC-Kommission das wesentliche, traditionelle Privileg der Entdecker gebrochen, **ihr** neues Element zu benennen. Es hagelte heftige Proteste – auch wir haben vehement Einspruch eingelegt. Die zahlreichen Protestbriefe erzielten ihre Wirkung nur teilweise. Bei einem Treffen am Rande der der Generalversammlung der IUPAC im August 1995 in Guildford (England) wurde eine neue Liste mit folgenden Vorschlägen erstellt: Mendelevium (Md) für Element 101, Flerovium (Fl) für Element 102, das bisher Nobelium (No) genannt wurde, Lawrencium (Lr) für Element 103, und Dubnium (Db) für Element 104, um die Stadt Dubna als Erzeugungsort des Elements 104 zu würdigen. Die Namensliste geht weiter mit: Joliotium (Jl) für Element 105, zur Ehrung des französischen Physikers Frédéric Joliot, danach, wie von den Entdeckern vorgeschlagen, Seaborgium (Sg) für Element 106 und Bohrium (Bh) anstelle von Nielsbohrium (Ns) für Element 107. Der bisherige Name für Element 105, Hahnium, taucht nun mit dem neuen chemischen Symbol Hn für Element 108 auf und, wie von uns vorgeschlagen, Meitnerium (Mt) für Element 109.

Unser Namensvorschlag Hassium ist damit ausgeschieden. Nach der offiziellen Veröffentlichung dieser neuen Vorschläge gibt es allerdings noch eine Einspruchsmöglichkeit, so daß diese Liste noch nicht endgültig ist. Die Namen sollen endgültig festgelegt werden, wenn 1997 in Genf die nächste Generalversammlung der IUPAC zusammentritt. Unser Ziel, den Namen Hassium für Element 108 unter allen Umständen zu erhalten, haben wir mit dem neuen Votum der Kommission nicht aufgegeben.

Kapitel 20
Physik mit wenigen Atomkernen

Neben aller Begeisterung für die Entdeckung neuer Elemente wollen wir nicht das eigentliche Ziel unserer Experimente aus den Augen verlieren, etwas über die Struktur und die Stablität der schwersten Elemente und die Begrenzung des Periodensystems zu lernen. Wie schon Lise Meitner und Otto Frisch mit ihren einfachen Überlegungen auf der Basis des Kerntröpfchenmodells herausgefunden hatten, ist es die Stabilität gegen Spontanspaltung, welche letztlich bestimmt, wo das Periodensysten der Elemente endet.

Das Tröpfchenmodell beschreibt die Stabilität der Kerne in groben Zügen schon recht gut. Der Kontinent der Elemente ist jedoch kein strukturloser Koloß im Meer der Instabilität, wie ihn dieses einfache Modell beschreiben würde, sondern eine Landschaft mit Hügeln und Gebirgen. Die Landschaft der Nuklide wird durch die Kernstruktur geformt, die Schaleneneffekte, welche dem Kerntröpfchen überlagert sind. Trotz ihrer großen Bedeutung für die Stabilität der Nuklide sind die Struktureffekte sehr klein. Für das stark gebundene ^{208}Pb beträgt die Massenkorrektur durch den Schaleneffekt nur ein Zwanzigtausendstel, bezogen auf die gesamte Masse des Kerns. Wie weit die Schaleneffekte das Periodensystem verlängern können, ist die Kernfrage der möglichen Existenz superschwerer Kerne.

Erinnern wir uns daran, daß wir nur einzelne Atomkerne der schwersten Elemente gesammelt haben, so drängt sich unmittelbar die Frage auf, ob wir aus dem Zerfall dieser seltenen Exemplare tatsächlich etwas lernen können. Daß dies zumindest für einige wichtige Kerneigenschaften wie Zerfallsart, Halbwertszeit und α-Zerfallsenergie gilt, zeigt der Ausschnitt aus der Nuklidkarte für die Transurane (Bild 20.1).

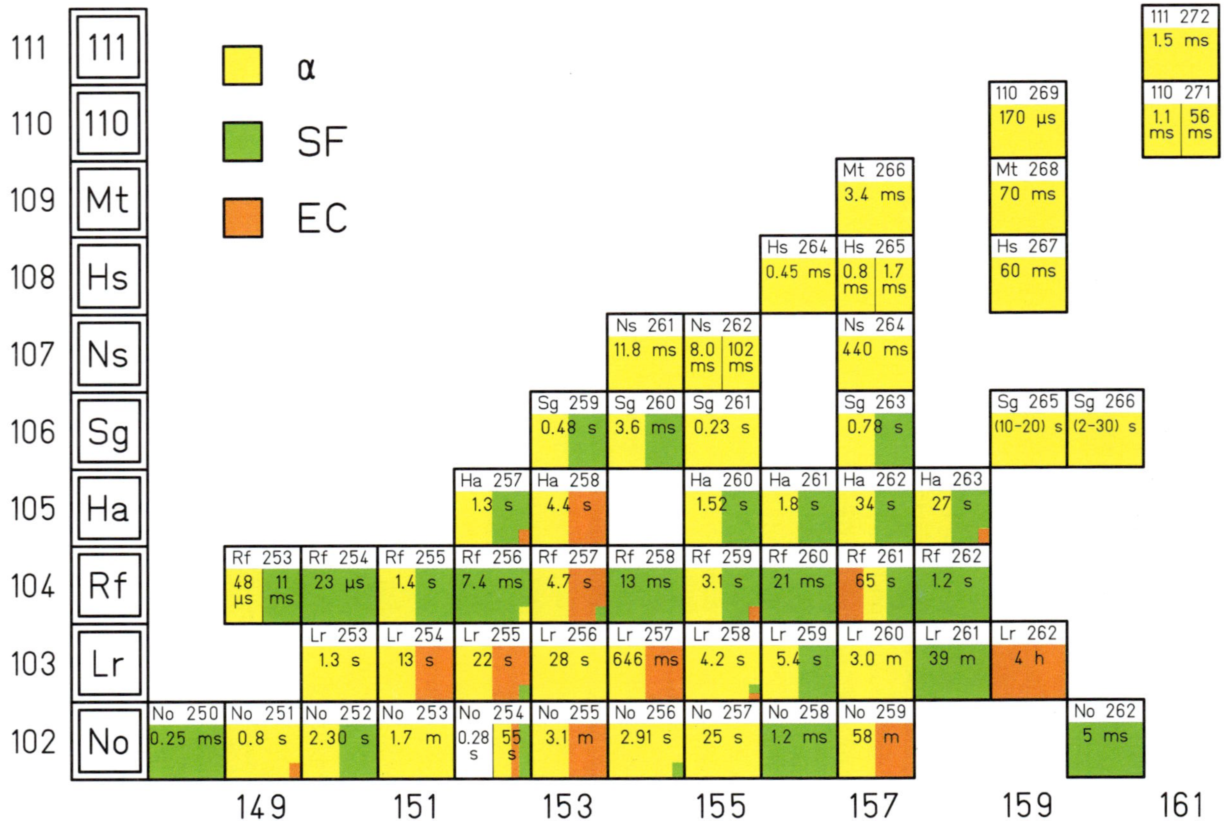

Bild 20.1 Das obere Ende der Nuklidkarte. Jedes ausgefüllte Kästchen entspricht einem experimentell nachgewiesenen Nuklid. Als Koordinaten laufen die Protonenzahl nach oben und die Neutronenzahl nach rechts. Die beobachteten Zerfallsarten sind durch Buchstaben und Farben (nach der Karlsruher Nuklidkarte) charakterisiert. Es stehen grün für Spontanspaltung, gelb für α-Zerfall und rot für Elektroneneinfang. Die Halbwertszeit ist ebenfalls angegeben.

Wie wir schon gesehen haben gewinnt die Spaltung von Uran bis Element 104 an Bedeutung. Im Transactinoidenbereich überwiegt überraschenderweise wieder der α-Zerfall. Dies zeigt der Blick auf die Nuklidkarte sehr deutlich. Wir wollen unsere Daten jetzt im Überblick auf ihren physikalischen Gehalt ansehen und ihre Bedeutung nach und nach verstehen.

Welche fundamentalen Kerneigenschaften können wir aus den Zerfällen einzelner Atome bestimmen? Die augenfälligste experimentelle Beobachtung ist zunächst die Zerfallsart. Die schweren Elemente zerfallen im wesentlichen über Spontanspaltung oder α-Emission. Die Verzweigungsverhältnisse zwischen den verschiedenen Zerfallsarten sind eine charakteristische Kerneigenschaft, welche bereits viel über die Stabilität verrät. Ein Kern, welcher sehr instabil gegenüber Spaltung ist, wird sehr wahrscheinlich durch Spontanspaltung zerfallen.

Die zweite wichtige Information über die Kernstabilität ist die Halbwertszeit. Sie aus einem einzigen Zerfall zu bestimmen, klingt zunächst merkwürdig. Hier kommt jeder ins Grübeln, der schon einmal die Zerfallskurve eines radioaktiven Präparats gesehen hat: Zu Beginn der Messung werden die meisten Zerfälle beobachtet. Das liegt daran, daß am Anfang die größte Anzahl von Atomkernen vorhanden ist. Sind viele Kerne vorhanden, werden auch viele zerfallen. Damit ist diese Beobachtung leicht erklärt. Die Tatsache, daß wir Kernzerfälle auch noch nach Ablauf vieler Halbwertszeiten beobachten können, liegt an der großen Anzahl der ursprünglich vorhandenen Atomkerne. Wir erinnern uns, daß schon wenige Gramm eines Stoffes 10^{23} Atomkerne enthalten. Daß wir beispielsweise auch heute noch Spuren des radioaktiven Elements Plutonium aus der Entstehung unseres Sonnensystems in der Natur finden, liegt daran, daß ursprünglich große Mengen davon vorhanden waren.

Beobachtet man den Zerfall eines einzigen Kerns, dann gelten selbstverständlich die gleichen Zerfallsgesetze, wie für eine große Anzahl. Die Beobachtungen, welche wir machen sind aber ganz andere. Der Unterschied zwischen den Beobachtungen für eine große Anzahl von Ereignissen und denen für eine kleine Anzahl kann man an einem anderen statistischem Prozess sofort sehen, dem Lottospiel. Während in einer großen Spielgemeinde, beispielsweise der aller deutschen Lottospieler, nahezu jeden Woche Gewinner zu finden sind, welche alle Zahlen richtig haben, wird der Einzelne mit großer Sicherheit immer daneben tippen.

Ein bestimmter Atomkern wird weder extrem kurz noch sehr lange leben. Er wird von seiner Erzeugung bis zu seinem Zerfall mit großer Wahrscheinlichkeit eine Lebensdauer haben, welche der mittleren Lebensdauer des betreffenden Isotops entspricht. Das bedeutet, daß wir umgekehrt in unseren Experimenten aus der Lebensdauer dieses einzigen Atomkerns die mittlere Lebensdauer des Isotops bestimmen können. Da der Kernzerfall ein statistischer Prozeß ist, sind immer nur Wahrscheinlichkeitsaussagen möglich. Die Unsicherheiten der Voraussage sind groß, wenn die Anzahl der gemessenen Atome klein wird. Mit zunehmender Anzahl der sinken die Fehlergrenzen sehr schnell.

Kasten 20.1: Die Halbwertszeit einzelner Atome

Wie kann man die Halbwertszeit aus der Lebensdauer individueller Atomkerne ermitteln? Die Lebensdauer eines Kerns, das Zeitintervall von der Erzeugung bis zum Zerfall, entspricht der wahrscheinlichsten mittleren Lebensdauer des betreffenden Nuklids.

Daß dieses Verfahren funktioniert, sehen wir in Bild 20.2 am Beispiel des ersten von uns beobachteten Atoms des Isotops $^{265}108$. Es hatte eine Lebensdauer von 2,4 ms. Die wahrscheinlichste Lebensdauer des Isotops $^{265}108$ ist damit 2,4 ms. Aus der mittleren Lebensdauer τ läßt sich die Halbwertszeit $T_{1/2}$ berechnen: $T_{1/2} = \tau \ln 2$, mit $\ln 2 = 0,69$. Damit erhalten wir für dieses Isotop eine Halbwertszeit von 1,7 ms. Der augenblicklich beste Wert wurde aus 68 Zerfällen bestimmt, er ist 1,55 ms. Diese extrem gute Übereistimmung ist allerdings eher zufällig. Die Fehlergrenzen dieser Methode kann man aus dem bekannten Zerfallsgesetz berechnen: Die Anzahl der zum Zeitpunkt t vorhandenen Atomkerne N einer radioaktiven Substanz ist:

$$N = N_0 e^{-t/\tau}$$

wobei N_0 die Anzahl der ursprünglich vorhandenen Kerne ist, t die Zeit und τ die mittlere Lebensdauer sind. Im Zeitraum zwischen $1/2\tau$ und 2τ zerfallen ungefähr die Hälfte aller Atomkerne. Für ein einzelnes Atom bedeutet dies, daß eine Wahrscheinlichkeit von 50 % dafür besteht, daß es in diesem Zeitraum zerfällt. Somit kann man bereits aus dem Zerfall eines einzigen Atoms die mittlere Lebensdauer eines Isotops und damit dessen Halbwertszeit auf einen

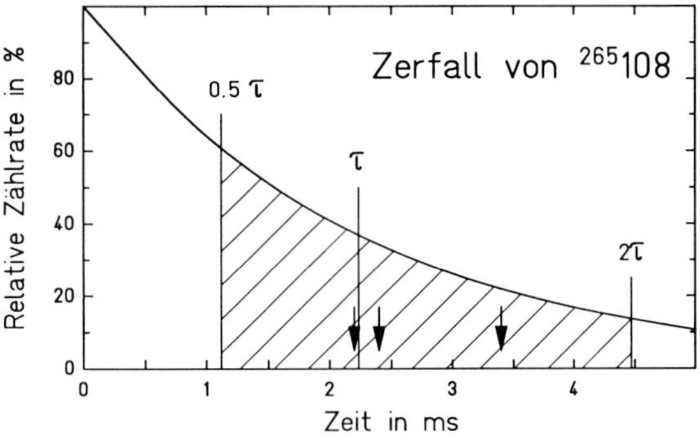

Bild 20.2 Die exponentiell abfallende Kurve gibt die Intensität der radioaktiven Zerfälle pro Zeiteinheit an und zwar in Prozent bezogen auf die Anfangsintensität. (Anmerkung: Eine so glatt verlaufende Kurve wird nur für eine große Anzahl von Zerfällen beobachtet). Für diese Darstellung wurde eine Halbwertszeit von 1,55 ms angenommen. Sie entspricht dem aktuellen Wert für das Isotop $^{265}108$ aus dem Jahre 1994. Der schraffierte Bereich umfaßt das Zeitintervall von der halben Lebensdauer bis zu zwei Lebensdauern. In diesen fallen etwa 50 % aller Zerfälle. Zum Vergleich sind die für die ersten drei Atome des Isotops im Jahre 1984 gemessenen Zeitintervalle eingetragen. Die Halbwertszeit aus dem ersten Experiment war mit $(1{,}8^{+2,2}_{-0,7})$ ms geringfügig länger, lag aber im Bereich der Fehlergrenzen.

Faktor vier genau bestimmen, bei einer Irrtumswahrscheinlichkeit von 50 %. Legt man strengere Vetrauensgrenzen an, wird das Zeitintervall größer. Die Genauigkeit der Lebensdauerbestimmung wird mit zunehmender Anzahl von Zerfällen schnell besser.

Die Spalthalbwertszeit

Die Stabilität der schwersten Elemente gegen Spontanspaltung ist durch die beobachtete Halbwertszeit gegeben, falls ein Kern ausschließlich durch Spontanspaltung zerfällt. Im Falle einer Konkurrenz mit anderen

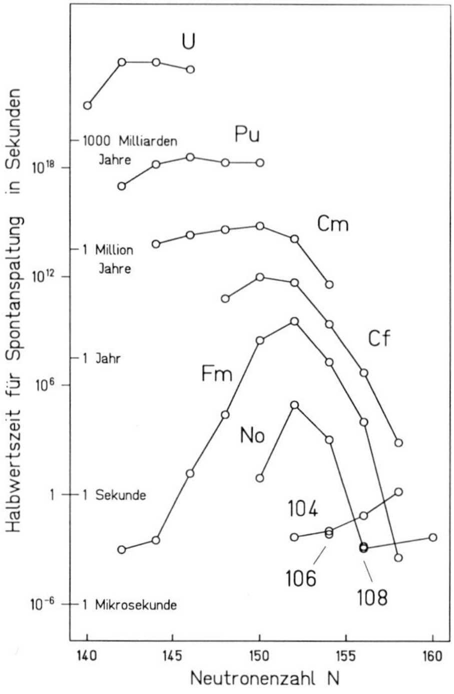

Bild 20.3
Die Systematik der Spalthalbwertszeiten des Urans und der Transurane. Dargestellt sind die experimentellen Halbwertszeiten für die Isotope mit gerader Protonen- und Neutronenzahlen in logarithmischer Zeitskala in Abhängigkeit von der Neutronenzahl. Die Spalthalbwertszeiten nehmen von 10^{17} Jahren für Uran bis unter die Sekundengrenze bei Element 104 um mehr als 25 Größenordnungen ab.

Zerfallsarten ergibt sich die Halbwertszeit für die Spaltung aus dem Anteil, welchen diese Zerfallsart stellt. Je stabiler ein Kern gegen einen bestimmten Zerfallszweig ist, desto schwächer wird man diesen beobachten und desto länger ist seine partielle Halbwertszeit.

Die Systematik der Spalthalbwertszeiten (Bild 20.3), in welcher die Halbwertszeiten gegen die Neutronenzahl der ensprechenden Isotope aufgetragen sind, zeigt bemerkenswerte Effekte:

- Die Halbwertszeiten nehmen mit zunehmender Ordnungszahl sehr schnell ab. Während die partiellen Spalthalbwertszeiten für die Uranisotope sich bei 10^{17} Jahren bewegen, liegen sie für die schwersten bekannten Elemente im Bereich von Millisekunden.
- Innerhalb der Isotopenketten eines bestimmten Elements ist die Halbwertszeit des Isotops mit 152 Neutronen am größten.

– Bei den Transactinoiden ändert sich die Halbwertszeitsystematik dramatisch: Die schnelle Abnahme der Halbwertszeiten mit zunehmender Ordnungszahl ist oberhalb Element 104 nicht mehr zu beobachten. Die Halbwertszeiten innerhalb der Isotopenreihe von Element 104 ändern sich nur wenig.

Erinnern wir uns an die Überlegungen von Lise Meitner und Otto Frisch. Sie hatten aus dem Modell des geladenen Kerntröpfchens geschlossen, daß die Spaltbarkeit der schwersten Elemente schnell zunimmt und das Periodensystem etwa bei $Z = 100$ beenden wird. Dieser „Tröpfchen-Trend" spiegelt sich in der schnellen Abnahme der Spalthalbwertszeiten von Uran bis Element 104 wider. Eine Extrapolation der Halbwertszeiten auf der Basis dieses Modells würde die Halbwertszeiten für Element 108 unter den Nanosekundenbereich (10^{-9} s) drücken. Die Stabilisierung der Kerne in diesem Bereich, sichtbar durch die verhältnismäßig langen Halbwertszeiten, muß durch andere, strukturbedingte Effekte hervorgerufen werden. Mit dieser Betrachtung über die Halbwertszeiten sind wir schon bei der früher zitierten makroskopisch-mikroskopischen Beschreibung der schwersten Elemente: der Überlagerung des Kerntröpfchens mit der Kernstruktur, das heißt mit Schaleneffekten.

Zunächst wollen wir uns das Tröpfchenmodell und seine Bedeutung für die Stabilität gegen Spaltung etwas intensiver veranschaulichen. Beim Spaltprozeß muß sich der Atomkern verformen. Wir betrachten deshalb nur solche Anteile des Kerntröpfchenmodells, die bei einer Formänderung des Atomkerns eine Rolle spielen. Dies sind die zwischen den Nukleonen wirkenden anziehenden Kernkräfte, welche den Kern ähnlich wie ein Füssigkeitströpfchen zusammenhalten, und die zwischen den Protonen wirkenden abstoßenden Coulombkräfte, die den Kern sprengen wollen. Für die schweren Elemente mit ihren zahlreiche Protonen gewinnen die Coulombkräfte an Übergewicht, die Atomkerne werden demzufolge zunehmend schnell instabil gegen Spaltung.

Damit haben wir aber nur den ersten Teil der Geschichte erfaßt, denn wir wissen noch nicht, warum die Neutronenzahl 152 die Halbwertszeiten vergrößert und warum die Halbwertszeiten der schwersten Elemente dem „Tröpfchentrend" nicht mehr folgen.

Kasten 20.2: Spaltbarriere und Ordnungszahl

Analog zum Flüssigkeitströpfchen erzeugt die kurzreichweitige Kernkraft eine Oberflächenspannung: Wird ein Nukleon aus dem Kerninnern an die Oberfläche gebracht, ist es nur noch einseitig von Nachbarn umgeben. Die zwischen den Nukleonen wirkenden Kernkräfte ziehen es zum Kerninnern. Wird der Kern deformiert, vergrößert sich seine Oberfläche, es müssen Nukleonen gegen diese Anziehung an die Oberfläche transportiert werden. Die Kernkraft stabilisiert somit den Kern gegen Deformation und damit gegen Spaltung. Die Gestalt kleinster Oberflächenenergie ist die Kugel. Deshalb ergibt dieses Modell ein kugelförmiges Kerntröpfchen.
Die Coulombkräfte zwischen den sich gegenseitig abstoßenden Protonen wirken dieser Kraft entgegen und versuchen den Kern zu sprengen. Da jedes Proton das andere abstößt, ist ihre Wirkung proportional zum Quadrat der Protonenzahl im Atomkern.
Die Stabilität eines Kerntröpfchens kann man sehr einfach berechnen aus dem Verhältnis der Oberflächenenergie des Tröpfchens zur Coulombenergie des Atomkerns. Danach ist die Spaltbarkeit x bestimmt durch das Verhältnis vom Quadrat der Kernladung zur Massenzahl

$$x = Z^2/A$$

Jetzt können wir sofort verstehen, warum die Halbwertszeiten der Transurane für die schwersten Elemente so dramatisch sinken: Die quadratische Abhängigkeit der Spaltbarkeit von Z sorgt dafür, daß die Spaltung nur im Bereich der schwersten Elemente, für Uran und die Transurane beobachtet wird, und die Stabilität im Bereich der schwersten Elemente mit großer Ordnungszahl stark abnimmt.

Kapitel 21
Etwas Theorie zur Kernstabilität

Massen und Schalen

Die Beschreibung der Kernmassen und Stabilitätsgrenzen im Tröpfchenmodell ist schon verhältnismäßig gut. Aussagen über Kernstruktureffekte und die Einflüsse von Schalen kann dieses Modell jedoch naturgemäß nicht geben. Die zur Zeit leistungsfähigste Theorie zur Beschreibung der Kernstruktureffekte im Bereich der schwersten Elemente, nämlich der Schalen, der Massen mit erhöhter Genauigkeit und, wie wir sehen werden, der Spaltbarrieren, ist das makroskopisch- mikroskopische Modell. Wie wir gesehen haben, zerlegt man in diesem Modell die Massen der Atomkerne in einen makroskopischen Anteil, der nach dem Kerntröpfchenmodell berechnet wird, M_{Tropfen}, und einen mikroskopischen Anteil, der Schalenkorrektur M_{Schale}. Nach V. M. Strutinski ist die Bindungsenergie:

$$M = M_{\text{Tropfen}} + M_{\text{Schale}}$$

Die Schalenkorrektur ist negativ, denn sie stabilisiert den Kern.

Die experimentellen Kernmassen der schwersten Elemente erhalten wir aus den gemessenen α-Zerfallsketten. Hier zeigt sich, daß das Heraufklettern zu immer schwereren Elementen entlang der Zerfallsketten nicht nur die sichere Identifikation durch Mutter- Tochter Korrelationen ermöglicht. Vielmehr kann man die Bindungsenergien, oder was auf dasselbe hinausläuft, die Massen der Kerne entlang dieser Ketten von unten her aus den experimentellen α-Zerfallsenergien schrittweise rekonstruieren, da die beim Zerfall gemessene Energie der α-Teilchen durch den Unterschied der Kernmassen von Mutter- und Tochterkern bestimmt

Kasten 21.1: Masse und Bindungsenergie

In der Praxis verwendet man nicht die Kernmassen sondern die Bindungsenergien der Kerne. Ein Atomkern mit seinen fest gebundenen Protonen und Neutronen wiegt stets weniger, als die Summe der Massen seiner Protonen und Neutronen in freiem Zustand. Dieser Massendefekt ist ein Maß für die Stärke der Bindung der Kernbausteine.
Wegen der Äquivalenz von Masse und Energie über die Einsteinsche Beziehung

$$E = Mc^2$$

(c ist die Lichtgeschwindigkeit im Vakuum) kann man den Massendefekt durch die Bindungsenergie ausdrücken, mit welcher die Nukleonen im Kern gebunden sind. Wenn wir im Folgenden salopp von Massen sprechen, meinen wir die Kernbindungsenergien. Man erhält diese, indem man die Summe der Massen aller Protonen und Neutronen von der tatsächlichen Kernmasse abzieht.

ist. Aus den Nukleonenmassen läst sich nun diese Größe experimentell ermitteln, welche für die superschweren Kerne von fundamentaler Bedeutung ist: die Schalenkorrektur.

Die Schalenkorrekturen sind aus den experimentell gewonnenen Massen M_{gemessen} direkt berechenbar, wenn man von diesen die nach dem Tröpfchenmodell ermittelte makroskopische Bindungsenergie abzieht:

$$M_{\text{gemessen}} - M_{\text{Tropfen}} = M_{\text{Schale}}$$

Die Schalenkorrekturen, sowohl die gemessenen als auch die gerechneten, nehmen von Uran bis Meitnerium kontinuierlich zu. Sie steigen bis auf 6 MeV (Bild 21.1). Das ist ein verhältnismäßig großer Wert. Zum Vergleich: Das doppelt magische Blei hat einen Schaleneffekt von 12 MeV. Woher kommt dieser große Kernstruktureffekt? Wie läßt sich dieser kontinuierliche Trend erklären? Die nächsten abgeschlossenen Nukleonenschalen bei $Z = 114$ und $N = 184$ sind noch weit entfernt!

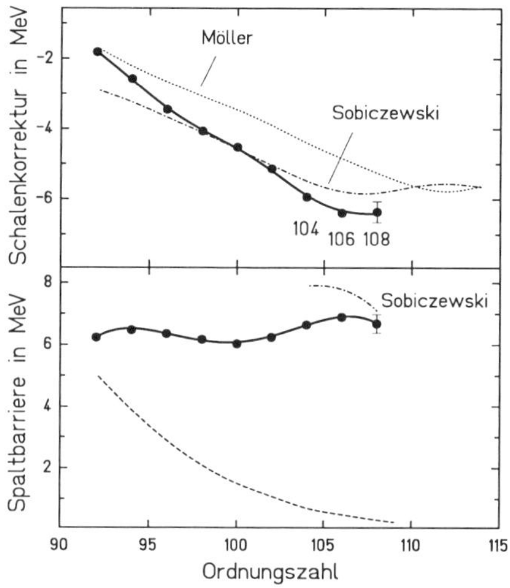

Bild 21.1
Oberes Bild: Die experimentellen Schalenkorrekturen für doppelt gerade Kerne entlang der α-Zerfallskette beginnend mit dem Nuklid $^{264}108$. Zum Vergleich: Ergebnisse zweier unterschiedlicher Modellrechnungen, von A. Sobiczewski (1983), strich-punktierte Linie, und von P. Möller (1986), punktierte Linie. Unteres Bild: die Höhe der experimentellen Spaltbarrieren der gleichen Kerne im Vergleich zu Rechnungen von A. Sobiczewski (1994), strich-punktierte Linie. Die gestrichelte Linie gibt den gerechneten Tröpfchenanteil der Barriere an.

Schalen deformierter Kerne – Die Strutinski-Methode

In unserem schon oben kurz beschriebenen Bild sind die Schalen wohldefinierte Energieniveaus, auf denen jeweils eine bestimmte Anzahl von Nukleonen Platz hat. Für kugelförmige Kerne ist die Berechnung dieser Schalen wegen der hohen Symmetrie des Feldes im Prinzip recht einfach. Problematisch wird es, wenn diese durch Deformation des Atomkerns aufgehoben wird. Dann führt die Änderung der Anordnung der Protonen und Neutronen zur Änderung des Kernpotentials. Es deformiert sich in gleicher Weise, damit geht seine Symmetrie verloren. Als Folge davon spalten die mehrfach besetzten „degenerierten“ Niveaus gleicher Energie auf: Ein Teil dieser Energieniveaus wird abgesenkt, ein Teil angehoben, wie im Bild 21.2 schematisch dargestellt. Für zunehmende Deformation beobachten wir Überschneidungen, die zu Verdichtungen und Verdünnungen der Kernniveaus führen. Diese Änderungen der Niveaudichten hat Strutinski als Schaleneffekte interpretiert. Damit gibt es eine neue Art von Schalen: deformierte Schalen, das heißt Schalen für nicht kugelförmige Kerne. Sie ändern sich mit der jeweiligen Kerndefor-

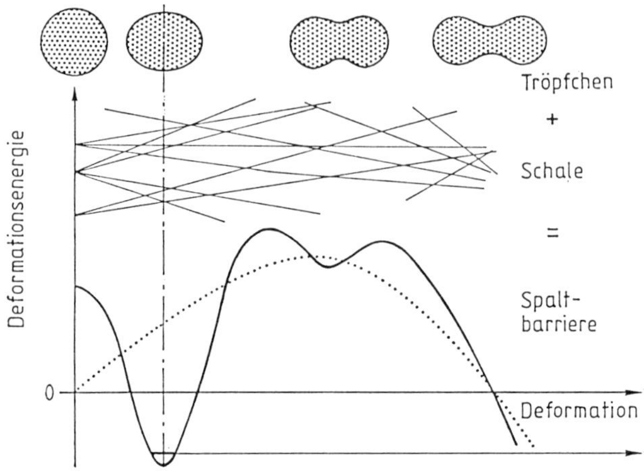

Bild 21.2 Das makroskopisch- mikroskopische Modell des Atomkerns. Oberer Bildteil: Deformation des Kerntröpfchens. Mittlerer Bildteil: Aufspaltung der Energieniveaus in Abhängigkeit von der Deformation eines Kerns. Energielücken in den Kernniveaus führen zur Stabilitätserhöhung und damit zu neuen deformierten Schalen. Unterer Bildteil: Die Deformationsenergie eines Atomkerns in makroskopisch-mikroskopischer Beschreibung (durchgezogene Linie). Sie resultiert aus der Überlagerung der Deformationsenergie des Kerntröpfchens (punktierte Linie) mit der Schalenkorrektur.

mation. Die Folge ist, daß für deformierte Kerne neue magische Zahlen gelten.

Der Sinn von Strutinskis Definition wird sofort klar, wenn man sich an die Eigenschaften der Schalen erinnert:

- Nur eine bestimmte Anzahl von Nukleonen hat auf einer Schale Platz.
- In teilweise besetzten Schalen können die Nukleonen ohne großen Energieaufwand freie Plätze einnehmen.
- Bei vollbesetzten Schalen muß die große Energielücke zur nächsten Schale übersprungen werden.
- Die für die Änderung eines bestimmten Zustands zum Überspringen dieser Lücke notwendige hohe Energiezufuhr bewirkt den Stabilisierungseffekt.
- Die Schalenstärke ist durch die Größe der Energielücken zwischen den Energieniveaus bestimmt.

Die Energie, welche man einem Kern zuführen muß, um ihn zu deformieren, charakterisiert seine Stabilität gegen Spaltung. Diese Deformationsenergie (Bild 21.2) ist die Spaltbarriere. In makroskopisch-mikroskopischer Beschreibung setzt diese sich zusammen aus der Deformationsenergie des Kerntröpfchens und den überlagerten Schalenstärken. Die stabile Tröpfchenform ist die Kugel mit der Deformation Null und der Deformationsenergie Null. Dehnt man das Kerntröpfchen, muß man Energie aufbringen bis zu einem Maximalwert, dem Sattelpunkt. Jenseits dieses Punktes gibt es keine Rückkehr zur ursprünglichen Form. Der Kern spaltet. Durch Überlagerung der Tröpfchenbarriere mit den Schalenkorrekturen ergibt sich die tatsächliche Spaltbarriere, welche gegenüber der Tröpfchenbarriere bei Zunahme der Deformation mehrmals stark abgesenkt wird. Das hat interessante Konsequenzen:

- Die tiefste Absenkung der Deformationsenergie liegt im Bereich der Transurane bei einem leicht deformierten Kern. Die Kernform wird sich bei dieser Deformation einstellen. Damit ist er im Grundzustand nicht mehr kugelförmig sondern deformiert. In diesem Zustand ist der Kern sogar stabiler als das sphärische Tröpfchen.
- Bei größerer Deformation ist eine zweite Absenkung zu beobachten, welche durch eine erneute starke Schalenenergie hervorgerufen wird. In diesem zweiten Minimum können Kerne in einer anderen Form als im Grundzustand als Formisomere existieren. Dies sind die schon erwähnten Spaltisomere. Ihre Stabilität ist erheblich geringer als die des Kerns im Grundzustand, da nur noch wenig Deformationsenergie zur Spaltung benötigt wird.

Sehen wir uns die experimentellen Daten daraufhin erneut an, so können wir auch die Höhe der Spaltbarrieren der Transactinoidenkerne ermitteln. Sie ist, wie Bild 21.2 veranschaulicht, der Höhenunterschied zwischen dem Grundzustand und dem Maximum der Tröpfchenbarriere und damit ungefähr die Summe aus Tröpfchenbarriere und Schaleneffekten.

Bild 21.1 zeigt, daß die Tröpfchenbarriere vom Uran bis zu Element 108 stark abfällt, während die Schalenkorrekturen in einer Laune der Natur in etwa gleichem Maße zunehmen. Als Resultat liegen die Spaltbarrieren von Uran bis Element 108 konstant bei etwa 6 MeV. Nahe Uran ist die Spaltbarriere vom Kerntröpfchen dominiert, ab Element 106 verschwindet der Tröpfchenanteil der Barriere. Allein die Schaleneffekte halten diese schwersten bekannten Kerne zusammen.

Jetzt können wir die Systematik der Spalthalbwertszeiten sofort verstehen. Die Stabilität der Actinoiden wird durch die dominante Tröpfchenbarriere hervorgerufen. Deren Abnahme mit zunehmender Ordnungszahl bestimmt den starken Abfall der Halbwertszeiten für die Elemente oberhalb von Uran. Die überlagerten Schalenanteile wirken sich in dieser Region auf die Strukturen im Halbwertszeitverlauf innerhalb der Isotopenketten aus. Im Transactinoidenbereich ist der Einfluß der Tröpfchenbarriere verschwunden, die Kerne sind ausschließlich schalenstabilisiert: Die Halbwertszeiten dieser Kerne variieren wegen der konstanten Schalenkorrektur nur wenig mit der Protonen- und Neutronenzahl. Die heute bekannten Transactinoidenkerne sind schalenstabilisierte deformierte Kerne! Damit haben wir ein neues Gebiet superschwerer Kerne entdeckt.

Der neue Fels im Meer der Instabilität: Superschwere deformierte Fäßchenkerne

Die Frage nach der Ursache der deformierten Schalen kann die Theorie beantworten. Wir wollen hier das Ergebnis nur skizzieren. Bisher haben wir angenommen, daß Kerne Gebilde sind, welche bei ihrer längliche Deformation immer noch sehr regelmäßig aussehen, nämlich wie Ellipsoide. Tatsächlich schwingen die Kerne aber schon im Grundzustand in komplizierten Formen wie ein Wassertröpfchen auf der heißen Herdplatte.

Um dieses Problem in den Griff zu bekommen, beginnt eine theoretische Untersuchung der Kernstabilität bei der einfachsten, der elliptischen Deformation und nimmt dann schrittweise weitere Möglichkeiten der Deformation hinzu, um deren Einfluß auf die Schalenkorrektur zu untersuchen. Bild 21.3 zeigt eine Rechnung von Adam Sobiczewski für die Energieniveaus der Neutronen im Kern $^{270}108$. Ausgehend von der einfachsten, elliptischen Deformation – wir nennen sie Quadrupoldeformation – wird dann die kompliziertere Form, die Hexadekapoldeformation, hinzugenommen. Diese verleiht dem Kern die Gestalt eines Fäßchens mit abgerundeten Kanten. Die Rechnung zeigt Energielücken in den Energienniveaus bei 152 und 162 Neutronen. Die Größe der Lücke nimmt deutlich zu, wenn man zur Quadrupoldeformation die nächste Ordnung, die Hexadekapoldeformation hinzunimmt.

Die Energielücke bei 152 Neutronen haben wir deutlich in der Zunahme der Spalthalbwertszeiten gesehen. Der Schaleneffekt bei 162 Neutronen erklärt die starke Zunahme der Stabilität im Bereich der Transactinoide. Das Isotop $^{264}108$ liegt zwar noch sechs Neutronen von der Schale bei 162 Neutronen entfernt. Der Stabilisierungseffekt dieser Schale ist aber schon bei 156 Neutronen spürbar, so daß wir für diesen Kern keine Spaltung, sondern α-Zerfall beobachten. Mehr noch, in Dubna hat man die Isotope $^{265}106$ und $^{266}106$ nachgewiesen, welche nur noch drei, beziehungsweise zwei Neutronen von dieser Schale entfernt sind. Sie sind α-Strahler mit einer verhältnismäßig langen Halbwertszeit von größenordnungsmäßig 10 Sekunden, wodurch die Richtigkeit der theoretischen Modelle bestätigt wird. Wir sind also schon recht dicht am theoretisch vorausgesagten stabilsten Kern dieses neu entdeckten Gebiets von Schalenkernen angekommen, dem bisher noch unbekannten Nuklid $^{268}106$ mit einer vorausgesagten Halbwertszeit von einigen Stunden bis zu einigen Tagen oder gar Wochen.

Wie weit sind wir auf dem Weg zu den superschweren Kernen?

Mit der unerwarteten Entdeckung der neuen Region ausschließlich durch Schaleneffekte stabilisierter, deformierter Kerne haben wir eine Landverbindung zwischen dem oberen Ende des Periodensystems und der langgesuchten Region der sphärischen superschweren Kerne entdeckt. Diese war übrigens schon 1983 von Stefan Cwiok und Mitarbeitern vorausgesagt worden. Sie überbrückt das in den ersten Theorien zu den superschweren Kernen vorausgesagte „Meer der Instabilität“. Die

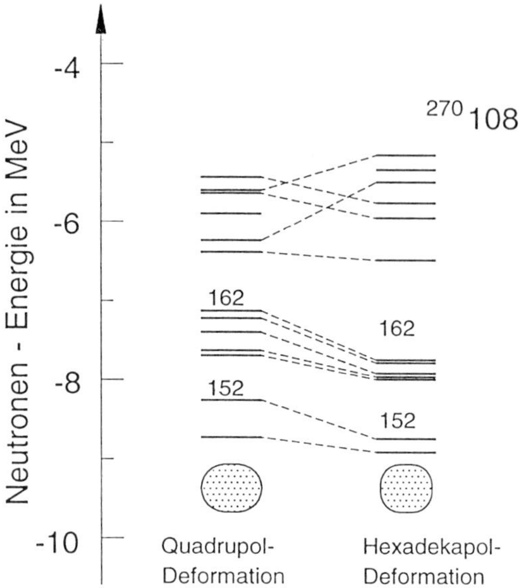

Bild 21.3
Energieniveaus der Neutronen im Kern $^{270}108$ für Quadrupoldeformation und Hexadekapoldeformation. Die Formen der Kerne sind darunter angedeutet (nach einer Rechnung von A. Sobiczewski).

sphärischen superschweren Kerne beim doppelt magischen Schalenabschluß mit $Z = 114$ und $N = 182$ bilden keine Insel mehr! Dies zeigt sehr eindrucksvoll die anhand der neuen experimentellen Daten verbesserte Berechnung der Schaleneffekte für die Transuranelemente von Peter Möller in Bild 21.4. Interessanterweise ist die maximale Schalenstabilisierung von über 9 MeV nicht, wie erwartet, beim doppelten Schalenabschluß zu finden, sondern zu niedrigeren Neutronenzahlen verschoben. Sie liegt bei 178 Neutronen. Zwischen dem oberen Ende des Periodensystems und diesen kugelförmigen superschweren Kernen erkennt man die neue Region schalenstabilisierter deformierter superschwerer Kerne mit Schalenkorrekturen von maximal 7 MeV.

Um abzuschätzen, wie sich die Lebensdauern der schwersten Kerne am oberen Ende des Periodensystems und darüberhinaus entwickeln, sehen wir uns die Spaltbarrieren für drei typische Vertreter der Transurane in Bild 21.5 an. Der Actinoidenkern ^{250}Cf ist im Grundzustand deformiert und wird mit seiner breiten, doppelhöckrigen Spaltbarriere stark vom Anteil der Tröpfchenbarriere beherrscht, analog zum Beispiel in Bild 21.2. Beim ebenfalls deformierten Transactinoidenkern $^{268}106$

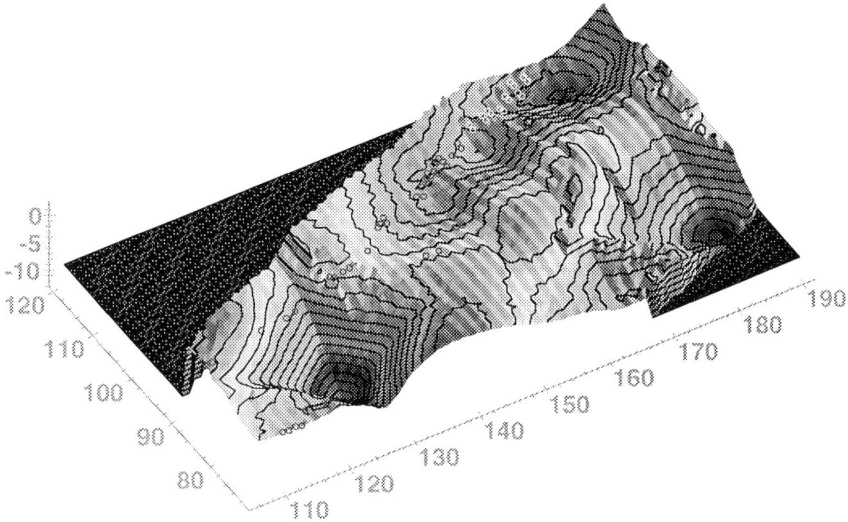

Bild 21.4 Theoretisch berechnete Schalenenergien für die schweren Kerne, beginnend bei Blei. Die Schalenstärke ist durch Grauwerte wie in einer Landkarte gekennzeichnet. Bei großen Tiefen (dunkel gezeichnet) liegt die maximale Stabilität. Schalen kugelförmiger Kerne bei ^{208}Pb und dem superschweren Kern ^{298}114 sind als große Meerestiefen sichtbar. Bei genauer Betrachung erkennt man, daß die größten Schalenkorrekturen zu 178 Neutronen verschoben sind. Die Schale deformierter Kerne $Z = 106$ und $N = 162$ ist als kleiner See erkennbar, die bekannten Transuranisotope sind als dunkle Kreise eingetragen. Die zukünftigen Landepunkte für kalte Schwerionenfusion sind durch helle Kreise markiert (freundlicherweise von P. Möller zur Verfügung gestellt).

verschwindet die Tröpfchenbarriere. Mit ihr sinkt der überlagerte und bei großen Deformationen liegende äußere Höcker der Schalenkorrektur unter den Grundzustand und wird somit unwirksam. Eine hohe, aber dünne, durch den Schaleneffekt hervorgerufene Barriere bleibt übrig. Der superschwere Kern ^{298}114 ist sphärisch, er hat keine Grundzustandsdeformation. Seine Barriere unterscheidet sich bemerkenswerterweise in Höhe und Breite nicht wesentlich von der Transactinoidenbarriere.

Aus den Formen der Spaltbarrieren kann man die relative Lebensdauer der Kerne grob abschätzen. Um spontan zu spalten, muß der Kern von

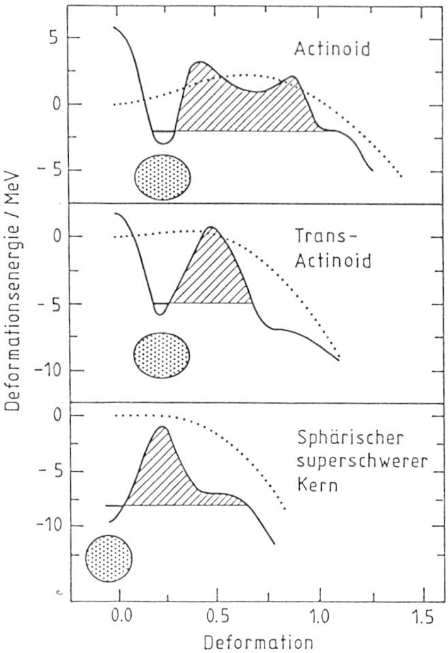

Bild 21.5
Theoretische Spaltbarrieren für drei typische Vertreter der schwersten Elemente: Oben für den Actinoidenkern ^{250}Cf, in der Mitte für das Transactinoid ^{268}106 und unten für den doppelt magischen superschweren Kern ^{298}114. Der Tröpfchenanteil der Spaltbarriere ist als punktierte Linie eingetragen. Die Kernformen des Grundzustandes sind eingezeichnet (nach einer Rechnung von A. Sobiczewski).

seinem Grundzustand durch die Spaltbarriere tunneln, wie die dünne Linie in Bild 21.5 andeutet. Die schraffierten Flächen unter den Barrieren – oder, ganz grob, deren Höhe und Breite – bestimmen die Lebensdauer. Beim Actinoidenkern ist die Barriere hoch und breit, die Halbwertszeit ist groß. Beim Transactinoidenkern ist die Barriere zwar hoch, aber dünn. Die Halbwertszeit ist trotz etwa gleicher Barrierenhöhe im Vergleich zu den Actinoiden erheblich kürzer. Die Barriere des superschweren Kerns ^{298}114 hat ungefähr die gleiche Höhe und Breite wie die des Transactinoids. Deshalb erwartet man, daß die kugelförmigen superschweren Kerne, entgegen den alten Voraussagen, nicht wesentlich länger leben als die stabilsten Transactinoide im Bereich der deformierten Superschweren Kerne. Die nach den neuesten Theorien vorausgesagten Lebensdauern liegen im Bereich von Stunden bis Wochen.

Damit sind die Halbwertszeiten der superschweren Kerne sehr kurz im Vergleich zu kosmischen Zeitskalen. Daraus können wir schließen, daß wir superschwere Kerne in der Natur nicht finden werden. Selbst wenn sie in einer Supernova entstanden sind, ist ihre Lebensdauer zu kurz, die Abkühlungsphase des explodierten Sterns zu überleben. Wir können somit nicht einmal hoffen, sie in der Asche einer Supernova zu finden. Die schwersten stabilen Elemente sind Blei und Bismut. Die schwersten primordialen, das heißt aus der Entstehungsphase der Elemente noch übriggebliebenen, Elemente sind Thorium und Uran, und in winzigen Spuren ^{244}Pu. Das ist sicherlich eine der wichtigsten Erkenntnisse aus den Experimenten und Theorien der letzten Jahre.

Die Idee der superschweren Elemente, die Existenz von Kernen, welche ausschließlich durch Schaleneffekte stabilisiert werden, hat in unseren Experimenten ihre Bestätigung gefunden, jedoch auf ganz unerwartete Weise: für deformierte Kerne. Das ist die wichtige physikalische Erkenntnis, welche durch Verbesserung der theoretischen Modelle auf der Basis neuer Experimente gewonnen wurde. Tatsächlich hat Aage Bohr diese Möglichkeit schon vorausgeahnt. Er kommentierte auf dem Nobel-Symposium 1974 in Rønneby in Schweden den Vortrag von Adam Sobiczewski über die Vorhersagen superschwerer Elemente: „Wir haben viel über die Suche nach superschweren Kernen mit sphärischer Form gesprochen. Wie steht es mit der Möglichkeit von superschweren Kernen in anderen Formen, welche durch Schalenstrukturen stabilisiert sind? Die magischen Zahlen wären anders. Sehr wahrscheinlich wären die Lebensdauern viel kürzer als die für die sphärischen superschweren Kerne abgeschätzten, aber vielleicht kann man diese Elemente leichter herstellen.“(Übersetzung aus dem Originaltext). A. Sobiczewskis Antwort zu dieser Bemerkung war damals eher skeptisch (Physica Scripta 10A (1974) 52).

Kapitel 22
Die Jagd auf Element 110

Die ersten Experimente

Mit der Entdeckung der „Landbrücke“ der schalenstabilisierten α-Emitter war der Weg für die Elemente jenseits des Meitneriums frei, zumindest, soweit es die Lebensdauer betraf. In den Jahren 1985 und 1986 wurden mehrere Versuche unternommen, Element 110 nachzuweisen. Nach der Entdeckung der Elemente 108 und 109 waren wir uns sicher, daß die Lebensdauer von Element 110 ausreichen würde, die Flugzeit von einigen Mikrosekunden durch SHIP zu überleben. Wir probierten zunächst, das neue Element in der Reaktion

$$^{64}\mathrm{Ni} + ^{208}\mathrm{Pb} \longrightarrow ^{272}110 + \mathrm{n}$$

zu erzeugen.

Wir wählten das neutronenreichste Nickelisotop, anstatt mit ^{62}Ni entlang der von uns in den bisherigen Experimenten identifizierte Kette von α-Strahlern zu $^{269}110$ weiterzugehen. Die Wahl dieses neutronenreichen Projektils basierte auf der einfachen Überlegung, daß für Projektile innerhalb derselben Isotopenkette die Coulombbarriere mit steigender Neutronenzahl sinkt. Den Kühleffekt durch die zwei zusätzlichen Neutronen schätzten wir mit 3 MeV ab, und hofften so, einen Faktor zwei im Reaktionsquerschnitt zu gewinnen. Unsere vorsichtige Abschätzung für die Produktion von Element 110 mit ^{64}Ni führte zu einem Querschnitt von etwa fünf Picobarn.

In einer elftägigen Bestrahlung im Jahre 1985 konnten wir keinen Hinweis auf die Bildung des neuen Elements finden. Alle Spektren waren in den interessanten Energiebereichen vollkommen leer. Tatsächlich stand das Experiment unter keinem guten Stern: In dieser Strahlzeit wurden unsere kostbaren Halbleiterdetektoren durch eine Überdosis an Teilchen zerstört, so daß Sigurd Hofmann schnell noch unsere Reservedetektoren einbauen mußte, damit das Experiment zu Ende geführt werden konnte.

Im April 1986 feierte GSI das Jubiläum „Zehn Jahre Uranstrahl am UNILAC" mit einer internationalen Konferenz in illustrer Besetzung. Da kam wieder eine Überraschung aus Dubna. Yuri Oganessian verkündete, in Bestrahlungen von ^{232}Th mit ^{44}Ca Hinweise auf Element 110 gefunden zu haben. Es waren acht Spaltspuren mit einer Halbwertszeit von 8,6 ms. Das traf uns wie ein Paukenschlag, insbesondere G. Münzenberg, der als Leiter des Programms zur Synthese der schwersten Elemente am SHIP in seinem Vortrag unmittelbar nach Yu. Ts. Oganessian unsere Ergebnisse vom SHIP vorstellen mußte und von dieser Neuigkeit völlig überrascht war. Hatten wir die falsche Strategie gewählt, auf das falsche Pferd gesetzt? Auf jeden Fall mußten wir einige Kritik über uns ergehen lassen, denn wir hätten dieses Experiment leicht am SHIP durchführen können. Die Möglichkeit, Element 110 durch heiße Fusion von Argon und Uran herzustellen hatten wir schon oft kontrovers diskutiert.

Jetzt mußten wir unbedingt auch diese Idee verfolgen, obwohl die Mehrheit der SHIP-Gruppe überzeugt war, daß dies nicht der richtige Weg sei. Es gab schon zu viele Spontanspaltaktivitäten aus Dubna, welche einer kritischen Überprüfung nicht standgehalten hatten. Wir entschieden uns dennoch für die Bestrahlung von ^{235}U mit ^{40}Ar, welche zu einem benachbarten Compoundkern führt. Das Experiment war schwierig, da metallisches Uran sich nicht zu dünnen, für SHIP verwendbare, Targets verarbeiten läßt. H. Folger mußte mit seinem Targetlabor hier ein besonderes Problem lösen. Wir entschieden uns für Uranfluoridtargets. Trotz aller Mühe und enger Koordination mit Dubna bezüglich der optimalen Projektilenergie ließ sich das neue Element nicht finden. – Im Laufe der Zeit wurde es dann still um die Ergebnisse aus Dubna, welche auch nie, wie allgemein üblich, in einer wissenschaftlichen Zeitschrift veröffentlicht wurden. Die Entdeckung von Element 110 stand noch aus.

Offensichtlich waren die technischen Möglichkeiten erst einmal ausgereizt. Die Empfindlichkeitsgrenze aller Experimente lag bei größenordnungsmäßig 10 Picobarn. Die Dauer der Experimente war, zumindest bei GSI, durch die Verfügbarkeit angereicherter Isotope für den Projektilstrahl auf maximal zwei Wochen begrenzt. Die Unterschreitung der 10 Picobarngrenze, notwendige Voraussetzung für die Suche nach neuen Elementen, erforderte Verbesserungen der Beschleunigertechnik, hier besonders bei den Ionenquellen, und Nachweisverfahren. Nachweistechniken ohne Separation wie Heliumjet oder die rotierende Trommel waren technisch ausgereizt. Sie sind für Querschnitte im Picobarnbereich ungeeignet, da die enorm zunehmenden Untergrundprobleme bei diesen kleinen Querschnitten eine zuverlässige Identifikation der beobachteten Kernzerfälle letztlich unmöglich machen. Die Separation im Fluge ist die einzige Technik, welche gegenwärtig bei der Suche nach neuen Elementen angewandt wird. Die Identifikation neuer Nuklide und Elemente durch korrelierte α-Ketten einzelner Atome ist die anerkannte, zuverlässige Methode.

Die Entdeckung von Element 110 – Das Tor zu Element 114?

Fast zehn Jahre nach der Entdeckung des Hassiums geht die Jagd auf die neuen Elemente jenseits des Meitneriums weiter. In der Zwischenzeit hat sich einiges in der Forschungslandschaft verändert. Im Bereich der schwersten Elemente hat die Separation im Fluge alle anderen Methoden verdrängt. Experimentierprogramme zur Synthese schwerer Elemente und zur Untersuchung der Fusion schwerer Ionen mithilfe von Rückstoßseparatoren gibt es heute in zahlreichen Labors in Finnland, Japan, Rußland und den USA. Eine Vielzahl unterschiedlicher Separationstechniken wird eingesetzt (Tabelle 22.1): Energiefilter als Kombination elektrostatischer Ablenkfelder, Massenseparatoren mit elektrostatischen und magnetischen Ablenkfeldern, sowie gasgefüllte Magnetseparatoren. Sie alle sind geeignet, die schweren Fusionsprodukte im Fluge vom Projektilstrahl und mit hoher Nachweisempfindlichkeit abzutrennen. Nachdem der *HILAC* in Berkeley außer Betrieb genommen war, trieb man die Suche nach Element 110 wegen der notwendigen Leistungsfähigkeit von Beschleunigern und Separation nur in zwei Labors voran, in Dubna und bei GSI.

Tabelle 22.1 Separatoren, an welchen Experimente zur Synthese von Transfermiumelementen durchgeführt oder geplant sind.

FILTER:	
SHIP	GSI Darmstadt (Deutschland) Geschwindigkeitsfilter
VASILISSA	JINR Dubna (Rußland) Energiefilter
SEPARATOREN:	
FMS	ANL Argonne (USA)
GASGEFÜLLTE SEPARATOREN:	
GNS	JINR Dubna (Rußland)
GARIS	RIKEN Tokio (Japan)
RITU	JYFL Jyväskylä (Finnland)
HECK	GSI Darmstadt (Deutschland)

In Dubna konzentrierte man sich auf die heiße Fusion mit Actinoidentargets. Für diese Experimente wurde ein gasgefüllter Separator aufgebaut und zunächst zur Synthese neuer neutronenreicher Isotope der Elemente 106 und 108 in der Nähe der deformierten $N = 162$ Schale eingesetzt, um die theoretischen Voraussagen zur Kernstabilität zu überprüfen. Tatsächlich konnte man diese erneut bestätigen, wie wir gesehen haben. Die weitere interessante Erkenntnis war, daß diese Kerne am oberen Ende des Periodensystems durch Abdampfung von vier und fünf Neutronen entstehen, was auf heiße Compoundsysteme hindeutet. Nach diesen Ergebnissen entschloß man sich 1994 in Dubna, in einer Kollaboration mit dem *Lawrence Livermore National Laboratory* (USA), Element 110 durch Bestrahlungen von ^{244}Pu mit ^{34}S zu erzeugen. Nach Abdampfung von fünf Neutronen erwartet man das Isotop ^{273}110. Der Bildungsquerschnitt für diese Reaktion wurde mit 0,1 Picobarn abgeschätzt. Das erfordert ein Experiment von drei Monaten Dauer für den Nachweis eines Atoms des neuen Elements.

Auch bei GSI hat sich in der Zwischenzeit einiges geändert. 1989 wurde das neue SchwerIonen-Synchrotron (SIS) in Betrieb genommen.

Das bedeutete die Eröffnung neuer Forschungsgebiete im Bereich relativistischer Schwerionen mit bis zu hundertmal höheren Energien als am UNILAC und eine Umstrukturierung der GSI. Die SHIP-Gruppe wurde stark reduziert. Gottfried Münzenberg übertrug die Leitung der SHIP-Gruppe an Sigurd Hofmann, der damit auch die Verantwortung für das Programm zur Synthese schwerer Elemente übernahm.

An UNILAC und SHIP wurden wichtige Verbesserungen vorgenommen, Voraussetzung für die weitere Suche nach neuen Elementen. Der UNILAC erhielt einen modernen zweiten Injektor mit einer Elektron-Zykloton-Resonanz (EZR) Ionenquelle. Die EZR zeichnet sich durch einen sehr niedrigen Materialverbrauch aus. Das ist unabdingbar für die Experimente zur Synthese neuer Elemente durch kalte Fusion, weil hierzu seltene neutronenreiche Metallisotope, wie beispielsweise ^{58}Fe (0,28% Häufigkeit im natürlichen Eisen) oder ^{62}Ni und ^{64}Ni (3,6 % bzw. 0,9 % Häufigkeit im natürlichen Nickel), benötigt werden. Diese Quelle liefert Ionen in hohen Ladungszuständen, welche sehr effizient beschleunigt werden können.

Das Geschwindigkeitsfilter SHIP selbst wurde für die Suche nach neuen Elementen auf höchste Nachweisempfindlichkeit optimiert. Ein zusätzlicher kleiner Magnet am Ausgang des Separators sorgt für noch bessere Unterdrückung des Untergrundes an Streuteilchen und unerwünschten Reaktionsprodukten. Das Detektorsystem wurde mit neuer Technologie ausgestattet: An die Stelle des Arrays aus sieben ortsempfindlichen Halbleiterzählern kam ein einziger großer Detektor mit 16 Streifen. Um auch die volle Energie der bisher unvollkommen erfaßten, nach rückwärts aus dem Detektor herausfliegenden α-Teilchen messen zu können, wurden in Rückwärtsrichtung weitere Streifenzähler angebracht, so daß die α-Teilchen in einer kleinen Detektorbox „gefangen" werden. Dies war ein wichtiger Fortschritt. Wenn wir entlang unserer α-Ketten zu immer schwereren Elementen hinaufklettern, werden diese immer länger. Mit jedem zusätzlichen Kettenglied sinkt die Wahrscheinlichkeit, diese langen Ketten vollständig zu beobachten, wenn die Nachweiswahrscheinlichkeit erheblich unter 100 % beträgt.

Nach langen und sehr gründlichen Vorarbeiten, Umbauten und Tests war es dann im Oktober 1994 so weit: Die Jagd auf Element 110 konn-

Kasten 22.1: Ortsempfindliche Halbleiterzähler

Der Nachweis der α-Zerfallsketten einzelner Atome geschieht in einem Silicium-Streifenzähler mit 16 Streifen (Bild 22.1). Die von SHIP separierten, in den Detektor einschlagenden energiereichen Atomkerne erzeugen im Silicium Ladungsträger (Elektron-Loch Paare). Ebensolche Ladungsträger entstehen durch α-Teilchen oder Fragmente aus der Spontanspaltungen. Die erzeugte Ladungsmenge ist der Teilchenenergie proportional. Sie fließt zu den oben und unten angebrachten Kontakten und verteilt sich entsprechend dem Ort der Implantation beziehungsweise des Zerfalls (Widerstandsteilung). Durch Addieren der an beiden Enden des Detektors abgeleiteten Signale erhält man die Gesamtenergie. Aus dem Verhältnis eines Signals (vom oberen oder unteren Kontakt) zum Gesamtsignal ergibt sich die Position.

Bild 22.1
Der ortsempfindliche Silicium-Streifendetektor, in welchem die einzelnen Atome der schwersten Elemente implantiert und über ihre α-Zerfallsketten nachgewiesen werden. Die Leitungen für die elektrischen Signale sind am oberen und unteren Ende des Detektors zu erkennen (Foto: A. Zschau GSI).

te erneut losgehen. Wir starteten fast gleichzeitig mit Dubna. Dennoch wollten wir nicht gleich mit Element 110 beginnen, denn wir mußten zuvor noch eine wichtige Frage klären: Wo genau liegt die optimale Projektilenergie, Element 110 mit maximalem Querschnitt zu erzeugen? Aus den vorangegangenen Experimenten war uns klar, daß wir auf Anhieb die richtige Projektilenergie wählen mußten. Sonst hatte das Experiment keine Chance. Diese Energie war wegen des schmalen Fensters von wenigen MeV für die Emission eines einzigen Neutrons bei einer Gesamtenergie der Nickel-Ionen von etwa 300 MeV schwer abzuschätzen. Auf theoretische Voraussagen konnten wir uns nicht verlassen. Neue, zuverlässige Daten zur Abhängigkeit der Produktionsraten von der Projektilenergie mußten also gesammelt werden.

Wir starteten mit der Bestrahlung von ^{208}Pb mit ^{58}Fe, einer Wiederholung des Experiments zur Synthese des Elements 108, des Hassiums. Das neue Team, welches schon die zahlreichen vorbereitenden Experimente durchgeführt hatte, war mit Kollegen aus der Slowakei und aus Dubna verstärkt. – Die politische Öffnung nach Osten hatte auch für dieses Experiment Konsequenzen! Unsere Mitarbeiter aus Dubna hatten sogar das kostbare ^{58}Fe für dieses Experiment mitgebracht.

Die Spannung war groß. Nach den sehr sorgfältigen Vorbereitungen und den Testexperimenten waren wir uns sicher, daß wir Element 110 mit dem verbesserten Aufbau machen konnten, soweit es SHIP und die Nachweiselektronik betraf. Die große Unbekannte auf der Beschleunigerseite war die EZR Ionenquelle mit dem neuen Injektor. Bisher hatte diese Quelle zwar zuverlässig hohe Ströme aus gasförmigen Materialien geliefert, Erfahrungen mit Metallionen gab es indessen sehr wenig, im praktischen Betrieb bei GSI fast keine. Das Experiment zur Synthese von Element 108 begann. Gleich zu Anfang stellte sich heraus, daß das Beschleunigerteam hervorragende Arbeit geleistet hatte. Die Quelle lief wie eine Uhr, stabil und mit den erwarteten großen Strömen. Sie hielt im Gegensatz zu den früheren Ionenquellen mehrere Tage. Der Materialverbrauch war minimal. Das waren gute Voraussetzungen für Element 110! Auch SHIP, die Nachweiselektronik und die Datenaufnahme arbeiteten ausgezeichnet. Das Experiment lief nahezu vollautomatisch, eine wichtige Voraussetzung für das zwölfköpfige Team, ein Vierteljahr ununterbrochene Strahlzeit rund um die Uhr und an Wochenenden einigermaßen zu überstehen.

Wir starteten das 108-Experiment mit der Bestrahlungsenergie aus dem ersten Experiment von 1984. Kein Hassium wollte sich zeigen. Erst nach einigen Tagen kam die erste Zerfallskette, später noch eine Spaltung. Was war los? Die kritische Frage nach der Projektilenergie wurde heiß diskutiert. Sollte sie herauf- oder heruntergestellt werden? Tatsächlich war das ein Glaubensproblem. Einmal gab es die *Extra-Push*

Theorie, nach welcher die Reaktionsbarriere für die Fusion zunehmend schwererer Systeme über die Coulombbarriere steigt und damit die optimale Projektilenergie stark ansteigen sollte. Zum anderen deutete die beobachtete Spaltung auf das Isotop $^{264}108$ hin, also auf die Emission von zwei Neutronen; wir erzeugten den Compoundkern zu heiß und müßten die Projektilenergie demnach herabsetzen.

Wir konnten uns keine Verzögerung leisten. Eine falsche Projektilenergie würde uns Zeit kosten und uns klar gegenüber dem schon laufenden Dubna-Experiment zurückwerfen. Wir entschieden uns, die Energie zu verringern – der Produktionsquerschnitt stieg. Dann wagten wir es, nochmals mit der Energie herunterzugehen. Es wurden Wetten abgeschlossen, ob der Produktionsquerschnitt über den alten Wert von 19 Picobarn steigen würde. Wer mit seiner Schätzung am weitesten danebenlag, mußte am meisten bezahlen. Das wurde für die Pessimisten unter uns teuer, denn der Querschnitt stieg um einen Faktor drei auf 60 Picobarn bei einer Anregungsenergie des Compoundkerns von nur 13 MeV! Das gab dann später ein gutes Essen... Die extrem kalte Fusion und der größere Produktionsquerschnitt waren gute Voraussetzungen für das Gelingen des Hauptexperiments. Der Riesenfortschritt gegenüber dem ersten Experiment im Jahre 1984 wird klar, wenn man bedenkt, daß wir in dem neuen Experiment 75 α-Zerfälle von Hassium beobachteten, gegenüber drei Zerfällen im ersten Experiment. Unser erstes Ergebnis, auf welches sich die Entdeckung von Element 108 stützt, wurde voll bestätigt.

Wir waren uns nun absolut sicher, die optimale Projektilenergie für Element 110 zuverlässig abschätzen zu können. Der Strahl wurde auf ^{62}Ni umgestellt. Jetzt wurde es spannend. Bei einem mittleren Ionenstrom von $3 \cdot 10^{12}$ Ionen pro Sekunde sollten wir im Durchschnitt alle zwei bis drei Tage ein Atom von Element 110 erwarten. Unter Einbeziehung der Statisik bedeutet dies, daß auch eine ganze Woche lang nichts passieren kann. Also war Geduld angesagt – aber das Glück war uns hold. Das erste Atom von Element 110 wurde schon am zweiten Tag der Bestrahlung in den Detektor implantiert, am 9.11.1994 nachmittags um 16:30 h. Da unsere Magnetbänder etwa alle 24 Stunden ausgewertet wurden, fiel die Entdeckung das neuen Elements auf den nächsten Tag. – Das Experiment in Dubna lief immer noch, ohne positives Ergebnis.

Um keine Zeit zu verlieren, wurde sofort mit dem Schreiben der Veröffentlichung begonnen. Am 14. November wurde sie als *Shortnote* das heißt, als kurze Mitteilung bei der *Zeitschrift für Physik* eingereicht. P. Armbruster konnte der Presse das wichtige Ereignis verkünden: Sein, von S. Hofmann geleitetes, Team mit V. Ninov, F. P. Heßberger, H. Folger, G. Münzenberg, H. J. Schött, den Gästen aus Dubna: A. G. Popeko, A. V. Yeremin, A. N. Andreyev, aus Bratislava: S. Saro, R. Janik und aus Jyväskylä: M. E. Leino hatte ein neues Element und den schwersten Atomkern überhaupt entdeckt. Das Experiment lief währenddessen weiter. Bis zur Drucklegung wurden noch drei weitere α-Ketten gefunden. Das endgültige Ergebnis wurde der Veröffentlichung als aktueller Zusatz, als *Note added in Proof*, angefügt. Der neue Rekord des schwersten Atomkerns währte nicht lange, denn es ging gleich weiter zu Element 111.

Wir waren neugierig, ob sich der Produktionsquerschnitt für Element 110 mit ^{64}Ni als Projektilstrahl tatsächlich erhöht und warum wir in unserem ersten Experiment rund zehn Jahre vorher Nichts gesehen hatten. Dieses zweite Experiment war aber in erste Linie ein sehr wichtiger Test für Element 111. Von einer Erhöhung des Produktionsquerschnitts würden wir auch hier profitieren. Ganz allgemein war es zusätzlich ein wichtiges Pilotexperiment für die noch schwereren Elemente. Beim Nickel ergibt sich erstmals die Möglichkeit, auf die um zwei Neutronen reichere Nachbarkette umzusteigen und Aufschluß über den Einfluß der erhöhten Neutronenzahl auf den Produktionsquerschnitt zu sehen. Ab Nickel haben die natürlichen Isotope einen zunehmenden Neutronenüberschuß, so daß man jetzt mit den Projektilen ^{64}Ni, ^{70}Zn oder ^{76}Ge immer um ein α-Teilchen und zwei zusätzliche Neutronen zu den Elementen 110 bis 115 emporklettern kann.

Das Resultat des Experiments bot wieder eine Überraschung. Der Querschnitt stieg von 3,5 pb für die Reaktion

$$^{62}\mathrm{Ni} +^{208}\mathrm{Pb} \longrightarrow^{269} 110 + \mathrm{n}$$

um mehr als einen Faktor vier auf 15 pb für die Reaktion

$$^{64}\mathrm{Ni} +^{208}\mathrm{Pb} \longrightarrow^{271} 110 + \mathrm{n}$$

an. Neun Zerfallsketten wurden gefunden. Viele zeigten die α-Zerfälle mit voller Energie bis hinunter zum Nobelium. Die maximale Produktionsrate wurde bei einer Anregungsenergie des Compoundkerns von nur 10 MeV beobachtet, die kälteste Fusion schwerer Ionen, die es je gab. Bei unserem ersten erfolglosen Experiment hatten wir mit der Anregungsenergie um wenige, aber entscheidende 5 MeV zu hoch gelegen! Die α-Energien der beiden neuen Isotope $^{269}110$ und $^{271}110$ von 11,1 MeV beziehungsweise 10,7 MeV sowie die Halbwertszeiten von 170 μs und 1,1 ms liegen im Rahmen der theoretischen Voraussagen, ein Beweis für die Qualität der neuen Rechnungen.

Zu Neujahr 1995 kam ein Telefonanruf von Yuri Oganessian aus Dubna, in welchem er uns mitteilte, daß man auch dort erfolgreich gewesen war und die Gruppe am gasgefüllten Separator Ende Dezember in der Auswertung der Magnetbänder in der Reaktion

$$^{34}\mathrm{S} + ^{244}\mathrm{Pu} \longrightarrow ^{273}110 + 5\mathrm{n}$$

ebenfalls eine Zerfallskette von Element 110 gefunden hatte.

Der Vollständigkeit halber sei erwähnt, daß auch in Berkeley von A. Ghiorso im Jahre 1993 ein Versuch zur Synthese von Element 110 in einer Bestrahlung von ^{209}Bi mit ^{59}Co durchgeführt worden war. Es war das letzte Experiment vor der Schließung des *HILAC*. Nach zweijähriger Datenanalyse wurde eine Sequenz von α-Zerfällen gefunden, welche man als Zerfallskette des Isotops $^{267}110$ interpretierte. Diese ist jedoch so lückenhaft, daß sie von den Autoren lediglich als „Hinweis auf Element 110“ (im Originaltext *„evidence for element 110“*) gewertet werden konnte.

Kapitel 23
Element 111 – Das vorläufige Ende des Periodensystems

Unmittelbar nach der Entdeckung des Elements 110 wurde das nächste neue Element am SHIP in Angriff genommen. Die Bleitargets auf dem Targetrad wurden gegen Bismuttargets ausgetauscht, als Projektilstrahl wählten wir wegen des erhofften Gewinns an Produktionsquerschnitt ^{64}Ni. Schon gegen Ende der ersten Bestrahlungswoche, wurde am 8.12.1994 in der Nacht um 5:49 h die erste α-Kette auf Magnetband geschrieben. Sie war enttäuschend, denn sie begann mit einem unvollständigen α-Zerfall; es wurde nur ein Teil der Zerfallsenergie im Detektor registriert. Sehr wahrscheinlich war das α-Teilchen vom Zerfall des neuen Elements durch das Loch in der Detektorbox entwischt, welches für den Eintritt der schweren Kerne ausgespart ist. Außerdem endete die Kette bei ^{260}Ha, dem ersten bekannten Nuklid in dieser Zerfallsreihe, wiederum mit einem unvollständigen α-Zerfall.

Diese erste Kette hatte aber auch ein interessantes Detail. Gleichzeitig mit dem Zerfall des Elements 111 wurde ein Röntgenquant mit 155 keV beobachtet, welches in seiner Energie genau zur charakteristischen Strahlung des Tochterelements Meitnerium paßt, ein starker Hinweis auf das neue Element 111 – siehe die Schilderung dieser Methode bei Nobelium und Element 104. Leider ist wegen der Untergrundprobleme bei der Röntgenstrahlung ein einziges Röntgenquant nicht signifikant genug, um eine Identifikation darauf aufzubauen. Auch die zweite in diesem Experiment gemessene Zerfallskette startete mit einem unvollständig registrierten α-Zerfall, enthielt diesmal aber wenigstens das Hahnium mit voller Energie.

Endlich, neun Tage nach der ersten, kam die sehnlichst erwartete vollständige Zerfallskette (Bild 23.1). Sie lief von Element 111 bis zum

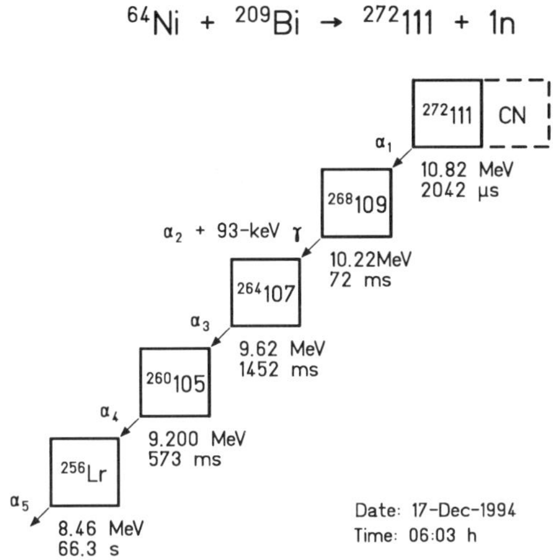

Bild 23.1
Die Zerfallskette des dritten Atoms von Element 111. Sie wurde am 17.Dezember 1994 nachts um 6:03 gemessen.

Lawrencium und enthielt alle fünf α-Zerfälle mit voller Energie. Neben dem neuen Element hatten wir in den Zerfallsketten auch gleich zwei neue Isotope, ^{268}Mt und ^{264}Ns, nachgewiesen. Mit dieser „Bilderbuchkette“ konnten wir das Experiment zum Nachweis des neuen Elements 111 zufrieden und erfolgreich beenden. Das Element 111 war mit absoluter Sicherheit entdeckt. Die Halbwertszeit von ^{272}111 ist 1,5 ms, die α-Zerfallsenergie 10,8 MeV. Der Bildungsquerschnitt von 3,5 Picobarn ist vergleichbar dem Querschnitt für die Bildung von Element 110 in der Bestrahlung mit ^{62}Ni. Damit wurden erstmals zwei aufeinanderfolgende Transactinoid-Elemente, 110 und 111 durch Wechsel zum Strahlisotop mit einem Überschuß von zwei Neutronen ohne die sonst beobachtete Abnahme des Produktionsquerschnitts gebildet. Spontanspaltungen wurden weder für Element 110 noch für Element 111 beobachtet. Das alles läßt auf noch schwerere Elemente hoffen!

Kapitel 24
Das unverstandene Kapitel: Die Produktion der schwersten Elemente

Während wir glauben, Zerfallseigenschaften und Stabilität der schweren und superschweren Elemente hinreichend erklären zu können, um von dieser Seite her zuverlässig die Möglichkeiten abzuschätzen, wie wir über Element 111 hinauskommen können, ist die Erzeugung der Transactinoiden nicht gut verstanden. Die einzige zur Synthese neuer Elemente bisher erfolgreich eingesetzte Reaktion ist die vollständige Kernverschmelzung schwerer Ionen. Betrachtet man Target und Projektil als Kugeln, welche bei Berührung ihrer Oberflächen durch die Kernkräfte wie zwei Wassertröpfchen zu einem einzigen großen Tropfen zusammengezogen werden, so erwartet man, daß der Fusionsquerschnitt dem geometrischen Querschnitt entspricht. Schreiben wir R_{P} und R_{T} für die Radien von Projektil- beziehungsweise Targetkern, so wird:

$$\sigma_{\mathrm{geom}} = 2\pi \left(R_{\mathrm{P}} + R_{\mathrm{T}}\right)^2$$

Bis zum Quecksilber folgen die Querschnitte diesem einfachen Modell (Bild 24.1). Für die schwereren Kerne jedoch beginnt eine dramatische Abnahme der Bildungsquerschnitte um mehr als elf Größenordnungen, von etwa einem Barn bei Quecksilber bis auf wenige Picobarn für Element 111.

Der übermäßig starke Abfall der Produktionsquerschnitte im Bereich der schwersten Elemente ist nicht leicht zu verstehen, denn wir haben die kalte Fusion – das sehr vorsichtige Zusammenschmelzen zweier Atomkerne – gewählt, um auch für die schwersten, zerbrechlichsten, leicht spaltbaren Elemente nicht zu kleine Produktionsquerschnitte zu haben. Das Experiment stützt diese Erwartung auf den ersten Blick nicht. Um

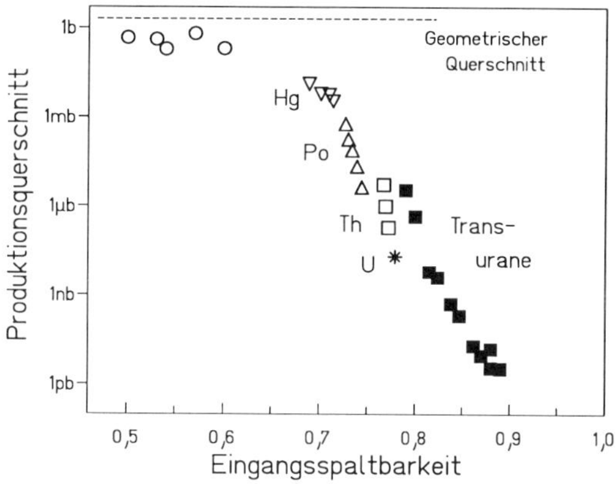

Bild 24.1 Die Abnahme der Bildungsquerschnitte schwerer Elemente von Blei bis Element 111 aus kalter Schwerionenfusion in Abhängigkeit von der Eingangsspaltbarkeit. Die Transurane sind durch quadratische Symbole herausgehoben. Bis zur Gegend um Quecksilber (Hg) mit der Ordnungszahl 80 entsprechen die Querschnitte größenordnungsmäßig dem geometrischen Querschnitt. Darüber sinken sie schnell ab, um mehr als elf Größenordnungen bis zu Element 111 mit einer Eingangsspaltbarkeit von 0,89.

dies besser zu verstehen, müssen wir den Produktionsprozeß etwas genauer betrachten. Wir erinnern uns, daß die schweren Elemente in einer zweistufigen Reaktion hergestellt werden. Die erste Stufe ist die Kernverschmelzung, die zweite Stufe die Abregung des erhitzten Zwischenkerns durch Neutronenabdampfung. Der Produktionsquerschnitt σ_{prod} ist somit das Produkt aus dem Fusionsquerschnitt für die Bildung des Zwischenkerns σ_{geom} und der Überlebenswahrscheinlichkeit des Kerns $W_{\text{üb}}$.

$$\sigma_{\text{prod}} = \sigma_{\text{geom}}\, W_{\text{üb}}$$

In diesem naiven Modell sollte der Produktionsquerschnitt für die kalte Fusion an der Barriere größenordnungsmäßig dem geometrischen Querschnitt entsprechen, da der Compoundkern kalt gebildet wird und seine Überlebenswahrscheinlichkeit groß ist. Könnte es sein, daß der geometrische Querschnitt nicht voll ausgeschöpft wird?

Ein erstes Argument hierfür liefert schon das Modell des rotierenden Kerntröpfchens. Da das Projektil den Targetkern meistens nicht zentral trifft, wird bei der Kollision Drehimpuls übertragen. Das sich vereinigende System Target-Projektil fängt an zu rotieren. Wird die Rotation zu schnell, spaltet das System sofort wieder unter der Wirkung der Zentrifugalkraft. Durch diese Drehimpulsbegrenzung tragen bei den schwersten, leicht spaltbaren Elementen nur die ganz zentralen Stöße zum Produktionsquerschnitt bei. Da der Drehimpuls allgemein mit l bezeichnet wird, nennen wir den durch Drehimpuls begrenzten Fusionsquerschnitt $\sigma_{l,\max}$. Er beträgt für die Transfermiumelemente nur wenige Prozent des geometrischen Querschnitts.

Es gibt noch einen weiteren Effekt, der die Fusionsquerschnitte für schwere Ionen stark reduziert. Myers sowie Swiatecki und Tsang hatten im Jahre 1974 vorausgesagt, daß die Fusion schwerer Systeme wegen der zunehmend starken Konkurrenz zwischen Coulombkräften und Kernkräften behindert ist: Sehr schwere Systeme verschmelzen nicht mehr an der Coulombbarriere sobald sich Target und Projektil berühren, sondern müssen in stärkeren Kontakt gebracht werden, damit der Fusionsprozeß eingeleitet wird. Dadurch wird der Fusionsquerschnitt an der Coulombbarriere verringert, es tritt eine Fusionsbehinderung ein. Diese Tatsache wird im Modell berücksichtigt, indem als zusätzliche Größe die Fusionswahrscheinlichkeit W_{fus} eingeführt wird. Sie sinkt im Falle der Fusionsbehinderung weit unter eins. Berücksichtigen wir alle Faktoren, dann wird:

$$\sigma = \sigma_{l,\max}\, W_{\text{fus}}\, W_{\text{üb}}$$

Die Fusionsbehinderung wurde schon während der ersten Experimente zur Synthese der schweren Elemente mit kalter Fusion in Dubna heiß diskutiert. In Berkeley nahm man an, daß die Fusionsbehinderung dieser Systeme so stark ist, daß Blei und Titan schon nicht mehr fusionieren und alle in Dubna beobachteten Spaltaktivitäten nicht aus kalter Fusion, sondern von Spaltisomeren stammen, welche in Transferreaktionen gebildet werden. Erst die Experimente zu Element 104 am SHIP konnten diese Bedenken eindeutig ausräumen.

Die Produktion schwerer Kerne in der Fusion massiver Systeme wurde insbesondere im Grenzbereich, im welchem die Fusionsbehinderung einsetzt, sowohl experimentell als auch theoretisch eingehend studiert. Untersucht wurden symmetrische Target- Projektil Kombinationen, welche zu Compoundkernen der Elemente Quecksilber bis Uran führen. In der makroskopischen Beschreibung fusionierender Kerntröpfchen kann man die Fusionsbehinderung durch einen Spaltbarkeitsparameter für den Eingangskanal erfassen, der, vereinfacht gesagt, mit dem Produkt aus Protonenzahl in Target und Projektil, $Z_P Z_T$, zunimmt. Dieser Parameter ist dem Spaltbarkeitsparameter für schwere Kerne verwandt. Die Spaltbarkeit im Eingangskanal steigt für schwere, insbesondere symmetrische, Systeme sehr schnell an. Dementsprechend nimmt die Fusionierbarkeit schnell ab. Daher ist die Produktion schwerer Elemente durch kalte Schwerionenfusion mit den verhältnismäßig schweren Projektilen wie Chrom, Eisen und Nickel und Targets aus Blei oder Bismut stark behindert. Für möglichst leichte Projektile wie Stickstoff, Fluor oder Natrium und entsprechend schwerere Targets aus dem Actinoidenbereich ist die Fusionsbehinderung erheblich geringer.

Diese rein makroskopische Theorie hat einen Haken: Sie berücksichtigt keine Kernstruktureffekte. Überhaupt ist es eine Frage, ob man eine solche makroskopische Theorie auf die schwersten Elemente anwenden kann, von welchen wir jetzt wissen, daß sie ihre Existenz ausschließlich Schaleneffekten verdanken. Deshalb sind neue theoretische Modelle zur Beschreibung der Fusion gefragt. Man kann an ein makroskopisch- mikroskopisches Modell denken, welches sich schon bei der Beschreibung der Grundzustandseigenschaften bewährt hat, oder an rein mikroskopische Modelle. Ansätze für ein mikroskopisches Fusionsmodell finden sich im Zwei-Zentren Schalenmodell. Dieses beschreibt, wie die Kernniveaus von Target und Projektil mit zunehmender Annäherung und schließlich Überlappung in die gemeinsamen Kernniveaus des Compoundkerns übergehen. Schon 1976 wurden von Raj K. Gupta, Walter Greiner und Mitarbeitern mit diesem Modell Rechnungen durchgeführt und so eine theoretische Grundlage auf mikroskopischer Basis für die kalte Fusion als günstigsten Weg zu den superschweren Transactinoidenkernen geschaffen. Quantitative Voraussagen sind mit einem solchen Modell, welches die Umordnung einer großen Anzahl von Nukleonen beim Übergang vom dinuklearen System des Projektil- und Targetkerns zum mononuklearen System des sich heranbildenden Compoundkerns erfassen muß, jedoch unmöglich. Die Vorhersagekraft dieser Theorie, die umgekehrt auch auf den Zerfall von Kernen angewendet werden kann, beweist die Vorhersage einer erst kürzlich entdeckten neuen Zerfallsart, der *Cluster-Radioaktivität*, bei der ein Atomkern beispielsweise Kohlenstoffkerne emittiert, also wesentlich schwerere Fragmente als die Heliumkerne beim α-Zerfall.

Der Ausgangskanal, das heißt die Abregung des Compoundkerns, ist etwas besser verstanden. Wir hatten gesehen, daß die Energie, welche das Projektil durch seine Bewegungsenergie in den Zwischenkern einbringt, nicht vollkommen durch die Bindungsenergie des neuen Kerns aufgebraucht wird. Sobald der Zwischenkern gebildet ist, stellt sich nach dem von Bohr formulierten Compoundkernmodell ein thermisches Gleichgewicht ein, der Kern hat eine Temperatur, er ist „heiß". Um sich abzukühlen dampft der erhitzte Kern Neutronen ab. Wesentlich wahrscheinlicher als die Neutronenabdampfung ist allerdings die Spaltung. Ob ein Kern nun spaltet oder ein Neutron abdampft, hängt davon ab, welcher der beiden Prozesse schneller ist. Die Spaltung kann als Umordnung einer großen Anzahl von Nukleonen nicht beliebig schnell ablaufen. Die untere Zeitgrenze liegt bei ungefähr 10^{-20} Sekunden, der Dauer einer Kernschwingung. Somit kann auch die Überlebenswahrscheinlichkeit des schweren Kerns nicht beliebig klein werden. Sie läßt sich entsprechend zu einem tausendstel pro Abdampfschritt als untere Grenze abschätzen. Das ist gleichzeitig der Grenzwert der Überlebenswahrscheinlichkeit $W_{\text{üb}}$ bei kalter Fusion. Die Überlebensrate für heiße Kerne mit typischerweise vier bis fünf Abdampfschritten sinkt demgegenüber um viele Größenordnungen. Damit sind wir wieder beim Problem der heißen Fusion mit Actinoidentargets.

In diesem Bild ist es verwunderlich, daß Transactinoidenkerne noch durch die Abdampfung von fünf Neutronen, und einer Anregungsenergie des Compoundsystems von etwa 50 MeV, gebildet werden können, wie die jüngsten Experimente in Dubna zeigen. Seit kurzem weiß man aber, daß das Problem des Überlebens heißer Zwischenkerne weit weniger dramatisch ist als ursprünglich angenommen. Sowohl aus Experimenten als auch aus Theorien hat man gelernt, daß die Spaltung unterdrückt ist,

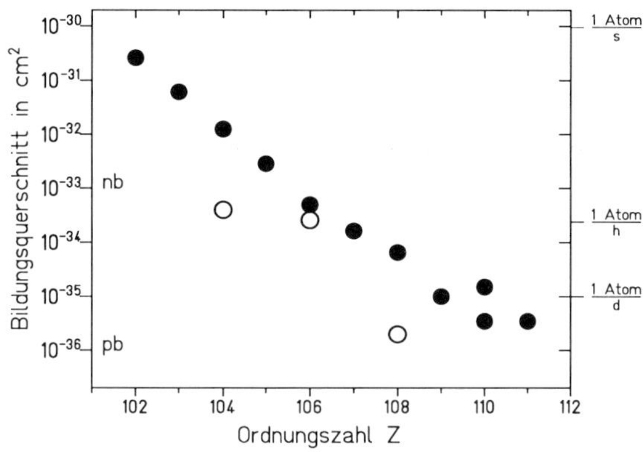

Bild 24.2 Die Produktionsquerschnitte der schwersten Elemente aus kalter Fusion bei Abdampfung von einem Neutron (Punkte) und aus heißer Fusion, mit Actinoidentargets bei Abdampfung von fünf Neutronen (Kreise).

solange die Zwischenkerne noch heiß sind. Erst wenn der Zwischenkern auf den kritischen Anregungsenergie-Bereich um 20 bis 30 MeV abgekühlt ist, gewinnt die Spaltung an Bedeutung.

Im Augenblick ist nicht endgültig zu entscheiden, ob der bei GSI beschrittene Weg der kalten Fusion oder die in Dubna wieder aufgegriffene Fusion mit Actinoidentargets der bessere Weg zu noch schwereren Elementen ist. Nach den jüngsten Ergebnissen ist die kalte Fusion klar im Vorteil, wie Bild 24.2 zeigt. Man darf aber nicht vergessen, daß für die Erzeugung schwerer Elemente durch kalte Fusion sehr gute Daten existieren, es aber nur wenige zuverlässige experimentelle Ergebnisse zur Fusion mit Actinoidentargets gibt, obwohl hierzu in jüngster Zeit in Dubna gute Fortschritte gemacht worden sind.

Kapitel 25
Die Erweiterung des Periodensystems durch künstliche Elemente von Menschenhand – Was haben wir gelernt?

Ziemlich genau ein Jahrhundert, nachdem Henri Becquerel erstmals eine Strahlung aus dem Atomkern beobachten konnte, und mehr als ein halbes Jahrhundert nach den ersten Versuchen, künstliche Elemente jenseits des Urans zu synthetisieren, kennen wir heute neunzehn Transuranelemente, die von Menschenhand erzeugt wurden. Das sind immerhin siebzehn Prozent aller bekannten Elemente.

Die stets an den Grenzen unseres Wissens und aller technischer Möglichkeiten durchgeführte Erforschung dieser exotischen Kerne war immer wieder von Überraschungen geprägt. Schon der erste Versuch hat dies überdeutlich gezeigt: Die Entdeckung der Kernspaltung, des Zerplatzens eines Kerns in zwei Bruchstücke unter Freisetzung einer ungeheuren Energiemenge anstelle der erhofften Entdeckung eines neuen Elements. Diese, wie sich bald herausstellen sollte, für die geschichtliche Entwicklung der letzten fünfzig Jahre sicher folgenschwerste Entdeckung hat auch gezeigt, daß die neue wissenschaftliche Erkennnis, losgelöst vom Einfluß der Erfinder, schnell zu einem gefährlichen Spiel mit dem Feuer werden kann.

Das gilt besonders in unserer Zeit, in der jeder wissenschaftliche Fortschritt technisch so schnell umgesetzt wird, daß die Folgen oft erst viel später erkannt werden. Ungünstige politische Konstellationen können solche Negativentwicklungen noch verstärken. Der mit enormen Anstrengungen verbundene Bau der Atombombe und das Anhäufen von riesigen Mengen spaltbaren Materials gehören in dieses Kapitel. Es wäre allerdings völlig verkehrt, aus solchen Fehlentwicklungen eine Forderung nach dem Stillstand der Forschung oder eines jeglichen weiteren

Erkenntnisgewinns abzuleiten. Zu fordern ist vielmehr eine Umsetzung dieser Erkenntnisse zum Wohle aller Menschen.

Wir haben gesehen, wie sehr technische Entwicklungen mit wissenschaflicher Forschung und Erkenntnissen verkoppelt sind. Neue Beschleuniger und die ständige Fortentwicklung der Experimentierkunst haben es ermöglicht, zu extrem empfindlichen Nachweistechniken zu gelangen und Chemie oder Physik mit einzelnen Atomen zu treiben. Die Separation im Fluge wurde fortwährend weiterentwickelt und wird zumindest in naher Zukunft der einzige Weg zu neuen Elementen sein. Chemische Methoden können erst dort wieder sinnvoll eingesetzt werden, wo es eine berechtigte Hoffnung auf Nuklide mit Halbwertszeiten von Sekunden oder länger gibt. Daß dies bei noch schwereren, noch neutronenreicheren Kernen der Fall sein könnte, ist nach unserer heutigen Kenntnis sehr wahrscheinlich. Die für die Erforschung der schwersten Elemente entwickelten, hochempfindlichen und schnellen Techniken haben sich inzwischen auch auf anderen Gebieten der Physik mit exotischen Kernen duchgesetzt.

Die Erforschung der Transurane hat uns wichtige neue Erkenntnis über die Ordnung der Elektronen und der Nukleonen, über die Bedeutung von Schalenabschlüssen der Elektronen in der Atomhülle und der Nukleonen im Atomkern vermittelt. Wir haben Neues gelernt über die chemischen Elemente, die unserer Umwelt Stuktur verleihen, die sich im Periodensystem und in der Häufgkeitsverteilung der Elemente auf der Erde und im Universum widerspiegelt.

In der Chemie hat die Einführung des *actinide concepts* den Weg zu einer Reihe neuer Elemente geöffnet, die als Actinoiden Homologe der Lanthanoiden sind. Wir haben gesehen, daß, wie vorhergesagt, mit dem Element 104 die Transactinoiden beginnen. Diese zeigen in ihrem allgemeinen chemischen Verhalten noch die typischen Eigenschaften der homologen Elemente in den Gruppen 4 (Zr, Hf) und 5 (Nb, Ta). Im Detail allerdings weichen einige chemische Eigenschaften der Transactinoiden deutlich von den Vorhersagen aus Extrapolationen innerhalb des Periodensystems ab. Wir beobachten hier den zunehmenden Einfluß relativistischer Effekte auf die Elektronenkonfiguration und die Bindungsenergien. Es sind die Einflüsse der im starken elektrischen Feld der schwersten Kerne immer schneller werdenden Elektronen, die zu diesen Abweichungen vom bewährten Periodensystem führen und die beginnen, dessen Aussagekraft als Ordnungsschema chemischer Eigenschaften einzuschränken.

Die Spontanspaltung, das Wechselspiel von Kernkraft und Coulombkraft, ist die Zerfallsart der schwersten Elemente. Sie wird letztendlich die Zahl der möglichen Elemente und damit das Periodensystem begrenzen. Dies wird dort geschehen, wo in der Balance der beiden bestimmenden Kräfte die Coulombkraft über die Kernkraft zu dominieren beginnt. Auch wenn wir heute noch nicht sagen können, wo diese Grenze liegen wird, so haben wir doch ganz wichtige Erkenntnisse über die Stabilität der Kerne gewonnen. Wir sind uns inzwischen sicher, die Frage beantworten zu können, ob wir Elemente, die es auf der Erde nicht gibt, wie zum Beipiel die superschweren Elemente, irgendwo im Universum, auf fernen Planeten oder in Meteoriten als Boten aus dem Weltall finden können. Die Antwort ist: Nein! Falls superschwere Elemente bei der Synthese der schwersten Elemente in einer Supernova überhaupt gebildet werden, was durchaus sehr zweifelhaft ist, so werden sie wegen ihrer kurzen Halbwertszeit schon wieder zerfallen sein, bevor das helle Aufleuchten der Supernova wieder deutlich zu verblassen beginnt.

All dies bedeutet aber nicht, daß es superschwere Elemente nicht gibt. Im Gegenteil, die Idee der superschweren Kerne hat sich ganz klar manifestiert, aber anders, als erwartet. Anstatt die schalenstabilisierten, kugelförmigen superschweren Kerne zu finden, haben wir diese in anderer Form gefunden: als deformierte superschwere Kerne. Wir sehen, daß schon jetzt die schwersten Elemente nur noch durch Schaleneffekte zusammengehalten werden.

Haben wir das obere Ende des Periodensystems schon erreicht?

Was haben wir über die endgültige Begrenzung des Periodensystems und die Möglichkeiten der Erzeugung neuer Elemente gelernt? Zu Beginn unserer Experimente sah es so aus, als ob das Periodensystem kurz oberhalb von Element 104 enden würde – immer neue spontanspaltende Kerne wurden entdeckt, und die Halbwertszeiten fielen unter den Millisekundenbereich. Der Hoffnungsschimmer war die Insel der superschweren Kerne, einsam und weitab im Meer der Instabilität gelegen.

Jetzt haben wir gelernt, daß die Kerne der noch unentdeckten Elemente entlang der Landbrücke vom oberen Ende des Periodensystems bis hin zum doppelten Schalenabschluß bei $Z = 114$ und $N = 184$ langlebig genug sind, um mit den vorhandenen physikalischen und kernchemischen Methoden nachgewiesen zu werden. Das hat äußerst wichtige experimentelle Konsequenzen. Während noch vor etwa zehn Jahren, entsprechend den damaligen theoretischen Voraussagen, die Experimentatoren davon ausgehen mußten, daß das Meer der Instabilität in einem großen Satz übersprungen werden muß, können wir uns jetzt Schritt für Schritt zu immer schwereren Elementen vorarbeiten und versuchen, uns auch dem doppelten sphärischen Schalenabschluß allmählich zu nähern. Anstelle, wie früher, den „goldenen Schuß“ wagen zu müssen, können wir unsere experimentellen Bedingungen schrittweise an die neu gewonnenen Erkenntnisse anpassen und die schon bei der Entdeckung der Transactinoide bewährte Strategie fortsetzen.

Sehen wir uns die vorausgesagten Halbwertszeiten (Bild 25.1) an, so sind noch viele Kerne im Bereich der schweren und superschweren Kerne unseren Nachweistechniken, der Separation im Fluge und der Chemie zugänglich. Mit den weiterentwickelten, noch empfindlicheren Nachweismethoden wird man eine detailliertere Spektroskopie der schwersten Kerne durchführen können und beispielsweise die bisher nur errechnete Deformation der Kerne direkt messen können. Neue Methoden werden uns die Chemie der Transactinoide weiter erschließen und einen Blick auf das Ende des Periodensystems der Chemiker werfen lassen, dorthin, wo die Kenntnisse des chemischen Verhaltens aufhören.

Lediglich unsere derzeitigen Möglichkeiten der Synthese setzen uns hier Grenzen. Der Blick auf die Nuklidkarte zeigt, daß wir zwar der magischen Protonenschale $Z = 114$ schon recht nahe gekommen, aber von der $N = 184$ Neutronenschale noch weit entfernt sind. Die deformierte Schale bei $N = 162$ ist in Reaktionen mit Actinoidentargets erreicht. Nach der erfolgreichen Synthese von Element 111 sind die Aussichten, für die Produktion der nächsten Elemente 112 und 113, und

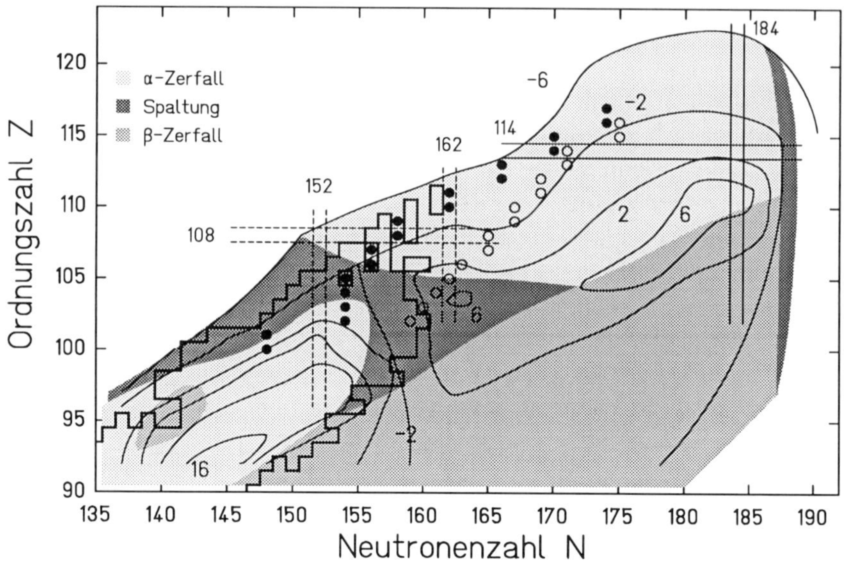

Bild 25.1 Die theoretischen Lebensdauern der schweren und superschweren Elemente. Die Halbwertszeiten für doppelt gerade Kerne sind als Schichtlinien in Sekunden in logarithmischer Darstellung angegeben. Z. B. steht -3 für eine Millisekunde und 6 für 10^6 Sekunden. Die Landepunkte für kalte Fusion mit ^{208}Pb- beziehungsweise ^{209}Bi-Targets sind als Punkte, die für heiße Fusion mit Actinoidentargets sind als Kreise markiert. Regionen mit α-Zerfall, Spontanspaltung und β-Zerfall sind mit verschiedenen Grautönen unterlegt (nach einer Rechnung von A. Sobiczewski).

möglicherweise der noch schwereren bis Element 116 in kalter Fusion sehr gut. Zu ihrer Erzeugung müssen Blei- und Bismuttargets mit den neutronenreichsten Isotopen von Zink, Germanium, beziehungsweise Selen bestrahlt werden. Es sieht so aus, als ob sich die Produktionsquerschnitte im Picobarnbereich bewegen. Von der Neutronenschale N = 184 bleiben wir aber auch mit diesen Reaktionen noch weit entfernt. Mit Actinoidentargets kommt man ihr schon recht nahe. Die Schale selbst läßt sich durch Fusion schwerer Ionen mit den in der Natur verfügbaren Strahlen jedoch nicht erreichen. Die Kerne mit den längsten Halbwertszeiten sind allerdings nicht direkt auf der Schale zu erwarten, sondern etwas zu niedrigeren Neutronenzahlen N = 178 und zu 112 Protonen hin verschoben, so daß der stabilste Kern dieser sphärischen Region das Nuklid ^{290}112 ist. Die berechnete Halbwertszeit beträgt einige Tage.

Auch dieser Kern liegt außer Reichweite von Fusionsreaktionen und wäre zudem mit unserer Methode der korrelierten Alphaketten schwer nachzuweisen, denn er zerfällt nicht schnell genug. Wir würden ihn in Experimenten mit einem Rückstoßseparator einfach nicht sehen, aber hier kämen wieder die chemischen Methoden zum Tragen, die gerade bei diesen Halbwertszeiten ihre höchste Empfindlichkeit entwickeln.

Ein weiterer und für die physikalischen Methoden vielleicht besserer Weg ist, das Gebiet erhöhter Stabilität einfach zu überschießen, das heißt Kerne oberhalb dieses Gebietes zu erzeugen, die dann mit einer α-Zerfallskette in diese Gebiet hineinfallen. Wir würden dabei Zerfallsketten beobachten, die nach wenigen Zerfällen schon deutlich langlebigere Nuklide zeigen, als Zeichen dafür, daß die Schalenstabilisierung wirksam wird.

Als weitere Komponente im Konzert der möglichen Kernreaktionen kommt vielleicht in einigen Jahren eine neue Entwicklung zum tragen: die Verwendung von Strahlen exotischer radioaktiver Kerne, Projektile, die uns die Natur nicht zur Verfügung stellt. Tatsächlich werden in einigen Beschleunigerlabors, auch bei der GSI, Kernreaktionen mit solchen Strahlen bereits heute durchgeführt. Derzeit sind jedoch die Intensitäten für die Synthese schwerer Elemente viel zu gering.

Auch mit den derzeit verfügbaren Kombinationen aus Targets und Projektilen gibt es noch viele neue oder noch nicht vollständig erprobte Ansätze, neue Wege zu noch schwereren Elementen zu beschreiten. In Kombination mit neuen technischen Entwicklungen könnte beispielsweise der Transfer von einer größeren Anzahl von Nukleonen, eventuell auch in Form eines Clusters, zwischen zwei schweren Kernen oder auch Fusionsreaktionen mit schwereren, symmetrischen Kombinationen von Targets und Projektilen zum Ziel führen.

So unwahrscheinlich uns manche Reaktionen im Augenblick auch erscheinen mögen, dürfen wir doch nicht vergessen, daß wir im Gebiet der superschweren Elemente bereits bei so kleinen Reaktionsquerschnitten angekommen sind, daß neue, bisher unentdeckte exotische Prozesse konkurrenzfähig werden. Und wir haben gelernt: An der Grenze unseres Wissens sind immer Überraschungen möglich. Nur mit experimenteller Sorgfalt werden wir ihnen auf die Spur kommen und die Natur, in der wir leben, besser verstehen lernen.

Literatur

Die von uns getroffene Auswahl ist willkürlich und erhebt keinerlei Anspruch auf Vollständigkeit. Wir haben eine Mischung aus allgemeinverständlicher Literatur, zusammenfassenden Veröffentlichungen und Orginalarbeiten zusammengestellt, die für ein möglichst breites Spektrum von Lesern eine Anregung darstellen soll.

Allgemeine Literatur mit Übersichtscharakter und Lehrbücher

H. Stöcker,
Taschenbuch der Physik,
Harry Deutsch, Frankfurt 1994

E. Bodenstedt,
Experimente der Kernphysik und ihre Deutung,
Bibliographisches Institut, Mannheim, 1979

G.T. Seaborg and W.D. Loveland,
The Elements Beyond Uranium,
John Wiley & Sons, New York, 1990

G. T. Seaborg (Ed.),
Transuranium Elements, Products of Modern Alchemy (Sammlung von Originalarbeiten über Tansurane),
Dowden, Hutchinson und Ross, Stroudsburg, 1978

J.J. Katz, G.T. Seaborg and L.R. Morss,
The Chemistry of the Actinide Elements, 2nd Ed.,
Chapman and Hall, London, 1986, Vol. 1 und 2

L. Fürst and W. Müller,
Elemente aus der Retorte,
A. von Cube (Ed.),
Rainer Wunderlich Verlag Hermann Leins, Tübingen, 1972

P. Armbruster, G. Münzenberg,
Die schalenstabilisierten schweren Elemente,
Spektrum der Wissenschaft 9 (1988) 42

P. Armbruster,
On the Production of Heavy Elements by Cold Fusion
Ann. Rev. Nucl. Part. Sci. 35 (1985) 135

G. Münzenberg,
Recent Advances in the Discovery of Transuranium Elements,
Rep. on Progress in Physics 51 (1988) 57

G. Münzenberg, P. Armbruster,
Towards Superheavy Nuclei -Status and Prospects for the Production and Investigation of Heavy Elements,
Int. Science Series, Plenum (1990) 181

G. Herrmann,
Synthese schwerster chemischer Elemente – Ergebnisse und Perspektiven,
Angew. Chem. 100 (1988) 1471

G. Koch, Hrsg.,
Gmelins Handbuch der anorganischen Chemie, Transurane
Bd. 7a, 7b, Verlag Chemie, Weinheim, 1973

Sonderausgabe der Zeitschrift Radiochimica Acta
One Hundred Years after the Discovery of Radioactivity
R. Oldenbourg Verlag GmbH, München, erscheint 1996

Spezialliteratur

Zum Kapitel 1:

S.W. Hawking,
Eine kurze Geschichte der Zeit,
Rowohlt, Hamburg, 1991

H. Fritzsch,
Vom Urknall zum Zerfall,
Serie Piper, München, 1987

J. Silk,
The Big Bang,
W.H. Freeman and Company, New York, 1989

S. Woosley, T. Weaver,
Die große Supernova von 1987,
Spektrum der Wissenschaft, Oktober 1989, Seite 86

S.E. Woosley, J.R. Wilson, G.J. Mathews, R.D. Hoffman, B.S. Meyer,
The r-Process and Neutrino-Heated Supernova Ejecta,
The Astrophysical Journal 433 (1994) 229

D.I. Mendelejew,
Die periodische Gesetzmäßigkeit der chemischen Elemente,
Liebigs Annal. d. Chem. u. Pharm. Suppl. 8 (1872) 133

M. Mladjenovic,
The History of Early Nuclear Physics (1896-1931),
World Scientific Publishing Co., Singapore 1992

P.K. Kuroda,
The Origin of the Chemical Elements and the Oklo Phenomenon,
Springer-Verlag, Berlin Heidelberg, 1982

Zum Kapitel 2:

F. W. Aston,
Isotopes, London 1922, Kap.98

E. Fermi,
Possible Production of Elements of Atomic Number Higher than 92,
Nature 133 (1934) 898

O. Hahn,
Vom Radiothor zur Uranspaltung,
Vieweg, Wiesbaden, 1989

I. Noddack,
Über das Element 93,
Angew. Chem. 47 (1934) 653

O. Hahn, F. Strassmann,
Über den Nachweis und das Verhalten der bei der Bestrahlung des Urans mittels Neutronen entstehenden Erdalkalimetalle,
Naturwissenschaften 27 (1939) 11

J. Lemmerich, Hrsg.,
Die Geschichte der Entdeckung der Kernspaltung,
Katalog zur Ausstellung in der Technischen Universität Berlin, Technische Universität Berlin, 1989

H. Wohlfarth,
40 Jahre Kernspaltung, eine Einführung in die Originalliteratur,
Wissenschaftliche Buchgesellschaft, Darmstadt, 1979

R. L. Sime,
Lise Meitner und die Kernspaltung: „Fallout" der Entdeckung
Angew. Chem. 103 (1991) 956

G. Herrmann,
Vor fünf Jahrzehnten: Von den „Transuranen" zur Kernspaltung,
Angew. Chem. 102 (1990) 469

Zum Kapitel 3:

E. McMillan, P.H. Abelson,
Radioactive Element 93,
Phys. Rev. 57 (1940) 1185

P.H. Abelson,
Discovery of Neptunium in: Transuranium Elements – A Half Century
(Eds. L.R. Morss and J. Fuger) American Chemical Society,
Washington, DC, 1992

G.T. Seaborg, E.M. McMillan, J.W. Kennedy, A.C. Wahl,
Radioactive Element 94 from Deuterons on Uranium,
Phys. Rev. 69 (1946) 366

und Literatur aus dem Kapitel 1

Zum Kapitel 4:

G.T.Seaborg,
The Chemical and Radioactive Properties of the Heavy Elements,
Chem. Eng. News 23 (Dec. 10, 1945) 2190

A. Ghiorso, R.A. James, L.O. Morgan, G.T. Seaborg,
Preparation of Transplutonium Isotopes by Neutron Irradiation,
Phys. Rev. 78 (1950) 472

Zum Kapitel 5:

S.G. Thompson, A. Ghiorso, G.T. Seaborg,
Element 97,
Phys. Rev. 77 (1950) 838

S.G. Thompson, K. Street, A. Ghiorso, G.T. Seaborg,
Element 98,
Phys. Rev. 78 (1950) 298

Zum Kapitel 6:

A. Ghiorso, S.G. Thompson, G.H. Higgins, G.T. Seaborg, M. Studier, P.R. Fields, S.M. Fried, H. Diamond, J.F. Mech, G.L. Pyle, J.R. Huizenga, A. Hirsch, C.I. Browne, H.L. Smith, R.W. Spence,
New Elements Einsteinium and Fermium, Atomic Number 99 and 100,
Phys. Rev. 99 (1955) 1048

P.R. Fields, M. Studier, H. Diamond, J.F. Mech, M.G. Inghram, G.L. Pyle, C.M. Stevens, S. Fried, W.M. Manning, A. Ghiorso, S.G. Thompson, G.H. Higgins, G.T. Seaborg,
Transplutonium Elements in Thermonuclear Test Debris,
Phys. Rev. 102 (1956) 180

H. Diamond, P.R. Fields, C.S. Stevens, M. Studier, H. Diamond, S. Fried, M.G. Inghram, D.C. Hess, G.L. Pyle, J.F. Mech, W.M. Manning, A. Ghiorso, S.G. Thompson, G.H. Higgins, G.T. Seaborg, C.I. Browne, H.L. Smith, R.W. Spence,
Heavy Isotope Abundance in Mike Thermonuclear Device,
Phys. Rev. 119 (1960) 2000

S.G. Thompson, B.G. Harvey, G.R. Choppin, G.T. Seaborg,
Chemical Properties of Elements 99 and 100,
J. Am. Chem. Soc. 76 (1954) 6229

Zum Kapitel 7:

A. Ghiorso, B.G. Harvey, G.R. Choppin, S.G. Thompson, G.T. Seaborg,
New Element Mendelevium, Atomic Number 101,
Phys. Rev. 98 (1955) 1518

E.K. Hulet, J.F. Wild, R.J. Dougan, R.W. Lougheed, J.H. Landrum, A.D. Dougan, M. Schädel, R.L. Hahn, P.A. Baisden, C.M. Henderson, R.J. Dupzyk, K. Sümmerer, G.R. Bethune,
Bimodal Symmetric Fission Observed in the Heaviest Elements,
Phys. Rev. Lett. 56 (1986) 313

E.K. Hulet, J.F. Wild, R.J. Dougan, R.W. Lougheed, J.H. Landrum, A.D. Dougan, P.A. Baisden, C.M. Henderson, R.J. Dupzyk, R.L. Hahn, M. Schädel, K.

Sümmerer, G.R. Bethune,
Spontaneous Fission Properties of ^{258}Fm, ^{259}Md, ^{260}Md, ^{258}No, and ^{260}104: Bimodal Fission,
Phys. Rev. Lett. 56 (1986) 313

Zum Kapitel 8:

G. Breit, M. H. Hull Jr., R. L. Gluckstern,
Possibilities of Heavy Ion Bombardement in Nuclear Studies
Phys. Rev. 87 (1952) 74

P. Waloscheck,
Als die Teilchen laufen lernten,
Vieweg, Wiesbaden, 1993

L. Grodzins (Ed.),
HILAB report,
High Voltage Engineering Corporation, Burlington, USA 1968

P. Brix,
Anfänge und Fortschritte der Schwerionenforschung,
GSI-Report 79-1 (1979)

A. Heinemann-Grüder,
Die sowjetische Atombombe,
Verlag Westfälisches Dampfboot, Münster, 1992

K. Prüß,
Kernforschungspolitik in der Bundesrepublik Deutschland,
Suhrkamp, Frankfurt/M, 1974

Zum Kapitel 9:

P.R. Fields, A.M. Friedman, J. Milsted, H. Atterling, W. Forsling, L.W. Holm, B. Åstöm,
Production of the New Element 102,
Phys. Rev. 107 (1957) 1460

A. Ghiorso, T. Sikkeland, J.R. Walton,
Element 102,
Phys. Rev. Lett. 1 (1958) 18

E.D. Donets, V.A. Shchegolev, V.A. Ermakov,
Synthesis of the Element 102 of Mass Number 256,
Atomn. Energ. 16 (1964) 195
(S. 233 in der englischen Übersetzung)

P.F. Dittner, C.E. Bemis, Jr., D.C. Hensley, R.J. Silva, C.D. Goodman,
Identification of the Atomic Number of Nobelium by X-Ray Techniques,
Phys. Rev. Lett. 27 (1971) 1037

J. Maly, T. Sikkeland, R. Silva, A. Ghiorso,
Nobelium: Tracer Chemistry of the Divalent and Trivalent Ions,
Science 160 (1968) 1114

R.J. Silva, W.J. McDowell, O.L. Keller, J.R. Tarrant,
Comparative Solution Chemistry, Ionic Radius, and Single Ion Hydration Energy of Nobelium,
Inorg. Chem. 13 (1974) 2333

Zum Kapitel 10:

A. Ghiorso, T. Sikkeland, A.E. Larsh, R.M. Latimer,
New Element, Lawrencium, Atomic Number 103,
Phys. Rev. Lett. 6 (1961) 473

E.D. Donets, V.A. Shchegolev, V.A. Ermakov,
Synthesis of the Isotope of Element 103 of Mass Number 256,
Atomn. Energ. 19 (1965) 109
(S. 996 in der englischen Übersetzung)

G.N. Flerov, Yu.S. Korotkin, V.L. Mikheev, M.B. Miller, S.M. Polikanov, V.A. Shchegolev,
On the Nuclear Properties of the Isotopes $^{256}103$ and $^{257}103$,
Nucl. Phys. A106 (1968) 476

K. Eskola, P. Eskola, M. Nurmia, A. Ghiorso,

Studies of Lawrencium Isotopes with Mass Numbers 255 Through 260,
Phys. Rev. C4 (1971) 632

R. Silva, T. Sikkeland, M. Nurmia, A. Ghiorso,
Tracer Chemical Studies of Lawrencium,
Inorg. Nucl. Chem. Lett. 6 (1970) 733

E.K. Hulet,
New, Heavy Transuranium Isotopes,
Proc. of *The Robert A. Welch Foundation Conference on Chemical Research*, XXXIV Fifty Years with Transuranium Elements, October 22-23, 1990, Houston, Texas, pp. 279-310

W. Brüchle, M. Schädel, U.W. Scherer, J.V. Kratz, K.E. Gregorich, D. Lee, M. Nurmia, R.M. Chasteler, H.L. Hall, R.A. Henderson, D.C. Hoffman,
The Hydration Enthalpies of Md^{3+} and Lr^{3+},
Inorg. Chim. Acta 146 (1988) 267

Zum Kapitel 11:

E. O. Fiset, J. R. Nix,
Calculation of Half-Lives for Superheavy Nuclei,
Nucl. Phys. A193 (1972) 647

U. Mosel, W. Greiner,
On the Stability of Superheavy Nuclei against Fission,
Z. Phys. 222 (1969) 261

G.N. Flerov, Yu.Ts. Oganessian, Yu.V. Lobanov, V.I. Kuznetsov, V.A. Druin, V.P. Perelygin, K.A. Gavrilov, S.P. Tretiakova, V.M. Plotko,
Synthesis and Physical Identification of the Isotope of Element 104 with Mass Number 260,
Phys. Lett. 13 (1964) 73

I. Zvara, Yu.T. Chuburkov, R. Tsaletka, M.R. Shalaevskii,
Experiments on the Chemistry of Element 104 – Kurchatovium II. Chemical Investigation of the Isotope which Undergoes Spontaneous Fission with a Half-Life of 0.3 sec,
Sov. Radiochem. 11 (1969) 161

A. Ghiorso, M. Nurmia, J. Harris, K. Eskola, P. Eskola,
Positive Identification of two Alpha-Particle-Emitting Isotopes of Element 104,
Phys. Rev. Lett. 22 (1969) 1317

A. Ghiorso, M. Nurmia, K. Eskola, P. Eskola,
^{261}Rf; New Isotope of Element 104,
Phys. Lett. 32B (1970) 95

I. Zvara, Yu.T. Chuburkov, V.Z. Belov, G.V. Buklanov, B.B. Zakhvataev, T.S. Zvarova, O.D. Maslov, R. Chaletka, M.R. Shalaevsky,
Experiments on the Chemistry of Element 104 – Kurchatovium V. Adsorption of Kurchatovium Chloride from the Gas Stream on Surfaces of Glass and Potassium Chloride,
Sov. Radiochem. 11 (1969) 161

C.E. Bemis, R.J. Silva, D.C. Hensley, O.L. Keller, J.R. Tarrant, L.D. Hunt, P.F. Dittner, R.L. Hahn, C.D. Goodman,
X-Ray Identification of Element 104,
Phys. Rev. Lett. 31 (1973) 647

R.J. Silva, J. Harris, M. Nurmia, K. Eskola, A. Ghiorso,
Chemical Separation of Rutherfordium,
Inorg. Nucl. Chem. Lett. 6 (1970) 871

E.K. Hulet, R.W. Lougheed, J.F. Wild, J.H. Landrum, J.M. Nitschke, A. Ghiorso,
Chloride Complexation of Element 104,
J. Inorg. Nucl. Chem. 42 (1980) 79

A. Ghiorso, M. Nurmia, K. Eskola, J. Harris, P. Eskola,
New Element Hahnium, Atomic Number 105,
Phys. Rev. Lett. 24 (1970) 1498

G.N. Flerov, Yu.Ts. Oganessian, Yu.V. Lobanov, Yu.A. Lazarev, S.P. Tretiakova, I.V. Kolesov, V.M. Plotko,
On the Synthesis of Element 105,
Nucl. Phys. A160 (1971) 181

Konferenzbericht: *Nuclides far off the Stability Line*
Lysekil, Schweden, 21.-27. August 1966
W. Forsling, C.J. Herrlander, H. Ryde (Ed.)
Almquist und Wiksell, Stockholm, 1967, und
Arkiv för Fysik, Band 36

Konferenzbericht: *Nuclear Reactions Induced by Heavy Ions*
Heidelberg, 15.-18. Juli 1969
R. Bock, W.R. Hering (Ed.)
North-Holland Publishing Company, Amsterdam, 1970

Konferenzbericht: *Super-Heavy Elements – Theoretical Predictions and Experimental Generation*
Rønneby, Schweden, 11.-14. Juni 1974
S.G. Nilsson, N.R. Nilsson (Ed.)
Almquist und Wiksell, Stockholm, 1974, und
Physica Scripta 10A(1974)

Konferenzbericht: *3rd International Conference on Nuclei far from Stability*
Cargèse, Frankreich, 19.-26. Mai 1976
Interner Bericht, CERN 76-13, Genf, 1976

Zum Kapitel 12:

J.V. Kratz,
Chemie der schwersten Elemente,
Chemie in unserer Zeit 29(4) (1995) 194

D.C. Hoffman,
The Heaviest Elements,
Chem. Eng. News 72 (Nr.18) (1994) 24

M. Schädel,
Chemistry with Single Atoms – A Contradiction in Terms?,
Science Spectra 1 (1995) 26

D.C. Hoffman,
Atom-at-a-Time Chemistry,
Radiochim. Acta 61 (1993) 123

D.C. Hoffman,
Chemistry of the Transactinide Elements,
Proc. of *The Robert A. Welch Foundation Conference on Chemical Research*, XXXIV Fifty Years with Transuranium Elements, October 22-23, 1990, Houston, Texas, pp. 255-274

M. Schädel,
Chemistry of the Heaviest Elements,
Inst. Phys. Conf. Ser. No 132, p.413 IOP Publishing Ltd, London 1993

J.V. Kratz,
Chemistry of the Transactinide Elements,
J. Alloys Compounds 213/214 (1994) 20

K.E. Gregorich, R.A. Henderson, D.M. Lee, M.J. Nurmia, R.M. Chasteler, H.L. Hall, D.A. Bennet, C.M. Gannet, R.B. Chadwick, J.D. Leyba, D.C. Hoffman, G. Herrmann,
Aqueous Chemistry of Element 105,
Radiochim. Acta 43 (1988) 223

J.V. Kratz, H.P. Zimmermann, U.W. Scherer, M. Schädel, W. Brüchle, K.E. Gregorich, C.M. Gannet, H.L. Hall, R.A. Henderson, D.M. Lee, J.D. Leyba, M.J. Nurmia, D.C. Hoffman, H.W. Gäggeler, D. Jost, U. Baltensperger, Ya Nai-Qi, A. Türler, Ch. Lienert,
Chemical Properties of Element 105 in Aqueous Solution: Halide Complex Formation and Anion Exchange into Triisooctyl Amine,
Radiochim. Acta 48 (1989) 121

I. Zvara, V.Z. Belov, V.P. Domanov, M.R. Shalaevsky,
Chemical Isolation of Nielsbohrium as Ekatantalum in the Form of the Anhydrous Bromide,
Radiokhimiya 18 (1976) 371
(S. 328 in der englischen Übersetzung)

H.W. Gäggeler,
On-Line Gas Chemistry Experiments with Transactinide Elements,
J. Radioanal. Nucl. Chem. 183 (1994) 261

Zum Kapitel 13:

A. Ghiorso, J.M. Nitschke, J.R. Alonso, M. Nurmia, G.T. Seaborg, E.K. Hulet, R.W. Lougheed,
Element 106,
Phys. Rev. Lett. 33 (1974) 1490

A.G. Demin, S.P. Tretyakova, V.K. Utyonkov, I.V. Shirokovsky,
On the Properties of the Element 106 Isotopes Produced in the Reactions Pb + ^{54}Cr,
Z. Phys. A - Atoms and Nuclei 315 (1984) 197

G. Münzenberg, S. Hofmann, H. Folger, F.P. Heßberger, J. Keller, K. Poppensieker, A.B. Quint, W. Reisdorf, K.-H. Schmidt, H.J. Schött, P. Armbruster,
The Isotopes ^{259}106, ^{260}106, and ^{261}106,
Z. Phys. A - Atoms and Nuclei 322 (1985) 227

Zum Kapitel 14:

J. Buchhaupt,
Geschichte der GSI
Campus Verlag, Frankfurt, 1995

G. Münzenberg,
Ein Geschwindigkeitsfilter für die Analyse von Schwerionen-Reaktionsprodukten,
Int. Journ. of Mass Spectroscopy and Ion Physics 14 (1974) 36

G. Münzenberg, W. Faust, S. Hofmann, P. Armbruster, K. Güttner, H. Ewald,
The Velocity Filter SHIP, a Separator for Unslowed Heavy-Ion Fusion Products,
Nucl. Instrum. Methods 161 (1979) 56

Zum Kapitel 15:

Yu.Ts. Oganessian, A.G. Demin, N.A. Danilov, G.N. Flerov, M.P. Iwanov, A.S. Iljinov, N.N. Kolesnikov, B.N. Markov, V.M. Plotko, S.P. Tretyakova,
On the Spontaneous Fission of Neutron-Deficient Isotopes of Elements 103, 105, and 107
Nucl. Phys. A273 (1976) 505

G. Münzenberg, S.Hofmann, F.P.Heßberger, W.Reisdorf, K.H.Schmidt, J.R.H. Schneider, P.Armbruster, C.C.Sahm, B.Thuma,
Identification of Element 107 by alpha Correlation Chains,
Z. Phys. A - Atoms and Nuclei 300 (1981) 107

G.Münzenberg, P.Armbruster, S.Hofmann, F.P.Heßberger, H.Folger, J.G.Keller, V.Ninov, K.Poppensieker, A.B.Quint, W.Reisdorf, K.H.Schmidt, J.R.H.Schneider, H.J.Schött, K.Sümmerer, I.Zychor, M.E.Leino, D.Ackermann, U.Gollerthan, E.Hanelt, W.Morawek, D.Vermeulen, Y.Fujita, T.Schwab,
Element 107,
Z. Phys. A - Atoms and Nuclei 333 (1989) 163

Konferenzbericht: *International Symposium on Superheavy Elements*
Lubbock, Texas, 9.-11. März 1978,
M.A.K. Lodhi (Ed.)
Pergamon Press, New York, 1978

Zum Kapitel 16:

G. Münzenberg, P.Armbruster, F.P.Heßberger, S.Hofmann, K.Poppensieker, W.Reisdorf, J.R.H.Schneider, W.F.W.Schneider, K.H.Schmidt, C.C.Sahm, D. Vermeulen,
Observation of One Correlated alpha - Decay in the Reaction
Fe-58 + Bi-209 $\longrightarrow$ 109-266,
Phys. A - Atoms and Nuclei 309 (1982) 89

G.Münzenberg, W.Reisdorf, S.Hofmann, Y.K.Agarwal, F.P.Heßberger, K.Poppensieker, J.R.H.Schneider, W.F.W.Schneider, K.H.Schmidt, H.J.Schött, P.Armbruster, C.-C.Sahm, D.Vermeulen,
Evidence for Element 109 from One Correlated Decay Sequence,

Following the Fusion of ^{58}Fe with ^{209}Bi,
Phys. A - Atoms and Nuclei 315 (1984) 145

G.Münzenberg, S.Hofmann, F.P.Heßberger, H.Folger, V.Ninov, K.Poppensieker, A.B.Quint, W.Reisdorf, H.J.Schött, K.Sümmerer, P.Armbruster, M.E.Leino, D.Ackermann, U.Gollerthan, E.Hanelt, W.Morawek, Y.Fujita, T.Schwab, A.Türler,
New Results on Element 109,
Z. Phys. A - Atomic Nuclei 330 (1988) 435

Zum Kapitel 17:

G.Münzenberg, P.Armbruster, H.Folger, F.P.Heßberger, S.Hofmann, J.Keller, K.Poppensieker, W.Reisdorf, K.H.Schmidt, H.J.Schött, M.E.Leino, R.Hingmann,
The Identification of Element 108,
Z. Phys. A - Atoms and Nuclei 317 (1984) 235

G.Münzenberg, P.Armbruster, G.Berthes,H.Folger, F.P.Heßberger, S.Hofmann, K.Poppensieker, W.Reisdorf, B.Quint, K.H.Schmidt, H.J.Schött, K.Sümmerer, I.Zychor, M.E.Leino, U.Gollerthan, E.Hanelt,
Evidence for ^{264}108, the Heaviest Known Even-Even Isotope,
Z. Phys. A - Atomic Nuclei 324 (1986) 489

G.Münzenberg, P.Armbruster, G.Berthes, H.Folger, F.P.Heßberger, S.Hofmann, J.Keller, K.Poppensieker, A.B.Quint, W.Reisdorf, K.H.Schmidt, H.J.Schött, K.Sümmerer, I.Zychor, M.E.Leino, R.Hingmann, U.Gollerthan, E.Hanelt,
Observation of the Isotopes ^{264}108 and ^{265}108,
Z. Phys. A - Atomic Nuclei 328 (1987) 49

Zum Kapitel 18:

P. Armbruster, Y.K. Agarwal, W. Brüchle, M. Brügger, J.P. Dufour, H. Gäggeler, F.P. Hessberger, S. Hofmann, P. Lemmertz, G. Münzenberg, K. Poppensieker, W. Reisdorf, M. Schädel, K.H. Schmidt, J.H.R. Schneider, W.F.W. Schneider, K. Sümmerer, D. Vermeulen, G. Wirth, A. Ghiorso, K.E. Gregorich, D. Lee, M. Leino, K.J. Moody, G.T. Seaborg, R.B. Welch, P. Wilmarth, S. Yashita, C. Frink, N. Greulich, G. Herrmann, U. Hickmann, N. Hildenbrand, J.V. Kratz, N. Trautmann, W.R. Daniels, M.M. Fowler, D.C. Hoffman, H.R. von Gunten, H.

Dornhöfer,
Attempts to Produce Superheavy Elements by Fusion of ^{48}Ca with ^{248}Cm in the Bombarding Energy Range of 4.5-5.2 MeV/u,
Phys. Rev. Lett. 54 (1985) 406

J.V. Kratz, W. Brüchle, H. Folger, H. Gäggeler, M. Schädel, K. Sümmerer, G. Wirth, N. Greulich, G. Herrmann, U. Hickmann, P. Peuser, N. Trautmann, E. K. Hulet, R.W. Lougheed, J.M. Nitschke, R.L. Ferguson, R.L. Hahn,
Search for superheavy elements in damped collisions between ^{238}U and ^{248}Cm,
Phys. Rev. C 33 (1986) 504

G. Herrmann,
Superheavy Elements,
in: A.G. Maddock (Ed.) International Review of Science, Inorganic Chemistry, Series Two, Vol. 8, Butterworth, London 1975, S. 221

G. Herrmann,
Superheavy-element research,
Nature, 280 (1979) 543

G.T. Seaborg, W. Loveland, D.J. Morrissey,
Superheavy Elements: A Crossroads
Science 203 (1979) 711

J.V. Kratz,
The Search for Superheavy Elements,
Radiochim. Acta 32 (1983) 25

Zum Kapitel 19:

R. C. Barber, N. N. Greenwood, A. Z. Hrynkiewicz, Y. P. Jeannin, M. Lefort, M. Sakai, I. Ulehla, A. A. Wapstra, D. H. Wilkinson,
Discovery of the Transfermium Elements,
Prog. Part. Nucl. Phys. 29 (1992) 453
(In dieser Arbeit ist auch eine vollständige Bibliographie zur Entdeckung der schwersten Elemente enthalten)

International Union of Pure and Applied Chemistry, and International Union of

Pure and Applied Physics,
Discovery of the Transfermium Elements,
Pure and Appl. Chem. 65 (1993) 1757

B.G. Harvey, G. Herrmann, R.W. Hoff, D.C. Hoffman, E.K. Hyde, J.J. Katz, U.L. Keller, Jr., M. Lefort, G.T. Seaborg,
Criteria for the Discovery of Chemical Elements,
Science 193 (1976) 1271

Zum Kapitel 20:

V.M. Strutinski,
„Shells" in deformed Nuclei
Nucl. Phys. A122 (1968) 1

Zum Kapitel 22:

S. Hofmann, G. Münzenberg, F.P. Heßberger, H.J. Schött,
Detector System for Investigation of Proton Radioactivity and New Elements at SHIP,
Nucl. Instrum. Methods 223 (1979) 312

S. Hofmann, V. Ninov, F. P. Heßberger, P. Armbruster, H. Folger, G. Münzenberg, H. J. Schött, A. G. Popeko, A. V. Yeremin, A. N. Andreyev, S. Saro, R. Janik, M. E. Leino,
Production and decay of $^{269}110$,
Z. Phys. A350 (1995) 277

Zum Kapitel 23:

S. Hofmann, V. Ninov, F. P. Heßberger, P. Armbruster, H. Folger, G. Münzenberg, H. J. Schött, A. G. Popeko, A. V. Yeremin, A. N. Andreyev, S. Saro, R. Janik, M. E. Leino,
The New Element 111,
Z. Phys. A350 (1995) 281

Leseprobe aus:
Robert Gilmore, Alice im Quantenland
1995 (Facetten), ISBN 3-528-06683-0

Kapitel 1
Ins Quantenland

Alice hatte Langeweile. Alle ihre Freundinnen waren im Urlaub oder bei Verwandten auf Besuch, und es regnete, weshalb sie verloren zu Hause vor dem Fernseher saß. Bis jetzt hatte sie an diesem Nachmittag die fünfte Folge einer Esperanto-Einführung, ein Programm über Gartenbau und eine parteipolitische Sendung gesehen. Alice war es wirklich langweilig. Ihr Blick fiel auf ein Buch, das neben ihrem Stuhl auf dem Boden lag. Es war „Alice im Wunderland", das sie gelesen und dann hingeworfen hatte. „Warum kann denn das Fernsehen nicht mehr Zeichentrickfilme und interessante Programme bringen?" sagte sie vor sich hin. „Ich wollte, ich könnte wie diese Alice da sein. Ihr war auch langweilig, und dann fand sie Zugang zu einem Land voller interessanter Lebewesen und seltsamer Geschehnisse. Wenn ich irgendwie zusammenschrumpfen könnte und durch den Bildschirm fliegen – vielleicht würde ich allen möglichen faszinierenden Dingen begegnen."

Frustriert starrte sie auf den Bildschirm, von dem aus gerade der Premierminister auf sie einredete, im großen und ganzen seien die Verhältnisse viel besser als vor drei Jahren, auch wenn dies nicht immer so aussähe. Während sie hinschaute, löste sich das Gesicht des Premiers in einen Nebel heller tanzender Tupfen auf, die alle nach innen zu laufen schienen, als ob sie ihr zuwinken wollten. „Nanu", sagte Alice, „sie möchten wohl, daß ich mit ihnen hineingehe!" Sie sprang auf und ging auf den Fernsehapparat zu, trat aber auf das Buch, das sie so achtlos auf den Boden geworfen hatte, und fiel kopfüber hin.

Im Fallen sah sie zu ihrer Verblüffung den Bildschirm gewaltig anwachsen, und schon war sie mitten unter den herumwirbelnden Fleckchen, mit denen sie in das Bild hineinflog. „Vor lauter tanzender Punkte kann ich gar nichts sehen", dachte Alice, „es ist wie in einem Schneesturm, wo man nicht einmal seine Füße sieht. Könnte ich nur ein wenig sehen. Ich kann ja weiß wo sein."

In diesem Moment schlugen ihre Füße auf etwas Festem auf, und Alice merkte, daß sie auf einer harten, ebenen Oberfläche stand. Die tanzenden Punkte um sie herum verblaßten, und sie sah sich von einer Zahl undeutlicher Gestalten umringt.

Sie schaute sich die ihr am nächsten stehende genauer an – sie war eine kleine Figur, die ihr etwa bis zur Taille reichte. Sie war äußerst schwer im Auge zu behalten, weil sie ständig hin und her hüpfte und sich so schnell bewegte, daß sie kaum zu sehen war. Die Gestalt trug etwas wie einen Stock mit sich herum, oder vielleicht einen zusammengerollten Schirm, der nach oben in die Luft zeigte. „Hallo", begann Alice höflich, „ich bin Alice, darf ich fragen, wer du bist?"

"Ich bin ein Elektron", sagte die Gestalt. „Ich bin ein Spin-up-Elektron. Du kannst mich leicht von meiner Freundin unterscheiden, die ein Spin-down-Elektron und damit natürlich etwas ganz anderes ist." Leiser setzte er etwas hinzu, das sich anhörte wie *„Vive la différence!"*. Das andere Elektron hatte praktisch dasselbe Aussehen, nur daß der Schirm, oder was es auch war, nach unten auf den Boden zeigte. Auch das ließ sich nur schwer mit Bestimmtheit sagen, da diese Figur wie die erste schnell hin und her tanzte.

Teilchen atomarer Größenordnung unterscheiden sich von makroskopischen Gegenständen. Elektronen sind sehr klein und weisen keine unterscheidenden Charakteristika auf; sie sind alle völlig identisch. Sie haben so etwas wie eine Rotation, allerdings kann man nicht recht sagen, was da eigentlich rotiert. Eine besondere Eigentümlichkeit besteht darin, daß sich jedes Elektron mit derselben Geschwindigkeit dreht – unahängig davon, in welcher Richtung die Drehung nun gemessen wird. Der einzige Unterschied ist, daß sich manche in der einen und manche in der anderen Richtung drehen. Je nach Drehrichtung werden die Elektronen als spin-up oder spin-down bezeichnet.

„Oh bitte", sagte Alice zu ihrem Bekannten, „sei so freundlich und halte einen Moment lang still, ich kann dich nämlich nicht deutlich sehen."

„Ich bin so freundlich", sagte das Elektron, „aber ich fürchte, es ist dafür nicht genügend *Platz*. Doch ich will's versuchen." Und schon verlangsamte er seinen Tanz. Aber wie er langsamer wurde, fing er an, sich seitlich auszudehnen und immer diffuser zu werden. Obwohl er sich ganz und gar nicht mehr schnell bewegte, sah Alice nicht mehr als vorher, so verschwommen und unscharf war er inzwischen. „Das ist das Äußerste, was ich tun kann“, keuchte er. „Ich fürchte, je langsamer ich werde, desto mehr gehe ich auseinander. So geht es hier im Quantenland zu. Je kleiner der Raum ist, den man einnimmt, desto schneller muß man sich rühren. Dies ist eine der Regeln, und ich kann da gar nichts machen.

Nach der Heisenbergschen Unbestimmtheitsrelation oder Unschärfebeziehung kann kein Teilchen für Lage und Geschwindigkeit zugleich genau bestimmte Werte besitzen. Das bedeutet, daß kein Teilchen in einer gegebenen Position verharren kann, ein stationäres Teilchen hat ja die wohldefinierte Geschwindigkeit Null.

Hier ist wirklich nicht genügend Platz, um zur Ruhe zu kommen“, fuhr Alicens Gesprächspartner fort und fing wieder an schnell herumzuspringen. Die Plattform wird allmählich so überfüllt, daß ich kompakter werden muß.“ Und wirklich war der Raum inzwischen drängend voll, voll gepackt mit den kleinen Gestalten, die alle fieberhaft hin und her tanzten.

„Was für seltsame Wesen“, dachte Alice, „ich werde sie wohl nie richtig sehen, wenn sie nicht für eine Minute stillstehen; und dafür scheinen die Chancen eher gering.“ Da es nicht so aussah, als ob sie diese abbremsen könnte, versuchte sie ein anderes Thema. „Würdest du mir bitte sagen, auf was für einer Plattform wir hier stehen?“ fragte sie.

„Auf einem Zugbahnsteig natürlich“, antwortete eines der Elektronen gutgelaunt (es war nicht einfach festzustellen, wer gesprochen hatte; sie glichen sich wie ein Ei dem anderen). „Wir werden nämlich den Wellenzug zum Bildschirm nehmen. Dort wirst du wohl in den Photonenexpress umsteigen, sofern du weiter willst.“

Periodensystem der Elemente

1	2	3	4	5	6	7	8	9	10	11	12	13	14	15	16	17	18
H 1																	He 2
Li 3	Be 4											B 5	C 6	N 7	O 8	F 9	Ne 10
Na 11	Mg 12											Al 13	Si 14	P 15	S 16	Cl 17	Ar 18
K 19	Ca 20	Sc 21	Ti 22	V 23	Cr 24	Mn 25	Fe 26	Co 27	Ni 28	Cu 29	Zn 30	Ga 31	Ge 32	As 33	Se 34	Br 35	Kr 36
Rb 37	Sr 38	Y 39	Zr 40	Nb 41	Mo 42	Tc 43	Ru 44	Rh 45	Pd 46	Ag 47	Cd 48	In 49	Sn 50	Sb 51	Te 52	I 53	Xe 54
Cs 55	Ba 56	La* 57	Hf 72	Ta 73	W 74	Re 75	Os 76	Ir 77	Pt 78	Au 79	Hg 80	Tl 81	Pb 82	Bi 83	Po 84	At 85	Rn 86
Fr 87	Ra 88	Ac+ 89	Rf 104	Ha 105	Sg 106	Ns 107	Hs 108	Mt 109	110	111							

→ Transactinoiden

\+ Actinoiden

Th	Pa	U	Np	Pu	Am	Cm	Bk	Cf	Es	Fm	Md	No	Lr
90	91	92	93	94	95	96	97	98	99	100	101	102	103

* Lanthanoiden

Ce	Pr	Nd	Pm	Sm	Eu	Gd	Tb	Dy	Ho	Er	Tm	Yb	Lu
58	59	60	61	62	63	64	65	66	67	68	69	70	71